视频物联网关键技术与应用

Key Technologies and Applications for Internet of Video Things

程宝平　张锦卫　于蓉蓉　等编著

电子工业出版社
Publishing House of Electronics Industry
北京•BEIJING

内 容 简 介

本书系统地阐释视频物联网关键技术与应用，包括视频物联网终端、多媒体编解码技术、视频物联网传输技术和视频物联网云平台等内容，包含视频物联网的技术原理和典型应用场景，是国内第一部视频物联网相关技术的专著。同时，本书围绕机器视觉、多维感知成像、雾计算、6G 传输网络、语义通信等视频物联网前沿技术，深入浅出地讲解视频物联网在元宇宙、泛在通信、远程医疗、智慧交通等领域的广泛应用，使读者对视频物联网的发展进程、关键技术及未来发展趋势形成系统性、深层次的了解和认识。

本书可帮助视频物联网研究人员和工程技术人员系统地了解视频物联网的技术原理和应用价值，也可充分满足高等院校计算机相关专业的教师教学和学生自学需求。

未经许可，不得以任何方式复制或抄袭本书之部分或全部内容。
版权所有，侵权必究。

图书在版编目（CIP）数据

视频物联网关键技术与应用 / 程宝平等编著. —北京：电子工业出版社，2023.4

ISBN 978-7-121-45279-6

Ⅰ. ①视… Ⅱ. ①程… Ⅲ. ①物联网—通信技术—教材 Ⅳ. ①TP393.4②TP18

中国国家版本馆 CIP 数据核字（2023）第 049849 号

责任编辑：刘 皎　　　　特约编辑：田学清
印　　刷：三河市君旺印务有限公司
装　　订：三河市君旺印务有限公司
出版发行：电子工业出版社
　　　　　北京市海淀区万寿路 173 信箱　　邮编：100036
开　　本：720×1000　　1/16　　印张：17　　字数：353 千字
版　　次：2023 年 4 月第 1 版
印　　次：2023 年 4 月第 1 次印刷
定　　价：89.99 元

凡所购买电子工业出版社图书有缺损问题，请向购买书店调换。若书店售缺，请与本社发行部联系，联系及邮购电话：(010) 88254888，88258888。

质量投诉请发邮件至 zlts@phei.com.cn，盗版侵权举报请发邮件至 dbqq@phei.com.cn。

本书咨询联系方式：Ljiao@phei.com.cn。

编委会

程宝平　张锦卫　于蓉蓉　王　欣　汪　铎　张螣英

巩一达　周骏华　黄　攀　徐　桦　庄仁剑　田永兴

前　言

《山海经·北山经》中提到："有兽焉，其状如豹而长尾，人首而牛耳，一目，名曰诸犍，善吒，行则衔其尾，居则蟠其尾。"这种叫作诸犍的怪兽，有一只眼，大而亮，仿佛能够洞察世间万事万物。

《道德经》第十一章中提到："三十辐共一毂，当其无，有车之用。埏埴以为器，当其无，有器之用。凿户牖以为室，当其无，有室之用。故有之以为利，无之以为用。"老子通过讲轮毂、陶器、门窗，讲了"无"和"用"的关系。实质上，老子是通过讲万物之间的利用关系，来阐述道与万物及万物之间是如何建立关系的。万物只有通过互联，才能形成生态，而有了生态，才能有生机，才能使万物互生互长，正所谓"孤物不生，独物难长"。

对于物联网生态而言，"眼睛"和"互联"就是未来发展的关键和趋势。

随着家庭宽带、5G 网络、视频、AI 等技术的普及，信息传输的介质逐渐从图文生态快速向视频生态演进。5G 网络高带宽、低时延的特点，大幅降低了视频的应用门槛，使视频传感器成为越来越多物联网终端的标配。同时，AI 技术使视频内容可识别、可解析，催生出大量新的视频应用和服务。预计到 2030 年，全球带摄像头 IoT 设备接入量将超 130 亿台，每天上传视频数据量达 128EB。

随着网络带宽的提高、设备算力的增强、存储成本的降低，视频物联网释放价值的机会也越来越多。在互联网红利触顶、用户增速低至个位数的背景下，视频物联网（简称视联网）已经成为数字经济的新驱动力，将会是下一个万亿元市场规模的巨型蓝海。

视频物联网是以视频为基础，以连接为载体，融合云计算、AI 等技术的新一代视频网络架构，具备视频采集、传输、存储、分析、呈现等全链路处理能力，具有高速泛在、云网融合、智能敏捷、安全可控等特点，是支撑高速增长的视频物联需求的必要基础设施。随着视频物联网的普及，十亿台设备市场规模的人与人连接将向百亿台设备市场规模的人与人、人与物、物与物的连接演进。

近年来，在"新基建"和数字化转型大背景下，互联网公司、电信运营商等开始布局视频物联网，以科技创新为核心，以云网融合为基础，加速建设云网融合新型信息基础设施，构建数字经济发展基石。

本书共 8 章，第 1 章简要回顾物联网发展历程，对视频物联网智能终端设备、通信技术、多媒体通信系统的典型应用进行梳理总结，并叙述视频物联网的愿景及需求。第 2 章从物联网基本架构、物联网关键技术、物联网安全、家庭 IoT 平台与生态、物联网连接的标准化几个方面对物联网基础进行简要介绍。第 3 章介绍视频物联网终端的基本结构和组网方式、视觉终端、技术趋势。第 4 章从视频编解码技术基础、音频编解码技术基础等方面详细阐述视频物联网中的多媒体编解码技术，并对多媒体编解码技术进行展望。第 5 章从视频通信网络特性、视频通信传输网络等方面详细梳理视频物联网中的传输技术，中间穿插部分相关技术的未来发展趋势，如确定性网络、触觉互联网、雾计算等。第 6 章介绍视频物联网云平台，涵盖各平台的体系架构（及关键技术）、功能等，并阐述其演进。第 7 章简要介绍 AI 技术在视频物联网中的应用，并从视频处理关键技术、音频处理关键技术两个维度做详细介绍。第 8 章展望视频物联网技术在未来场景的一些应用，如元宇宙、泛在通信、远程医疗等。本书参考文献可扫封底二维码获取。

本书作者来自中国移动智慧家庭运营中心（杭州研发中心），长期从事智能物联网、智能家居、多媒体通信等相关领域的技术研究、产品开发、业务运营及标准化等方面的工作，对视频物联网领域的行业现状、关键技术、发展趋势理解较为深入。中国移动智慧家庭运营中心于 2017 年聚焦研发多形态终端通信，为用户提供大中小屏互动的高清视频通话解决方案；于 2018 年发布 AIoTel（AI+IoT+Telephony，智能物联网多媒体通信）1.0，将多形态终端通信能力升级为多媒体物联网通信能力，以"和家智话"业务为业务触点，为家庭 IoT 设备提供泛终端、泛网络、泛场景、高品质的电信级多媒体物联网通信服务；于 2021 年发布 AIoTel 2.0，将多媒体物联网通信能力升级为移动视联能力，并具备生态开放、终端纳管、功能增强（AI 等）、场景延伸、业务多样（视频监控、视频通信、视频直播等）、应用丰富（视频对讲、时光轨迹、视频巡检等）等优势，主导完成了相关的国际电信联盟（ITU）国际标准及行业标准，孵化了"移动看家""和家智话""和家亲"等行业领先的产品并入选工信部物联网示范项目，其技术成果曾荣获北京市科学技术奖中的科学技术进步奖一等奖、中国通信学会科学技术奖等。同时，作者所在的团队还得到了国家自然科学基金项目、国家重点研发项目的资助。

本书在编写过程中，得到了中国移动智慧家庭运营中心郦荣、李圣华、刘钧毅、徐小超等领导，清华大学陶晓明教授、秦志金副教授、段一平副教授，北京邮电大学卞佳丽教授等专家的关心和指导，同时，汪胜、张钦龙、王建凯、张叶蒙、阮璐莎、黄敏峰、陈民、吴庆航、雷珺、谢小燕、蒲琪然、车斌、刘贵青、张星成、王翼飞、濮巍巍、夏叶锋、刘建光、陈荣沥、王研、曹梦婉、许静、周高锋、谭修光等同志参与了书中提及的相关技术攻关、系统研发、产品创新，王嘉榕、谷婧、杨易等同志承担了本书的封面设计及插图制作工作，在此一并表示衷心的感谢。

由于作者水平有限，而且视频物联网技术仍在发展过程中，新的标准和应用层出不穷，因此本书可能存在不足之处，恳请各位专家和读者批评指正。

作者

2023 年 2 月 21 日于余杭塘路 1600 号

目　　录

第 1 章

概述

随着互联网的发展，作为其延伸的物联网已经成为新一轮经济技术发展的战略制高点之一。物联网设想了一种未来：通过信息交换和通信技术连接数字和物理实体，从而实现全新的应用和服务。

1.1 物联网发展历程

物联网作为一个相对年轻的概念，正得到全世界的高度关注。随着互联网红利的逐渐消退，物联网作为互联网的延伸，将网络节点扩展至物与物、人与物、人与人之间。全球多个国家提出物联网发展战略，并将其视为经济发展的主要推动力。

根据国际电信联盟（International Telecommunication Union，ITU）的定义，物联网（Internet of Things，IoT）主要解决物与物、人与物、人与人之间的互联问题，是通过信息交换和通信技术实现智能化识别、定位、跟踪和管理的一种网络。早期的物联网终端设备功能比较简单，可通过集成网络通信模块实现一些简单的信息传输，如 1990 年施乐公司推出的网络可乐售卖机，它使得人们可以远程获知实体可乐售卖机中的库存，可以说是最早的物联网终端设备实践。如今，随着通信技术、智能传感技术、AI 技术、云计算技术、多媒体通信技术等前沿技术的发展和广泛应用，物联网终端设备正逐步向智能化、视频化、云化等方向发展，其应用已渗透到人们生活和生产的各个领域。

1969 年，美国国防部高级研究计划局（Defense Advanced Research Projects Agency，DRAPA）开发了名为 ARPAnet 的网络并投入使用，该网络是现代互联网的先驱，是物联网的基础。

1990 年，John Romkey 将烤面包机连接到互联网上，并成功地通过互联网对其执行打开和关闭操作，这使人们进一步接近了现代物联网终端设备。

1991 年，剑桥大学的两位科学家开发了一种每分钟拍摄三次咖啡壶照片的系统，并且一旦浏览器能够显示照片，该照片就会被上传至内部网络，以方便他们随时查看咖啡壶中的咖啡是否煮好，这是世界上第一个网络摄像头。

1999 年，移动计算和网络国际会议提出了"传感网是下一个世纪人类面临的又一个发展机遇"。同年，MIT Auto-ID 中心的 Ashton 教授提出了物联网这个概念，即通过构造一个实物互联网，实现全球物品信息的实时共享。

2005 年，ITU 在突尼斯举行的信息社会世界峰会上发布了《ITU 互联网报告 2005：物联网》，在这次峰会上，物联网的概念有了一定的延伸。

从 2008 年开始，有多个国家的新科技发展布局聚焦在了物联网上。同年，第二届中国移动政务研讨会"知识社会与创新 2.0"提出移动技术、物联网技术的发展代表着新一代信息技术的形成。

2009 年，IBM 在其论坛上提出了通过将传感器装配于交通系统、电力系统、供水系统、安全系统等，推动新一代信息技术充分应用于各行各业，并且形成普遍连接的物联网应用。同年，中国的首颗物联网核心芯片"唐芯一号"诞生。物联网项目开始蓬勃发展，其研发覆盖传感网络应用研究、智能技术等多个前沿领域。

2010 年，中华人民共和国工业和信息化部及中华人民共和国国家发展和改革委员会出台了一系列政策，大力支持物联网的产业化发展和应用。

2016 年，NB-IoT 被定义为窄带物联网。

中国持续发力，物联网产业正在逐步成为中国各行业领域战略性创新发展的重要途径。中国及欧美等多个国家和地区相继提出物联网发展战略，将其作为未来经济发展的重要推动力。

全球物联网设备数量高速增长，"万物互联"成为全球网络未来发展的重要方向。根据 Statista 的数据，2020 年有 87.4 亿台物联网设备，到 2025 年，全球物联网设备的数量将达到 386 亿台。IoT Analytics 提供的数据略有不同，2020 年全球使用的物联网设备数量为 217 亿台，到 2025 年，这一数据将达到 300 亿台。由于统计标准有所不同，因此各平台数据有所不同，且在物联网设备动态接入的情况下，很难掌握其准确数据，但从这些数据中至少可以确定一个事实：物联网市场正在大幅增长。

1.2　视频物联网概述

随着网络的飞速发展及设备成本的不断降低，视频传感器在物联网领域得到长足应用，其接入网络的数量激增。面对大规模视频传感器的互联网化及由此产生的海量应用需求，传统物联网技术架构正面临技术瓶颈，多元视频数据接入集成、非结构化数据检索呈现云、网、存、算等深度融合发展的视频物联网技术正成为被广泛关注的重要技术。

视频物联网是以视频为基础、IoT 连接为载体，融合云计算、AI、通信为一体的新型视频物联基础设施，可实现"一点接入，万物互联"，通过提供视频采集、传输、存储、分析、处理、呈现的基础服务，支撑高速增长的视频物联网需求，具备高速泛在、云网融合、智能敏捷、安全可控等特点。

1.2.1 视频物联网智能终端设备

随着 5G 通信、智能传感、AI、云计算等技术的不断成熟及商用，视频物联网智能终端设备的热潮迅猛到来。各类视频物联网智能终端设备分别提供不同的功能和服务，这使人们的生活更加便捷。例如，智能门铃可提供远程查看、语音对讲等功能，使人们在外出时也能方便地查看家门前的情况。

视频物联网是物联网的重要组成部分之一，其主要通过软件与硬件结合的方式，对传统设备进行智能化、视频化升级，使之具备高清显示、智能化人机交互、大数据处理等新一代信息技术特征，覆盖娱乐健身、家庭生活、医疗健康等多个方面，极大地方便了人们的生产和生活。视频物联网智能终端设备主要有可穿戴设备、智能家居设备、智能车载设备、智能医疗设备、智能机器人等类别，如表 1.1 所示。

表 1.1 视频物联网智能终端设备类别

类　别	典 型 产 品	图　片
可穿戴设备	智能手表、智能手环	
智能家居设备	智能音箱、智能门铃、智能门锁、智能摄像头	
智能车载设备	智能后视镜、行车记录仪	
智能医疗设备	智能温度计、智能血糖仪、智能血压计	
智能机器人	扫地机器人	

视频物联网智能终端设备主要由微控制器、输入设备、输出设备、网络通信模块等组件组成。其中，微控制器将存储器、各类输入/输出接口等集成在一块芯片中，用于协调和指挥智能终端设备功能，是智能终端设备的"大脑"；输入设备主要指用于采集信息的各类传感器；输出设备通过语音、图像等不同方式将信息传递给用户；网络通信模块是指网络与服务器、用户软件和可与其他智能终端设备进行通信的设备，网络通信主要包括有线网络和无线网络两种方式，其中有线网络的通信质量更稳定可靠，无线网络则更适用于移动智能终端设备。

1.2.2 视频物联网通信技术

视频物联网通信技术是一门跨学科的综合性技术，它结合了计算机技术、通信网络技术、多媒体技术等，是各项技术融合发展的产物。视频物联网通信技术本质上是将视频物联网智能终端设备采集的多媒体数据（语音、视频、文本、图片等）数字化后，通过智能多媒体通信网络进行数据传输，最终实现多媒体数据在人与人、人与物、物与物之间的传输。视频物联网通信技术通过对智能终端、多媒体数据编解码、多媒体通信网络传输、AI 等技术的综合应用，维护多媒体数据在传输过程中的实时性、同步性、完整性、交互性等特点。

1）智能终端技术

视频物联网智能终端设备是视频物联网多媒体通信系统的重要组成部分，可以将其看作一台具有通信功能的微型计算机，可实现多媒体数据采集、存储、处理、显示等基本功能，向用户提供多媒体数据，以实现不同的功能和服务。

在通信能力上，视频物联网智能终端设备具有灵活接入的特点，用户可以根据功能和所处环境选择通信方式。对于位置固定且对通信网络要求较高的视频物联网智能终端设备，可以采用有线网络，如电视机顶盒、室外智能摄像头等；对于移动性较强的视频物联网智能终端设备，可以采用无线网络，常用的无线连接技术有 Wi-Fi、蓝牙、ZigBee、NB-IoT 等。

在功能使用上，视频物联网智能终端设备更注重人性化、交互性、个性化。随着计算机网络、云计算、AI 等技术的发展，视频物联网智能终端设备从"以设备为中心"向"以人为中心"发展，可以根据用户需求调整设置，满足不同用户的个性化需求，更注重用户体验。

2）多媒体数据编解码技术

多媒体数据编解码技术主要涉及音频和视频的编解码技术，在保证音频和视频质量的前提下，以最小数据量传输音频和视频数据。数字化后的多媒体数据量巨大，尤其是视频数据量。为了节省传输成本，在进行网络传输之前，需要在视频物联网智能终端设备中完成数据压缩。数据压缩包括对音频数据和视频数据的压缩，两者使用的压缩技术基本相同，但是视频数据量比音频数据量大得多，压缩难度更大。

音频编解码技术主要分为两类，一类为 G.729、G.723.1 等基于线性预测技术的混合编解码技术，另一类为 MP3、AAC（Advanced Audio Coding）等基于离散余弦变换的感知音频编解码技术。目前，随着网络和移动技术发展及应用需求多样化的推动，音频编解码技术不断向无损编码、可伸缩编码、空间音频编码等分支方向发展。

3）多媒体通信网络传输技术

多媒体通信在通信网络中传输的数据不是单一媒体数据，而是多种媒体数据融合在一起而成的复杂数据流，这对通信网络的要求相当高。例如，在一个视频会议系统中，要求支持会议成员随时加入或退出，同时要支持会议成员发送文本、音频、视频、文件等多媒体数据。多媒体通信网络必须满足多媒体应用对网络吞吐量、实时性和可靠性、时空约束等的要求。

4）AI 技术

AI 是计算机学科的分支之一，主要研究和开发用于模拟、延伸和扩展人类智能的理论、方法及应用系统。AI 技术的主要研究内容包括机器人、语言识别、图像识别、自然语言处理和专家系统等。

当 AI 技术与视频物联网相结合时，视频物联网可通过视频物联网智能终端设备或其他传感器使 AI 系统与外界进行交互，对外界环境做出反应或预测，智能化视频物联网系统应运而生。例如，AI 系统可以通过智能摄像头的镜头"看"外界环境，通过智能摄像头的拾音器"听"外界声音，通过智能摄像头的扬声器向外界发出报警声。如果说 AI 系统是"大脑"，那么视频物联网智能终端设备就是使 AI 系统获取感知和行动能力的"身体"。AI 系统分析处理数据，并通过视频物联网智能终端设备完成与外界的交互，这种协同模式使视频物联网能更好地满足用户需求。

1.2.3　视频物联网多媒体通信系统的典型应用

视频物联网多媒体通信存在于智能终端与智能终端之间、智能终端与服务器之间，并通过网络提供多媒体通信应用。根据视频物联网多媒体通信在智能终端上的用户差异，可将视频物联网多媒体通信系统分为人机交互系统、人与人之间的交互系统、智能终端与智能终端之间的交互系统。其中，人机交互系统包括信息检索和查询系统、视频点播系统等，如用户与智能音箱之间的交互，用户可以通过语音控制智能音箱播放音乐、查询天气等；人与人之间的交互系统包括视频会议系统、即时通信系统等，如微信、钉钉等即时通信软件，支持人与人之间远程发送文本、语音、视频等数据，同时也支持用户发起实时视频及语音会议；智能终端与智能终端之间的交互系统包括智能家居系统、智慧园区系统等，如在智能家居系统中，当门口的智能摄像头识别到房主在家门口时，可以联动智能家居中的灯光控制系统提前打开客厅灯光或联动音乐播放系统播放预先设置的歌曲等。

下面简单介绍几种视频物联网多媒体通信系统的典型应用。

1）视频会议系统

视频会议系统是一种实时的、多人参与的视频物联网多媒体通信系统，它能够将文本、音频、视频、文件等多媒体数据通过网络从一个地点传输到另一个地点。通过视频会议系统，身处不同地点的人就像处在同一个会议室里沟通交流，会议成员不仅能听到其他会议成员的声音，也能同步看到其他会议成员展示的文件、实物信息及其周围环境等。

2）智能家居系统

智能家居系统利用先进的计算机技术、智能云端控制技术、智能终端技术、智能组网技术等，融合用户个性化需求，将与用户家庭生活有关的各种智能家居系统子系统（如家庭安防系统、家电控制系统、灯光控制系统、温度控制系统、窗帘控制系统等）有机地结合在一起，并结合智能化算法与技术，协调联动诸多系统，打造"以人为本"的智能家居生活体验。

3）智能车载系统

智能车载系统是一种集环境感知、规划决策、多等级辅助驾驶等功能于一体的视频物联网多媒体通信系统，其集中运用计算机网络、传感器、AI、自动控制等技术，是典型的高新技术综合体。近年来，智能车载系统已经成为世界车辆工程领域中的研究热点和汽车工业发展的新动力，很多发达国家都将其纳入各自重点发展的智能交通系统。

4）在线教育系统

在线教育系统是一种以计算机、通信网络、智能终端等技术为基础的视频物联网多媒体通信系统。通过在线教育系统，教师与学生之间即使远隔万里也可以开展教学活动，借助网络课件及智能终端，学生还可以随时随地进行学习，真正打破时间和空间上的限制。

1.3　视频物联网的愿景及需求

随着智能手机的普及和互联网消费的发展，从衣、食、住、行到医、教、娱乐，人们的日常生活越来越便利。即将开启的万物互联新时代将实现人与人、人与物、物与物之间的全面互联，涉及各行各业，使整个社会焕发前所未有的活力。在未来，随着新的科学技术与通信技术的深度融合及信息和感官的泛在化，视频物联网的应用场景将会呈现出新的特点，无处不在的无线连接、大数据和 AI 技术的应用将催生新的视频物联网应用场景。

1.3.1　终端泛在，多维感知

视觉和听觉是人类接收信息的基本形式。目前，5G 移动通信网络能够满足实时语音和视频通信所需的网络条件。然而，人类除了用视觉和听觉来接收信息，触觉、嗅觉和味觉等其他感觉也在日常生活中发挥着重要作用。在未来的通信时代，通感互联会成为新一代通信方式，更多感觉将成为通信形式的一部分，人类感官协作参与通信也将成为重点发展趋势。

互联网在经历固定互联网、移动互联网阶段之后，正逐步迈向万物互联阶段，多样泛在的智能终端设备将协同实现多维信息感知并将其应用在通信中。

在未来，依托 6G 网络环境，通感互联将找到新的应用领域，包括医疗健康、娱乐生活、技能学习、情感交互、道路交通和办公生产等，如图 1.1 所示，为解决社会面临的复杂挑战做出贡献，成为经济增长和创新的驱动力。

图 1.1　通感互联

1.3.2　深度体验，自然交互

6G 时代将会实现信息的多维展示。人们依靠裸眼就可以 360° 全视角观看 3D 效果的视频，获得一种沉浸式深度体验；人们不需要刻意地进行交互操作也能获取所需的信息，如在全息通信中，人们自然地转动头部，就可以从不同角度看到物体的影像。

依托未来的移动通信网络，通信技术将不再局限于内容的呈现，可以使人们不受时间、空间的限制，打破虚拟场景与真实场景的界限，为人们提供身临其境般的极致沉浸式深度体验。这种深度体验的通信场景将广泛应用于娱乐生活、医疗健康、技能学习、办公生产等众多领域，信息传播方式不再局限于固定的模式，这可以极大地拉近传播信息与用户之间的距离，构建以满足用户体验为核心的信息传播系统。

用户作为通信服务的中心，在深度体验的通信场景中，可通过非常自然、本能的方式完成交互过程，这个过程对用户来说可能是无感知的。

1.3.3 增值共赢，万物互联

万物互联是一种连接了智能设备、人、数据和流程，其间流动着实时信息的互联网。万物互联的实现会推动各行各业的数字化转型，把数字世界带入每个家庭、每个行业，构建全新的智能世界。

真正的万物互联，需要更大的联动场景和通信生态。万物互联的应用可从消费、政策、产业三方面进行驱动。

消费驱动的应用包括可穿戴设备、智能医疗设备、智能家居设备等，主要与消费者个人的衣、食、住、行等相关。可穿戴设备、智能家居设备是当前物联网消费市场的发展重点。

政策驱动的应用主要指以政策为导向，形成 AIoT 应用的刚性需求，并且能够促成 AIoT 的快速落地。政策驱动的应用包括智慧城市、智慧表计、智能安防、智慧能源、智慧消费、智慧停车、智慧防灾等。这类应用以城市建设为主，其目的是提高城市管理水平和效率，进而提升居民的生活体验。

产业驱动的应用主要指以企业级需求为主要市场驱动力的 AIoT 应用，包括智能工业、智慧物流、智慧零售、智慧农业、车联网、智慧社区、智慧园区等。

第 **2** 章

物联网基础

本章主要介绍物联网领域内的基础知识、产业布局和标准化进程。首先介绍物联网基本架构、物联网关键技术、物联网安全，使读者了解物联网知识体系的基本框架；然后介绍家庭 IoT 平台与生态，分析若干典型的家庭物联网企业的行业布局；最后介绍物联网连接的标准化，分析当前行业对统一连接标准的期望和研究进程。

2.1　物联网基本架构

物联网实现物体与物体之间的信息交换和通信的过程包含三个层次，物联网基本架构如图 2.1 所示。感知层负责识别和采集物体信息，常利用 RFID 标签与读写设备、摄像头、传感器、探测器等；网络层负责实时准确地传输物体信息，包含组网技术、电信网络技术与互联网技术等；应用层运用数据处理等技术，负责处理感知层采集的物体信息，提供识别、定位、追踪、监控和管控等功能的应用。

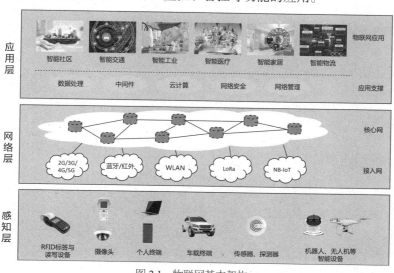

图 2.1　物联网基本架构

2.1.1　感知层

感知层所起的作用相当于人的感官作用，其位于物联网三层架构中的底层，是信息采集的来源，相当于人体的五官、皮肤等感官，负责识别和采集物体信息。

感知层主要由各类传感器和终端及感应网络构成，包括射频识别（RFID）标签与读写设备、摄像头、个人终端、车载终端、全球定位系统（GPS）、北斗卫星导航系统（BDS）等传感器和终端。感应网络包括 RFID 网络、传感器网络等。

2.1.2　网络层

网络层是整个物联网的中枢，由多种网络技术组成，包括互联网技术、蜂窝网络技术、IPTV 技术和云计算技术等。

网络层负责传输感知层采集的物体信息，承载物联网信息传输的网络可分为有线传输和无线传输两大类。其中，无线传输是物联网终端组网的主要方式，按照传输距离可划分为两类：一类是以 LoRa、2G/3G/4G/5G、NB-IoT 为代表的广域网通信技术，另一类是以蓝牙/红外、WLAN 为代表的无线局域网通信技术。

2.1.3　应用层

应用层是物联网和用户的接口，它与行业需求相结合，实现物联网的智能应用。应用层是物联网三层架构的顶层，其功能为处理信息，即通过数据处理、云计算等进行信息的数据处理及安全保障。

应用层发展的关键在于行业融合、信息资源的开发利用、低成本高质量的解决方案、信息的安全保障及有效的商业模式的开发。

2.2　物联网关键技术

本节将围绕物联网基本架构，展开描述每层架构中的关键技术，包括感知技术、通信组网技术、应用服务技术。

2.2.1　感知技术

感知技术是海量物联网数据汇聚的入口，而各种各样的传感器和感应网络则是感知层的物理基础设施。感知技术由识别技术与传感技术两部分构成，识别技术是指通过 RFID 标签、条形码/二维码、生物特征等手段来识别物体的技术，现已有了成熟的发展和广泛的应用；而传感技术，特别是其中的智能传感器技术，正顺应"智能化、集成化、高性能"这一市场趋势，处于多技术融合探索的发展阶段。目前，多传感器融合、MEMS-CMOS 兼容、自带 MCU 的智能传感器等均为物联网感知技术的热点与难点。物联网感知技术视图如图 2.2 所示。

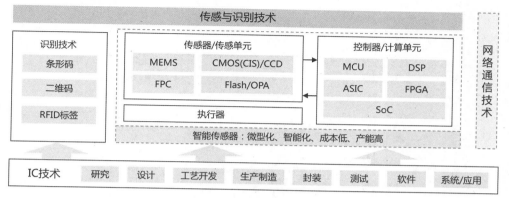

图 2.2　物联网感知技术视图

2.2.1.1　RFID

RFID（Radio Frequency Identification，射频识别）是物联网中使用的一种传感器技术，其基本原理是利用无线电信号识别特定的目标并进行数据读写，是一种非接触式的识别技术。RFID 示意图如图 2.3 所示。

图 2.3　RFID 示意图

一套完整的 RFID 系统是由读写器、RFID 标签及应用软件系统三部分组成的，其常见的工作方式是通过读写器发射特定频率的无线电波能量，用于驱动电路发送内部的数据，同时依序接收并解读数据，送至应用软件系统进行相应的处理。

RFID 的基本工作原理如图 2.4 所示，RFID 标签进入读写器范围后，接收来自读写器的射频信号，凭借感应电流所获得的能量发送存储在芯片中的数据（这种 RFID 标签被称为无源标签或被动标签），或者由 RFID 标签主动发送某一频率的信号（这种

RFID 标签被称为有源标签或主动标签），读写器接收并解读数据，将解读的数据送至应用软件系统进行相应的处理。

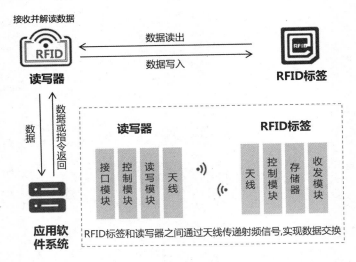

图 2.4　RFID 的基本工作原理

2.2.1.2　二维码

二维条形码（2-Dimensional Bar Code）简称二维码，近几年来移动设备上常应用其中的 QR（Quick Response）码，这种编码方式能比传统的条形码（Bar Code）记录更多的信息，也支持更多的数据类型。二维码示例如图 2.5 所示。

图 2.5　二维码示例

二维码是将几何图形按照一定规律在二维平面方向上分布的可记录数据符号信息的图形，其在代码编制上巧妙地利用了计算机体系中"0""1"比特流的概念，使用若干与二进制数相对应的几何图形来表示文字、数值等信息，通过图像输入设备或光电扫描设备的自动识别来实现信息的自动解析和处理。该技术与条形码技术存在一定的共性，如代码编制都有特定的字符集，每个字符都占用一定的宽度，都能够处理图形旋转变化等。

二维码技术有其独特的优势，主要包括以下几个方面：信息容量大，可容纳 1000～2000 个字符，是传统条形码的几十倍；编码范围广，可支持图片、语音、文字等数字化信息；容错性强，其纠错功能可以使其因穿孔、污损等引起局部损坏时，依然能够被正常识别；保密性高，可引入加密措施，提供防伪功能。

2.2.1.3　广义传感器

传感器在广义上是一种检测装置，其通过感知被测对象的信息，并按照一定的规律将被测对象的信息转换为电信号或其他所需的形式进行输出，以满足采集、传输、处理、存储、显示信息的要求。

传感器是物联网感知层的主要组成部分，是实现信息自动采集和自动控制的首要环节，该领域的存在和发展，相当于使物联网终端具备触觉、味觉、嗅觉、视觉、听觉等感觉，推动物联网向自动化、智能化方向发展。传感器按照基本感觉功能可分为热敏、光敏、气敏、力敏、磁敏、湿敏、声敏、色敏和味敏等传感器。

传感器的基本组成结构如图 2.6 所示，其通常由敏感元件、转换元件、变换电路和辅助电源四部分组成。

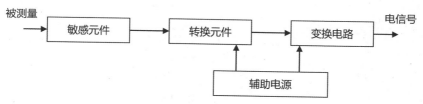

图 2.6　传感器的基本组成结构

敏感元件负责感受被测量，并将被测量输出为可明确表示的物理量信号；转换元件收到物理量信号后将其转换为电信号；变换电路负责对电信号进行放大和调制；辅助电源通常会对转换元件和变换电路进行供电。

2.2.1.4　MEMS 传感器

MEMS（Micro-Electro-Mechanical System，微电子机械系统）传感器是采用微电子和微机械加工技术制造出来的新型传感器，其应用了将微传感器、微执行器等微型机械元件集成在一块微电子电路板上以构成三维立体结构芯片的半导体技术。

根据测量对象的不同，MEMS 传感器可分为环境传感器、力学传感器、声学传感器和光学传感器四大类，具备超声波、超光谱等能力，衍生出众多细分品类的传感器。批量生产的硅基 MEMS 传感器具有性能高、成本低的特点，能更好地满足下游的商业化应用，目前已广泛应用于消费电子、辅助驾驶、工业物联网等领域。MEMS 传感器的分类及应用如图 2.7 所示。

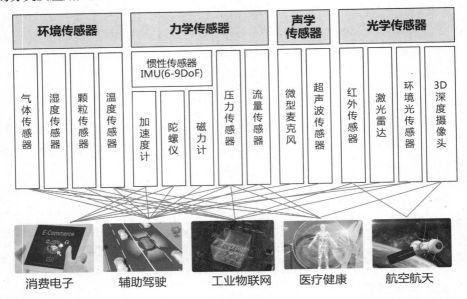

图 2.7　MEMS 传感器的分类及应用

采用 MEMS 技术制造的传感器、执行器或微结构具有微型化、集成化、智能化、成本低、性能高、产能高、良品率高、可大批量生产等特点。

相比于传统机械传感器，MEMS 传感器不光具有体积小的优势，还具有性能高、一致性高的特点。例如，传统驻极体麦克风是由七八种机械配件组装而成的，体积较大，而 MEMS 麦克风则将这些配件全部集成在一块很小的 MEMS 传感器芯片中，其体积和质量都非常小，传统驻极体麦克风和 MEMS 麦克风如图 2.8 所示。由于 MEMS 传感器由芯片制造，因此其一致性高、功耗低，更易于批量生产，但 MEMS 传感器对技术要求比较高。

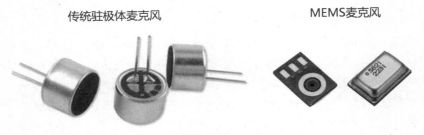

图 2.8　传统驻极体麦克风和 MEMS 麦克风

近十年来，中国的 MEMS 传感器产业生态系统正在逐步完善，从研发、设计、代工、封测到应用，已基本形成完整产业链，国家也对 MEMS 传感器行业给予了相当多的政策支持。未来，MEMS 技术将会向封装标准化和系统级的高度集成化发展。

2.2.1.5 CMOS 图像传感器

图像传感器是物联网"感知"外界信息的核心组成部件。在常见的物体检测、手势识别、车牌识别、人脸识别、自动追踪等物联网应用中，均需要依赖图像传感器来采集大量的图像信息。

CMOS（Complementary Metal Oxide Semiconductor，互补金属氧化物半导体）图像传感器是一种常见的图像传感器，典型的 CMOS 图像传感器结构图如图 2.9 所示。该结构包括由有源像素传感器构成的像素阵列、垂直扫描、每一列像素共享的列读出通道和列开关、模拟放大器、图像信号模数转换器和图像数据输出等。控制器控制各个图像信息获取部件，进行所需要的曝光—读出同步操作。控制数据一般由外部通过串行数据输入端口（如 IIC、SPI）输入，并存储在控制数据存储器中。

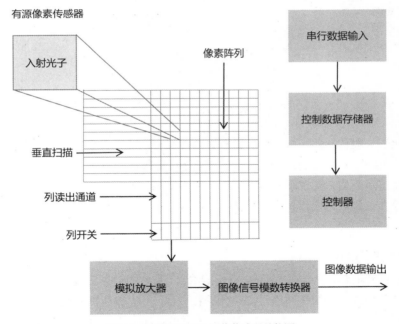

图 2.9 典型的 CMOS 图像传感器结构图

CMOS 图像传感器最重要的特点就是在像素阵列中采用有源像素传感器。该传感器上集成光电二极管、有源晶体管开关和放大电路，通过这些有源电路在每个像素上完成电荷—电压的转换，并放大成有驱动能力的信号电压，然后用常规的电子电路方法把像素信号输出到传感器外面，实现图像信号的扫描输出。

2.2.1.6　智能传感器

智能传感器（Intelligent Sensor）是具备采集、处理、交换信息功能的传感器，是传感元件和微处理器相结合的产物，其主要功能包括信号感知、信号处理、数据验证和解释、信号传输和转换等。

智能传感器的构成示意图如图 2.10 所示。传感器模块负责进行数据转换，以保证与微控制器之间可通过双向通信总线进行数字信号的交换，其中可编程只读存储器（PROM）可用于数字补偿。

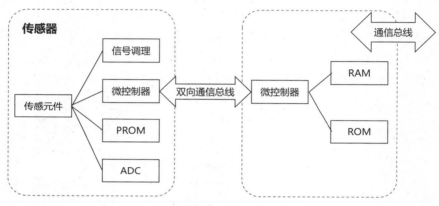

图 2.10　智能传感器的构成示意图

相比于一般传感器，智能传感器具有精度高、可靠性高、性价比高、多功能化等特点，它在数据采集之余，可以按照预设程序进行数据的筛选、处理、分析、统计等，从而创造出新数据，实现和其他智能物联网模块间的数据交流。智能传感器的主要特征有指令和数据双向通信、全数字传输、本地数字处理、自测试、用户定义算法和补偿算法等。

2.2.1.7　多传感器融合

多传感器融合（Multi-Sensor Fusion，MSF）是利用计算机技术，将来自多传感器或多源的数据以一定的准则进行自动分析和综合，以完成所需的决策和估计而进行的数据处理过程。与人类的感知系统相似，不同的传感器拥有其他传感器不可替代的作用，将多种传感器进行多维度、多空间的数据互补和组合处理，最终可以生成对被测量环境的一致性解释。

在物理结构上，多传感器融合技术是指在一个紧凑的传感终端集成多种传感器或传感技术，典型的应用有 IMU（Inertial Measurement Unit，惯性测量单元）等。在逻辑层面上，多传感器融合技术特指多传感器的数据融合，类似于人脑根据各感官所探测到的信息进行综合分析处理，从而对所处环境和事态做出判断的过程。

在消费电子、自动驾驶、机器人等场景中，建立多传感器数据融合模型和算法，是各企业亟待突破的核心技术。通过配置和管理大量、多种类的传感器节点，利用多源数据的冗余和互补特性来弥补单一传感器的误差和缺陷，最终给出一致性结论或提供有效决策支撑，需要对传感器的融合方案、成本、算力与通信资源等因素进行反复调试和权衡。

以图 2.11 中的智能网联汽车为例，其信源有雷达、红外、图像、压力等，通过挖掘不同传感器数据间的内在联系，可构建高精度的环境感知系统，用于感知图像、空间等结果，进而为汽车的自动避障、定速巡航等任务提供决策指导。

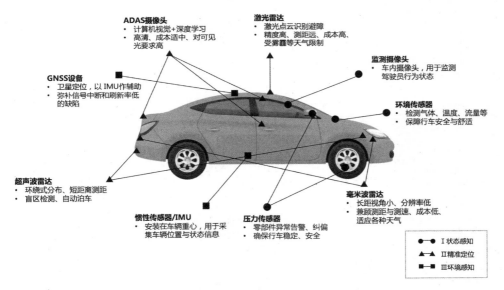

图 2.11　智能网联汽车中的多传感器融合应用

2.2.2　通信组网技术

物联网的发展离不开通信组网技术的发展，目前常用的通信组网技术有蓝牙、ZigBee、NFC、Wi-Fi、LoRa、4G/5G 和 NB-IoT 等技术，这些通信组网技术根据工作距离可分为两类，一类是适用于开阔城市空间的蜂窝网络，另一类是适用于复杂室内环境的短距离局域网（LAN）技术。通信技术的传输距离、覆盖范围与穿透性及传输速率和应用场景如图 2.12 所示。

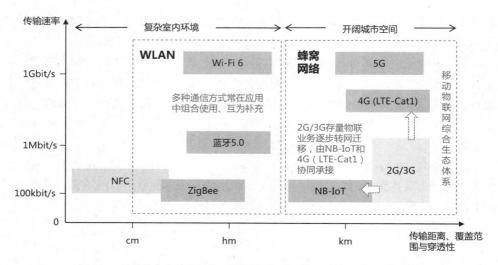

图 2.12 通信技术的传输距离、覆盖范围与穿透性及传输速率和应用场景

几种通信组网技术的特性对比如表 2.1 所示。

表 2.1 几种通信组网技术的特性对比

特　　性	通信组网技术						
	蓝牙	ZigBee	NFC	Wi-Fi	LoRa	4G/5G	NB-IoT
传输距离	10～300m	10～100m	10cm	30～200m	1～20km	400m	1～10km
传输速率	2Mbit/s	250kbit/s	424kbit/s	150Mbit/s	50kbit/s	100Mbit/s	250kbit/s
组网方式	点对点、星型、网型、广播式	星型、树型、网型	点对点	星型、网型	星型	NSA（非独立组网）、SA（独立组网）	星型
工作频段	2.4GHz	2.4GHz、868/915MHz	13.56MHz	2.4/5GHz	433/868/915MHz	2.4/5GHz	2.4/5GHz
应用场景	可穿戴设备、智能家居设备	智能医疗、智能楼宇	支付、门禁、智慧城市	室内、校园、办公园区	烟雾报警、宠物追踪、智能抄表	无人驾驶、VR	大面积传感器应用
安全性	高	中	高	低	低	中	中
功　　耗	低	低	低	中	低	中	低

2.2.2.1　蓝牙

蓝牙诞生于 1994 年，是一种近距离无线通信组网技术，多应用于室内物联网环境，用短距离、低成本的无线连接替代有线连接，可为微物联网设备与传感器提供统一便捷的连接方式，实现固定设备、移动设备与局域网之间的短距离数据传输。

　　蓝牙技术支持点对点或点对多点的无基站组网方式，可建立两种拓扑结构，一个主设备与一个以上从设备之间存在通信则构成微微网（Piconet），如图 2.13 所示；两个从设备之间存在通信则构成散射网（Scatternet），如图 2.14 所示。

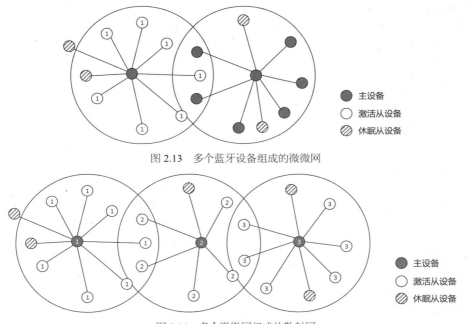

图 2.13　多个蓝牙设备组成的微微网

图 2.14　多个微微网组成的散射网

　　蓝牙是目前主流的近距离低功耗无线通信方式，但在 2010 年以前，由于蓝牙的功耗较高，因此蓝牙的使用场景受到严重的限制，也使其发展一直未受到重视。2016 年，蓝牙 5.0 的问世开启了智能物联网时代的大门，它把通信距离提高至原来的 4 倍，这意味着 BLE（蓝牙低能耗）技术终于可以应用于智能家居设备，相比耗电量巨大的 Wi-Fi 技术，BLE 技术用于智能家居设备时的优势非常明显。2020 年 1 月 7 日，蓝牙技术联盟发布了新一代蓝牙音频技术标准—LE Audio（低功耗音频），引入了一种传输速率为 2Mbit/s 的新模式，能够在较短时间内传输数据，并减少无线通信的建立时间，从而进一步降低功耗。

　　随着蓝牙 5.x 的出现和蓝牙 Mesh 技术的成熟，设备之间的长距离和多设备通信门槛大大降低，这为未来的 IoT 发展带来更大的想象空间。蓝牙这种已经问世二十余年的技术，未来还会焕发出蓬勃的生命力。

2.2.2.2　ZigBee

ZigBee 技术是一种近距离的双向无线通信组网技术，具有低复杂度、低功耗、低传输速率、低成本等特色，同时支持地理定位功能，可作为模组嵌入各种物联网终端，适用于自动控制和远程控制领域。ZigBee 的命名与蜜蜂的通信方式有关，人们发现，蜜蜂（Bee）通过飞翔时的"舞蹈"向同伴传递花粉所在的方位和距离信息，它们以此构建群体通信"网络"，而"嗡嗡"（Zig）则是它们挥动翅膀的声音。ZigBee 的发明者以蜜蜂的通信方式为灵感，形象地命名了这项技术。ZigBee 根据网络拓扑结构可分为星型网络、树型网络和网型网络，如图 2.15 所示，其中较常见的是网型网络。

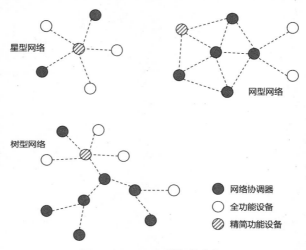

星型网络

网型网络

树型网络

● 网络协调器
○ 全功能设备
◌ 精简功能设备

图 2.15　ZigBee 网络拓扑结构

在一个 ZigBee 网络拓扑结构中，一个主节点最多可管理 254 个子节点；同时，主节点还可由上一层网络节点管理，可组成最多 65 535 个节点的网络，其节点数远远超过蓝牙的 8 个和 Wi-Fi 的 32 个。

为了有效降低节点功耗，ZigBee 节点存在两种状态：激活和休眠。只有当两个节点同时处于激活状态时，它们之间才能传输信息；节点处于休眠状态时功耗极低，可以忽略不计。因此，应尽量减少节点的通信次数，降低每次通信时产生的功耗，在节点出现空闲时及时令其进入休眠状态，使其功耗降到最低。要实现降低功耗，主要有两种方法。一种方法是周期性侦听，无线模块主动打开十几到几十毫秒的侦听，若没有收到网关指令，则设备保持休眠状态；若收到网关指令，则设备执行完网关指令后再进入休眠状态，直到下一个周期开始，再打开侦听，如此反复。另一种方法是定时唤醒，无线模块内部定时器设置定时唤醒，主动联系网关接收指令，设备执行完网关指令后进入休眠状态。

2.2.2.3　NFC

NFC（Near Field Communication，近距离无线通信）技术是一种近距离的高频无线通信组网技术，允许电子设备在 10cm 范围内进行非接触式点对点数据传输。

NFC 提供了一种简单的、触控式的数据传输解决方案，可以让用户直观地交换信息、访问内容、接受服务。NFC 技术是在 RFID 技术基础上演变而来的，其可向下兼容 RFID 技术，最早由飞利浦、诺基亚和索尼公司主推，应用于手机等手持设备。NFC 技术利用点对点（Peer-To-Peer）技术将非接触式读写器和非接触式标签整合放入一块芯片，为数字生活提供了无数种可能性。另外，因为近距离通信具有一定的安全性，所以 NFC 技术已在手机支付等领域得到较广泛的应用。图 2.16 所示为 NFC 常见通信方式。

图 2.16　NFC 常见通信方式

与 ZigBee、蓝牙等近距离通信技术相比，NFC 技术传输距离更短，其通信过程中的抗干扰能力较差，但在无线充电领域中有不可撼动的一席之地。2020 年 5 月，NFC Forum（近距离无线通信论坛）宣布，新的 WLC（Wireless Charging Specification，无线充电规范）已经获得批准。根据 NFC Forum 的解释，WLC 支持在 NFC 的设备中使用一根天线来实现通信和充电功能的二合一，目前通过这个解决方案能实现最大为 1W 的充电功率（WLC 支持 250mW、500mW、750mW 和 1W 四种传输等级的充电功率）。

2.2.2.4　Wi-Fi（802.11ah）

Wi-Fi 技术具有近距离传输、高速率等特点，其率先在手机、笔记本电脑等移动电子终端设备中实现大规模应用，并逐步向 VR（虚拟现实）、AR（增强现实）等应用场景渗透。

IEEE 802.11 是针对 Wi-Fi 技术制定的一系列标准，图 2.17 所示为其各项子标准的发布时间和频段，其第一个子标准发布于 1997 年。经过二十多年的发展，802.11ax（俗称 Wi-Fi 6）也于 2019 年发布，其借用蜂窝网络采用的 OFDMA（Orthogonal Frequency

Division Multiple Access,正交频分多址)技术,可以实现多个设备同时传输,显著提升数据传输速率并降低时延。目前常用的 802.11ah 标准的传输距离在理想情况下可以达到 1km,能实现更大的覆盖范围。802.11ah 采用 900MHz 的工作频段,其传输速率大大降低,仅为 150kbit/s~18Mbit/s,适用于短时间数据传输的低功率设备。

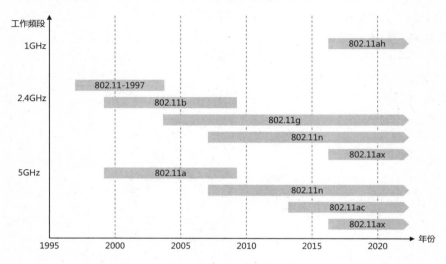

图 2.17　IEEE 802.11 各项子标准的发布时间和频段

802.11ah 共定义了以下三种应用场景。

1)智能抄表

在智能抄表应用场景中,由 802.11ah AP 建立的末端网络将传感器采集的数据传输到上层网络或应用平台。

2)智能抄表回传链路

将 802.11ah 作为智能抄表回传链路,下面接入 802.15.4g 等底层网络,实现将数据从底层网络传输到应用平台。

3)Wi-Fi 覆盖扩展(含蜂窝网分流)

利用 802.11ah 扩展 Wi-Fi 的覆盖,为蜂窝网提供业务分流功能。

2.2.2.5　LoRa

LoRa 是 LPWAN 通信技术中的一种,是基于扩频技术的超远距离无线传输技术,由美国 Semtech 公司提出。这一技术改变了以往关于传输距离与功耗的折中考虑方式,为用户提供了一种简单的能实现远距离通信、低功耗、大容量的系统,进而扩展传感网络。

LoRa 的网络架构比较简单，其终端节点采集数据并把数据发送到网关基站，数据汇总到网络服务器并发送到应用服务器，如图 2.18 所示。

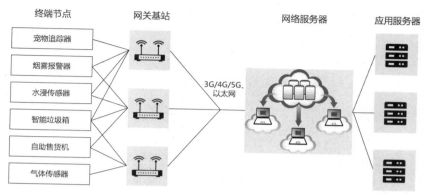

图 2.18　LoRa 的网络架构

传输速率、工作频段和网络拓扑结构是影响网络特性的三个主要参数。传输速率的选择将影响电池寿命；工作频段的选择要折中考虑工作频段和系统的设计目标；在频移键控系统中，网络拓扑结构影响传输距离和系统所需的节点数目。LoRa 技术融合了数字扩频、数字信号处理和前向纠错编码技术，具有较好的性能。

对 LoRa 网络的应用可分为小网和大网。小网是指用户自行搭建的系统网络，包括终端节点、网关基站和应用服务器等；大网是指大范围的基础性网络部署，如中国移动的运营商通信网络。随着 LoRa 设备和网络的增多，会存在设备和网络间的频谱干扰，这就需要一个可统一协调的网络机制，进行通信频谱的分配和管理。

2.2.2.6　4G/5G

在移动通信领域，每十年左右就会出现一代新技术，其传输速率也会不断提升。第一代技术是模拟技术，第二代技术具备了数字化语音通信能力，第三代技术实现了多媒体通信，而作为第四代技术的 4G，显著提升了通信速度，传输速率最高可达 100Mbit/s。自 2011 年起，随着 4G 技术的逐步商用，全球也进入了移动互联网时代，即时通信软件、VoIP（互联网电话）、超高清应用、短视频等也正式在这个阶段蓬勃发展起来。

5G 是新一代信息通信技术，它实现了从移动互联网向物联网的拓展。5G 网络开启了新的频带资源，其使用毫米波（26.5～300GHz）以提升速率，同时又使用大量小型基站形成阵列，以提升网络容量、降低基站功耗，峰值速率可达 1Gbit/s。从性能角度来说，5G 的目标是实现接近零时延、海量的设备连接，可大幅提升 VR、AR、在线游戏和云桌面等应用的用户体验。

物联网的应用场景丰富，具有碎片化的属性，不同的应用场景要求不一样，如智能抄表要求低功耗，自动驾驶要求低时延、高可靠，VR/AR 要求大流量，智能井盖要求深度覆盖等。5G 的推广为不同的物联网应用场景的实现提供了可能，为细分行业物联网规模提供了保障，实现了物联网在各行业中的批量应用，5G 物联网应用场景如图 2.19 所示。

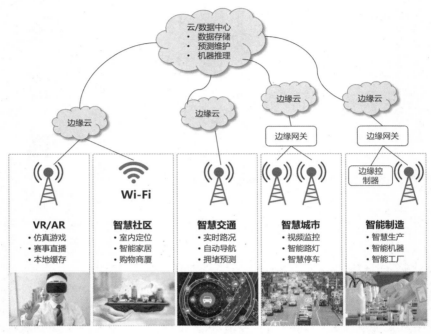

图 2.19　5G 物联网应用场景

另外，随着 5G 的批量应用，边缘计算将进一步赋能物联网，解决海量连接时在云端进行实时的海量数据分析与存储的挑战，借助边缘计算，在本地对数据进行存储和分析，可实现要求低时延、高带宽、高可靠、海量连接、异构汇聚和本地安全隐私保护等应用场景。

2.2.2.7　NB-IoT

NB-IoT（Narrow Band Internet of Things）是物联网领域中基于蜂窝的窄带物联网技术，支持低功耗设备在广域网的蜂窝数据连接，是一种低功耗广域网（LPWAN）。NB-IoT 只需要 180kHz 的工作频段，可直接部署于 GSM 网络、UMTS 网络和 LTE 网络。由于 NB-IoT 使用授权频段（License Band），因此可以采取带内部署（In-Band Operation）、保护带部署（Guard Band Operation）和独立部署（Stand-Alone Operation）三种部署方式。

NB-IoT 具有低成本、强覆盖、低功耗、大连接四大特点，如图 2.20 所示。因其适用的场景，NB-IoT 还具有低速率和低移动性的特点。

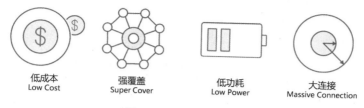

图 2.20　NB-IoT 四大特点

NB-IoT 的网络架构和 4G 的网络架构在大体上是一致的，但 NB-IoT 针对自身特点，在架构上有所改善，如图 2.21 所示。

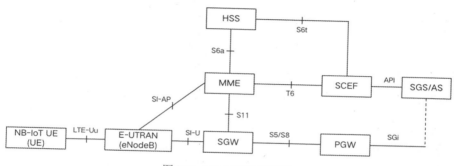

图 2.21　NB-IoT 的网络架构

和 4G 相比，NB-IoT 的网络架构中增加了 SCEF（业务能力开放单元）以支持控制面优化方案和非 IP 数据传输，对应地引入了新的接口，即 MME（移动管理节点）和 SCEF 之间的 T6 接口及 HSS（归属用户服务器）和 SCEF 之间的 S6t 接口。

2.2.3　应用服务技术

物联网的应用服务技术主要由云计算和边缘计算服务提供，其包含了物联网海量设备和海量数据的管理和处理，为物联网应用提供基础设施、软件、业务运营等。

2.2.3.1　云计算

云计算是一种将可伸缩、弹性、共享的物理和虚拟资源池以按需服务的方式供应和管理，并且提供网络访问的模式。

"高效的、动态的、可以大规模扩展的计算处理能力"是建设物联网的三大基石之一，云计算模式可以使物联网中海量终端的实时动态管理、智能分析变为可能。在实际应用中，云计算经常和物联网相结合，成为一个互通互联、存储海量数据、提供完整服务的平台。

一般来讲，云计算的核心思路是将基础资源进行虚拟化，进而做统一的调度和管理，其包括自下而上的三大类层次服务：基础设施即服务（IaaS）、平台即服务（PaaS）

和软件即服务（SaaS），如图 2.22 所示。

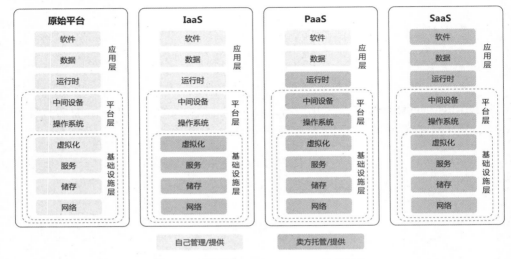

图 2.22　原始平台、IaaS、PaaS、SaaS 的对比

1）基础设施即服务

底层为基础设施层，负责管理物理资源和虚拟资源。通过对计算、存储和网络等物理资源的抽象和虚拟化，在资源池内实现自动化的调度、管理和优化，对外提供各类虚拟化资源，使用户无须关心具体的硬件资源，且能够方便地进行访问和管理。

2）平台即服务

中间层为平台层，其核心作用是为应用层的服务提供开发、测试和运行过程中所需的基础服务，包括数据库、Web 容器、应用服务器及管理支撑服务等。平台层的主要工作是在 IaaS 基础上构建一个云中间件平台，并确保其具有高可用、可伸缩和易于管理的特性。

3）软件即服务

顶层是应用层，SaaS 的服务提供商对外提供的是部署在云服务器上的软件，用户通常基于 API 或 SDK 的方式按需订购应用服务，并根据数量、时长、订购模式等维度向服务提供商付费。在 SaaS 模式下，服务提供商负责维护软件、管理软件、提供软件运行的硬件资源，使用户可随时随地在互联网上使用软件。

2.2.3.2　边缘计算

边缘计算是一种微型数据中心的网型网络，可在数据源附近处理或存储关键数据，并选择性地推送数据到边缘数据中心或边缘网关进行处理。在此之前，物联网设备通常将数据传输到云服务中心进行处理，随着物联网设备的部署和 5G 技术的发展，部分计算和分析模块被放在了数据源的附近。通过边缘计算，可直接对本地数据进行处理，从而减小时延和带宽压力。大量的边缘网关和边缘数据中心便组成了边缘云，如图 2.23 所示。

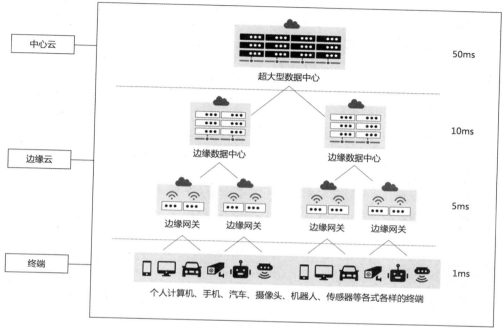

图 2.23　中心云、边缘云与终端

相对于中心云，边缘云更靠近用户和数据产生及使用的位置，可以缓解中心云的计算负载和带宽压力，同时在传输时延和成本方面更具有优势。但是，由于边缘云通常硬件资源有限，物理环境不够理想，在云边协同的过程中倾向于处理轻量级的小任务，因此需要与中心云结合使用，其常见的应用有实现超低时延的数据交互与自动反馈，以及承担共性和常用数据的存储、调用、预处理工作等。此外，在安防等特定行业中，边缘云比中心云更具备保障数据安全和隐私的优势。

2.3　物联网安全

在物联网行业蓬勃发展的今天，物联网设备所暴露出的安全风险问题也日益严峻。物联网设备的安全风险威胁到用户的隐私安全、财产安全和生命安全，甚至对国家基础设施安全造成严重威胁。本节主要介绍物联网安全态势、物联网三层安全和物联网安全展望。

2.3.1 物联网安全态势

全球具有代表性的物联网安全事件频发，且呈现逐年增加的趋势，相关的安全事件涵盖电力、电信、交通、工业等基础行业，以及支付、家居、零售等消费行业。严重的物联网安全事件甚至威胁到国家基础设施安全和国家安全，侵犯公民隐私，泄露公民敏感信息，破坏社会生产生活秩序。

随着物联网生态的发展，人们需要改进物联网安全技术，完善物联网安全监管的相关法律法规，以保障物联网产业的安全发展。

2.3.1.1 物联网安全形势

物联网设备基数大、分布广，且具备一定网络带宽资源，一旦出现安全漏洞，就会导致大量设备被远程控制，从而形成僵尸网络，可对网络基础设施发起分布式拒绝服务（Distributed Denial of Service，DDoS）攻击，造成网络堵塞甚至网络瘫痪。

2016 年 10 月，美国域名服务商 Dyn 遭受由数十万网络摄像头、数字录像机设备组成的 Mirai 僵尸网络高达 620GB 流量的 DDoS 攻击，导致美国东海岸大面积断网，推特、亚马逊和华尔街日报等数百个重要网站无法访问。2016 年 11 月，德国电信遭受 Mirai 变种僵尸网络攻击，超过 90 万台路由器无法联网，导致德国电信无法为用户提供正常网络服务。

最初的 Mirai 僵尸网络主要利用弱口令来攻击网络摄像头、数字录像机和路由器等物联网设备。随着物联网设备厂商和用户的安全意识的增强，弱口令攻击无法达到预期攻击效果，Mirai 的变种僵尸网络开始逐步利用物联网设备的安全漏洞来进行网络攻击和传播。

自 2016 年以来，Mirai 及其变种僵尸网络通过物联网设备的安全漏洞（主要是命令注入漏洞）不断攻击和感染物联网设备（如网络摄像头、数字录像机、路由器、家用网络存储设备、机顶盒和网络主机等设备），利用海量物联网设备发动 DDoS 攻击来牟取暴利。

随着物联网产业规模的不断壮大，基于 5G 的新型物联网终端应用越来越多，越来越多的黑客组织将目标瞄准各种新型的物联网终端设备，并利用这些设备中存在的安全漏洞植入恶意程序，控制物联网设备，发起 DDoS 攻击，窃取用户隐私。物联网终端设备的安全问题已成为限制物联网业务广泛部署的一大障碍。分析物联网终端面临的安全风险对提升物联网安全水平、促进物联网及其生态系统的健康发展有着重要意义。

2.3.1.2 物联网安全监管

物联网安全涉及个人隐私、企业商业秘密及国家信息安全，需要加快物联网安全立法，发挥立法的引领和推动作用。为此，各国立法机关不断推出相关法律法规来保障物联网安全。

2019年1月，日本政府对《电气通信事业法》进行修正，要求物联网终端设备必须具有防非法登录功能和软件自动更新功能。2020年初，美国加州立法委员会颁布《加利福尼亚州的物联网网络安全法案》，要求所有的物联网设备都具有合理的安全功能。2020年，英国政府立法加强物联网安全，要求消费者物联网的制造商采用独一无二的密码，而非默认的出厂设置，并提供一个公开的接入点来报告漏洞，说明设备获得安全更新的最短时长。

目前，我国在物联网安全的立法上相较日本和欧美等国家和地区仍存在不足。我国关于物联网信息安全的规定分布在多部法律法规之中，至今还没有一部专门针对物联网信息安全问题的基本法。随着物联网设备规模的快速增长，为保障物联网安全，我国相关法律法规尚待完善。

2.3.2　物联网三层安全

物联网感知终端设备数量庞大，网络环境和应用场景复杂，这导致物联网终端设备极易出现安全隐患。物联网终端设备被远程控制，网络被劫持，应用系统被入侵控制等，都会造成严重的安全事件，可能导致严重的经济损失。本节将从感知层、网络层和应用层进行物联网的安全风险分析。

2.3.2.1　感知层安全风险

由于物联网设备常常部署在环境恶劣、危险、复杂的地域，因此物联网设备往往难以及时维护、更新升级和安全加固。在无人看护的情况下，物联网设备很容易暴露在攻击者面前。攻击者可以轻易地连接这些设备，对其进行破解、篡改和损坏。

1．硬件调试接口安全风险

物联网终端设备一般是嵌入式设备。由于开发人员在进行嵌入式开发时，为了方便调试和维护，需要访问设备的硬件接口，因此，物联网终端设备通常预留有硬件调试接口。通过这些硬件调试接口，可直接读取设备启动后的打印日志信息。

有的硬件调试接口不需要进行登录认证或登录口令为弱口令，在设备启动后，可通过口令爆破来破解登录口令。攻击者通过硬件调试接口可以截获设备实现的具体细节，如设备加载的应用服务信息、设备与云平台的通信协议信息、完整性校验算法、加解密算法及密钥信息等，攻击者利用这些重要信息可对物联网设备的云平台开展进一步的安全攻击。

例如，某物联网设备的调试串口登录口令为弱口令，通过焊接串口并简单爆破，即可获得其登录口令（root/1234qwer），从而以root权限登录设备，如图2.24所示。在获得一台设备的 root 权限后，可以分析该设备启动的应用程序和服务，挖掘其通用软件漏洞，并分析该设备与云平台的通信和业务请求响应，挖掘其云平台的业务接口漏洞。

图 2.24 以 root 权限登录设备

图 2.24 中的 Hash 值 "1WhMKHafk$SS6nPXGF4ErcQn6z3wMd8/" 对应的明文为 "1234qwer"，也就是该设备的登录口令。

2. 固件安全风险

固件是一种嵌入硬件设备的软件，它担任着一个硬件设备的基础工作，是硬件设备的灵魂。固件一般存储在设备的 Flash 芯片中，Flash 芯片与计算机中的硬盘作用一样，用来存储数据。

固件通常由 Bootloader、内核、文件系统及其他资源组成。其中，文件系统是固件最重要的一部分，一般包括口令文件、配置文件、私钥、证书、应用程序和服务等。通过对一台设备的固件进行分析，可以破解其系统口令，扫描密钥和证书文件，识别应用程序和服务的版本信息，扫描和识别其操作系统和应用程序中潜藏的安全漏洞，甚至挖掘新的安全漏洞等，能对批量设备构成安全威胁。

固件的主要获取方式是登录设备生产商的官方网站进行下载、通过中间人劫持固件升级和利用 Flash Dump 技术读取设备 Flash 芯片中的固件等。

1）通过中间人劫持固件升级

通过中间人劫持固件升级是指通过在设备的上级路由器或上级网络代理节点进行网络抓包，来对设备的固件升级过程进行分析，从而获取固件的下载地址。

例如，由于某摄像头设备的固件升级过程未采用加密传输保护，因此攻击者可通过中间人劫持固件升级请求报文，从报文中截取固件的下载地址。固件升级请求报文如图 2.25 所示。

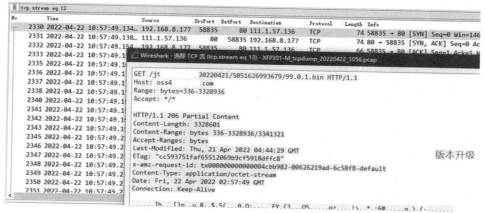

图 2.25 固件升级请求报文

2）利用 Flash Dump 技术读取设备 Flash 芯片中的固件

固件一般存储在 Flash 芯片中，由于成本和性能等因素限制，Flash 芯片中的固件一般都不会进行加密。因此，直接从 Flash 芯片中读取固件（Flash Dump 技术）的通用性比较好。

Flash Dump 技术是一种具有一定破坏性的固件读取和篡改技术，其具体操作步骤为先通过热风枪将焊接在设备 PCB（印制电路板）上的 Flash 芯片拆卸，再通过编程器对该 Flash 芯片内的固件数据进行读取或篡改，然后使用电烙铁或热风枪将该 Flash 芯片焊接回设备 PCB 上。

在使用 Flash Dump 技术对 Flash 芯片进行拆卸、数据读取或篡改、焊接的过程中，可能损坏设备。一般情况下，建议通过设备生产商的官方网站进行固件下载。只有在无法通过互联网获取固件，并且设备生产商官方不提供固件的情况下，才会使用该方法来暴力获取固件。

3）固件敏感信息硬编码

固件中的应用程序硬编码了设备或云平台的登录账号和口令、加密和解密的密钥，以及证书等敏感信息，攻击者可通过固件分析，提取这些敏感信息，从而对设备或云平台实施安全攻击。

例如，某物联网设备的固件硬编码了 MQTT Broker 服务器的登录账户和口令，如图 2.26 所示，同时硬编码了证书，如图 2.27 所示。攻击者可利用这些敏感信息直接入侵 MQTT Broker 服务器，从而发动恶意攻击。

```
if ( (unsigned int)mosquitto_username_pw_set(mosq, "hiot▓▓▓▓▓▓", "04▓▓▓▓▓▓▓▓") )
{
  *(_QWORD *)s = 0LL;
  v31 = 0LL;
  v32 = 0LL;
  v33 = 0LL;
  v34 = 0LL;
  v35 = 0LL;
  v36 = 0LL;
  v37 = 0LL;
  timer = time(0LL);
  v25 = localtime(&timer);
  strftime(s, 0x40uLL, "%Y-%m-%d %H:%M:%S", v25);
  printf("%s ", s);
  printf("%s", "MQTT_CMD");
  printf("[%s]: ", "mqtt_loop");
  printf("username or password is unvalid");
```

图 2.26　登录账户和口令

```
strcpy(
  s,
  "-----BEGIN RSA PRIVATE KEY-----\n"
  ▓▓▓▓▓▓▓▓▓▓▓▓▓▓▓▓▓▓▓▓▓▓▓▓▓▓▓▓▓▓▓▓▓▓▓▓
  ▓▓▓▓▓▓▓▓▓▓▓▓▓▓▓▓▓▓▓▓▓▓▓▓▓▓▓▓▓▓▓▓▓▓▓▓
  ▓▓▓▓▓▓▓▓▓▓▓▓▓▓▓▓▓▓▓▓▓▓▓▓▓▓▓▓▓▓▓▓▓▓▓▓
  ▓▓▓▓▓▓▓▓▓▓▓▓▓▓▓▓▓▓▓▓▓▓▓▓▓▓▓▓▓▓▓▓▓▓▓▓
  ▓▓▓▓▓▓▓▓▓▓▓▓▓▓▓▓▓▓▓▓▓▓▓▓▓▓▓▓▓▓▓▓▓▓▓▓
  ▓▓▓▓▓▓▓▓▓▓▓▓▓▓▓▓▓▓▓▓▓▓▓▓▓▓▓▓▓▓▓▓▓▓▓▓
  "sWH66CeJ3S1o8G3CORXOPSJbhDCRBQnWLH+Dp3LovQ==\n"
  "-----END RSA PRIVATE KEY-----");
if ( !client_pri_key )
```

图 2.27　证书

4）固件软件漏洞

通过对固件中操作系统、应用程序和软件包进行安全检测和漏洞扫描，可以识别和发现固件中潜藏的软件漏洞。常见的软件漏洞有操作系统底层库漏洞、中间件和应用服务漏洞。

在物联网僵尸网络攻击中，较常见的漏洞是命令注入漏洞和远程代码执行漏洞。在物联网场景中，由于其海量终端的多样性及开发者对安全的重视程度不足，因此命令注入漏洞和远程代码执行漏洞仍是物联网场景中的主流漏洞。并且，由于命令注入漏洞和远程代码执行漏洞利用难度低、攻击成功效率高、稳定性好，因此这两类漏洞也普遍得到攻击者和漏洞挖掘人员的青睐。

例如，某物联网设备开启即插即用 UPnP 服务（其中子协议 SOAP 用于对设备进行控制），该服务允许管理员通过网络对该设备进行配置和固件升级。UPnP 服务在固件升级流程中存在命令注入漏洞，通过该漏洞可以执行任意指令，从而控制该设备。通过查看该设备的 UPnP 描述，得知它支持名为 DeviceUpgrade 的服务。此类服务通

过链接 "/ctrlt/DeviceUpgrade_1" 发送请求（称为 controlURL）来执行固件升级操作，并通过名为 NewStatusURL 的元素中注入元素$(command)来执行命令，如图 2.28 所示，其中 command 为任意系统指令或指令集合。

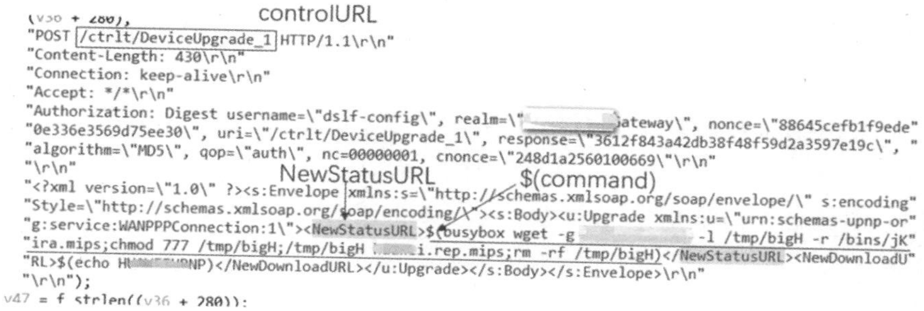

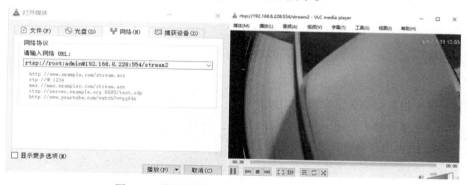

图 2.28　命令注入漏洞

由于该物联网设备在全球出货量大、分布范围广且命令注入漏洞攻击方式简单稳定，因此该物联网设备漏洞连续三年位居物联网十大漏洞排行榜。

3．应用服务未授权访问漏洞

应用服务未授权访问漏洞是指设备应用服务的权限校验存在缺陷、安全配置不当等安全问题，导致未被授予访问权限的用户可以绕过权限校验访问，间接或直接访问特定文件和特定资源。

例如，某摄像头设备 RTSP（实时流协议）存在应用服务未授权访问漏洞，随意构造用户名和登录口令就可以窃取视频流，如图 2.29 所示。

图 2.29　利用应用服务未授权访问漏洞窃取视频流

物联网感知终端节点基数大、分布广、产品类型多，往往处在不安全的物理环境中，易面临被偷盗、被非法篡改、被黑客攻击的风险。感知层安全注重加强对设备硬件、固件和设备软件（包括系统和应用程序）的安全加固，在保证安全防护力度的同时，保证物联网设备计算能力、通信能力和存储能力不受影响。

2.3.2.2　网络层安全风险

物联网的网络层要面对互联网所带来的传统网络安全问题，同时，由于物联网终端存在设备数量大、种类多、应用场景复杂、缺少安全管控等情况，这些因素的叠加会引发新的网络层安全风险。

1.　HTTP 明文传输风险

在传统的互联网通信协议中，HTTP 由于简单、灵活、易于扩展等原因，因此成为互联网主流的通信协议。因为现在的物联网通信架构是基于传统的互联网基础架构演变而来的，所以 HTTP 也是物联网网络层的基础通信协议之一。

HTTP 的请求和响应报文都是通过明文方式传输的，这意味着攻击者可以在网络上截获、还原和篡改这些报文内容。

例如，某摄像头设备通过 HTTP 明文来传输视频文件，在其上层路由器进行网络抓包分析，可获取其视频文件，如图 2.30 所示。

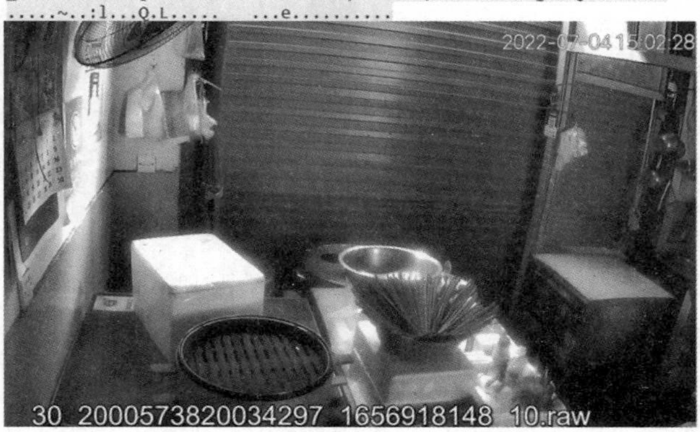

图 2.30　通过网络抓包分析获取视频文件

2．MQTT 的 Broker 登录口令泄露风险

MQTT 凭借其简单、易于实现、低开销、低带宽等特点，在物联网协议中占据一席之地。MQTT 是基于发布/订阅模式的物联网通信协议，消息的发送方被称为发布者，消息的接收方被称为订阅者，发布者和订阅者都需要连接和登录 Broker 才可以发送和接收消息。因此，Broker 的登录账号和口令显得异常重要。

Broker 的登录账号和口令的获取途径为通过固件分析，查看应用程序是否为硬编码或在配置文件中明文存储（见图 2.26）；通过调试设备，查看设备打印日志中是否泄露 Broker 的登录账号和口令；通过中间人攻击截获 Broker 的登录账号和口令等。

若设备和平台在进行网络通信的过程中没有进行认证和加密或认证存在缺陷，则可能导致被攻击者通过网络数据包截取或中间人攻击等方式窃取到重要信息。

例如，通过对某物联网设备进行物理篡改或软件破解，伪造 CA 证书，并通过中间人攻击抓取其通信数据包，可以提取 Broker 的地址、用户名和密码，如图 2.31 所示。

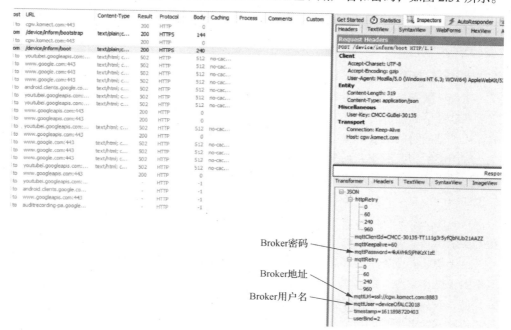

图 2.31　提取 Broker 的地址、用户名和密码

通过对设备的物理篡改、软件破解和网络行为分析，往往可以提取出 MQTT 服务端的登录信息。一旦连接并登录 MQTT Broker 服务器，就可以监控全部设备，发送控制命令，操作设备发动攻击。

3．UPnP 协议漏洞

UPnP（Universal Plug and Play，通用即插即用）协议是一种包含多种协议（如 SSDP、SOAP 和 GENA 等）的网络协议族，它允许联网设备，如个人计算机、打印机、互联网网关、智能设备和移动设备等设备之间快捷地发现彼此在网络上的存在，并建立功能性网络服务，用于数据共享、通信和娱乐。由于 UPnP 协议灵活、开放且具有动态的特性，因此其成为物联网基础协议。

UPnP 协议存在不少安全漏洞，其中子协议 GENA 的 Calling Stranger 漏洞影响深远，能影响绝大部分支持 UPnP 协议的设备。在设备开启 UPnP 协议服务后（其中子协议 GENA 用于发送和接收事件消息），该服务未对控制点传入的订阅请求中的 CALLBACK 字段进行过滤和限制，可以向不同网段的订阅者发送消息，攻击者可以通过 Calling Stranger 漏洞绕过内网数据防泄露系统进行数据逃逸，导致敏感信息泄露，并可对设备所在的内部网络进行端口扫描，甚至可劫持设备进行 DDoS 攻击。

由于 UPnP 协议漏洞的性质，因此设备生产商可能需要很长时间才能发布安全补丁。为了缓解该问题，设备生产商应在默认配置中禁用 UPnP 订阅功能，并禁用暴露在互联网中的设备的 UPnP 协议。

2.3.2.3 应用层安全风险

随着云服务与云计算的普及和物联网技术的发展，物联网应用也在不断涌现，其广泛推动社会和经济的全方位发展，改变人们的生活方式，对整个社会产生深刻的影响。较常见的物联网应用有智能家居设备、智慧交通和智能安防等。

应用层的物联网业务系统往往部署在云服务器上，依托云计算的分布式、虚拟化、高可用和高扩展等特性来实现海量物联网设备的快速接入和动态管理，实现海量实时信息的智能汇总、智能分析和智能处理。

物联网业务系统的安全风险主要有云服务的基础环境和组件的安全风险、数据存储的安全风险、业务接口的安全风险等。

由于物联网业务系统部署在云服务器上，因此云服务器的基础环境和组件（包括但不限于操作系统、数据库、中间件、大数据组件和安全组件）的安全漏洞或设计缺陷容易导致物联网业务系统遭受非法访问、网络入侵、漏洞攻击和远程控制等。

物联网业务系统的数据集中存储于云端数据库，并且用户数据高度集中，极易成为黑客攻击的目标。云端数据库存储大量用户数据和用户隐私，一旦被入侵，就可能导致用户数据和用户隐私的泄露。

物联网业务系统接口开放、应用逻辑复杂，可导致潜藏的数据泄露风险或业务安全风险。物联网业务系统接口开放可能会造成接口未授权访问或接口恶意调用，导致攻击者批量获取系统中敏感数据，出现信息泄露风险；物联网业务应用逻辑复杂，容易引发业务逻辑漏洞，可导致攻击者绕过认证、越权访问、篡改订单或篡改业务流程等，造成业务信息泄露或业务的完整性被破坏。

Verkada 是美国的一家安防摄像头公司，其合作伙伴包括汽车制造商、医院、监狱及银行等许多大型组织。2021 年 3 月，黑客入侵了 Verkada 的云端数据库，并获得了15 万个安防摄像头拍摄的实时视频和存档监控录像。这些安防摄像头安装在数百家公司、医院、警局、监狱及学校等各种场所。黑客宣称已控制特斯拉的 222 个安防摄像头，并在互联网上晒出特斯拉仓库的部分视频截图。这起黑客入侵事件是智能安防物联网入侵事件中影响很大的一起事件，该事件也将视频物联网安全问题推至舆论的风口浪尖。

2.3.3　物联网安全展望

伴随着物联网技术的发展和物联网应用的不断涌现，未来物联网在海量设备的身份认证、海量设备的安全接入和大数据的安全传输等方面都面临着巨大挑战。人们关注物联网的未来发展趋势，探索和研究区块链技术、网络安全智能化和物联网安全标准体系等新技术和新标准，并将其应用于物联网的安全防护，以满足未来物联网的安全发展需要。

2.3.3.1　区块链技术

在传统的中心化系统中，信任机制比较容易建立，可以依赖一个可信的、权威的第三方机构来进行身份信息管理、认证授权管理等。但是在物联网环境中，海量设备的身份信息管理和认证授权管理会对第三方机构造成很大的压力。因此，物联网设备的运行环境应该是去中心化的，物联网设备彼此相连，以一定规则组成分布式云网络。要构建这样的分布式云网络，就要解决各个节点间的信任问题。

在信息不对称、不确定的网络环境下，区块链技术能以低廉的成本解决信任问题，其通过在物联网设备中集成区块链软件，甚至芯片的区块链模组，在物联网终端自组织网络中完成数据签名和存证。通过区块链的加密级上链技术，数据可追踪溯源，从根本上解决物联网身份信息管理和认证授权管理及数据的安全问题。

2.3.3.2　网络安全智能化

物联网设备数量急速增长，随之而来的是物联网应用场景及安全网络的快速扩张。在超大规模的物联网设备接入及海量数据的传输背景下，网络中的设备及传输异常的排查需要高效的自动化智能解决方案。目前，机器学习技术已在信息安全领域的风险管理及事件管理中发挥着重要作用，在事件量级高达百亿级别的物联网网络中，网络安全智能化技术有着很大的发挥空间。

物联网海量的设备及接入场景也暴露出其更多的攻击点，容易被攻击者利用，引入更多的网络安全问题。一些敏感领域，如交通系统、智慧城市、关键基础设施、医疗系统、工业系统等，一旦被攻击者攻击，带来的后果将严重到无法想象。以 AI 技术为基础的网络安全智能化技术在应对物联网复杂的网络安全场景时具备天然优势，其在网络防护、攻击预演、攻击识别等方面将迎来巨大发展机遇，在物联网网络安全建设中发挥重大作用。

2.3.3.3　物联网安全标准体系

许多物联网设备供应商都有自己的安全技术及方法，但目前还缺乏统一的物联网安全标准体系。随着物联网的发展，物联网传感器及设备在未来可能会无处不在，全面覆盖人们的生产和生活，分布于每个厂房车间、每台设备、每个写字楼、每张办公桌、每辆汽车、每个家庭。物联网安全标准体系的建立有助于提升所有物联网设备的安全，使物联网设备的安全推进有的放矢。

中华人民共和国工业和信息化部发布的《物联网基础安全标准体系建设指南（2021 版）》提出：到 2022 年，初步建立物联网基础安全标准体系。物联网基础安全标准体系包括总体安全、终端安全、网关安全、平台安全、安全管理 5 大类标准，如图 2.32 所示。相信在该指南的指导带动下，我国将很快推出各方向、各层级上的物联网安全标准，逐步建立物联网安全标准体系，并形成相关的安全法案。

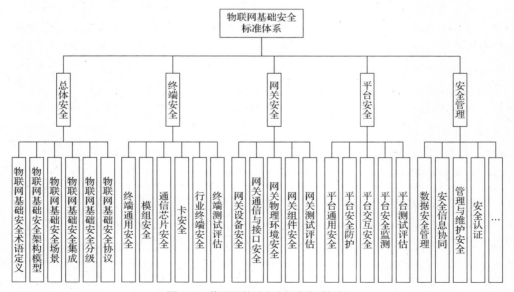

图 2.32　物联网基础安全标准体系框架

2.4　家庭 IoT 平台与生态

在物联网行业蓬勃发展的今天，诸多通信服务商、基础云厂商和智能硬件企业基于自身核心优势，从不同角度进入物联网平台与生态。

以中国移动、华为等为代表的通信服务商依托其在通信领域的技术优势，提出富有企业特色的连接标准协议，建设物联网平台。以亚马逊、谷歌等为代表的基础云厂商擅长构建通用型 IoT 托管平台，基于其扎实的基础信息设施输出全栈开放式云平台技术能力。以小米、苹果等为代表的 ToC 垂直领域的头部企业，则利用其在个人家庭市场的绝对优势和行业资源，专注于提供智慧家庭类场景下的物联网云服务。此外，还有一些提供软件和应用系统集成服务的公司（如涂鸦智能），以其丰富的软件研发和市场经验，致力于提供集软件、平台、模组、渠道为一体的"一条龙"解决方案。物联网云平台产业视图如图 2.33 所示。

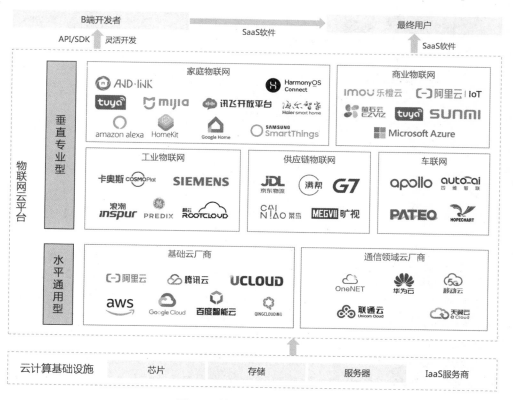

图 2.33　物联网云平台产业视图

2.4.1 中国移动：Andlink

Andlink 是中国移动在智慧家庭领域的能力开放平台，同时也是一套物联网标准协议。2017 年，中国移动成立了通信运营商的首个智慧家庭合作联盟，随后相继发布了 Andlink1.0 开放平台和 Andlink2.0 智慧家庭开放平台。

Andlink 融合了 Wi-Fi 6、EasyMesh 等新型协议，底层兼容 Wi-Fi、BLE、ZigBee、4G、NB-IoT 等网络协议，设备可以采用 SDK 接入、网关接入、平台接入等模式接入，统一通过手机 App "和家亲" 向用户提供服务。

Andlink 具备一键快连、联动控制、AIoTel（智能物联网多媒体通信）、AOS（智能操作系统）、EDR（终端检测与响应）等核心能力。该平台为第三方合作伙伴开放了中国移动智能组网、移动看家、和家智话、智慧园区、智能语音交互等业务的接入。图 2.34 所示为 Andlink 的总体能力视图。

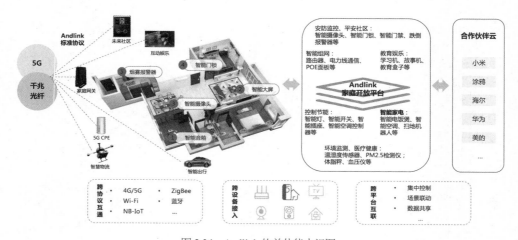

图 2.34　Andlink 的总体能力视图

作为国内最重要的通信运营商之一，中国移动依托自身的网络和渠道优势，近年来持续布局数字生活领域，通过升级 5G、千兆光纤的"双千兆"网络打造全覆盖、高速泛在、智能可靠的家庭网络，结合通信运营商业务构建"全千兆+云生活"的产品服务体系，同时整合各地网点、政企市场等渠道形成智慧家庭营销体系，为合作伙伴提供全渠道营销。

随着 Andlink 生态伙伴圈的扩大，Andlink2.0 已在智慧家庭领域发挥重要引领作用，为企业、政府、科研机构提供有关家庭市场发展趋势及技术演进方向的指引和参考。截至 2021 年年底，中国移动智慧家庭合作联盟已接入 800 余家合作伙伴的 1500 余款智能终端，连接超 2 亿台智能设备。

2.4.2　华为：鸿蒙智联

鸿蒙智联（HarmonyOS Connect）是华为面向消费领域的智能硬件开放生态。2015 年，HUAWEI HiLink（以下简称 HiLink）智能家居战略发布，标志着华为正式进入消费者 IoT 市场。2021 年，华为结合 HiLink 和 HarmonyOS 进行品牌升级，建立了 HarmonyOS Connect，形成了鸿蒙智联生态。

HiLink 是鸿蒙智联生态的重要组成部分，是华为优化家庭组网和解决智能家居设备互联互通的专有解决方案，其以支持 HiLink 协议的华为/荣耀路由器为中心，构建智能家庭网络，主要功能是智能连接和智能联动。接入 HiLink 的方式可以选择通过 HiLink SDK 直连智能硬件，也可以通过自身云平台与 HiLink 平台进行云对云接入。

HarmonyOS 是鸿蒙智联生态的核心，其系统架构如图 2.35 所示，是华为面向万物互联时代打造的智能终端操作系统，也是一套智能协议，为不同设备的智能化、互联与协同提供统一的语言。HarmonyOS 提出分布式 OS 架构和分布式软总线两大技术，通过封装分布式应用的底层技术实现，提供跨终端分布式应用的能力。

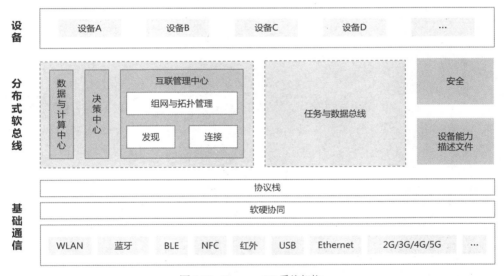

图 2.35　HarmonyOS 系统架构

鸿蒙智联生态主要是以华为公司的连接、计算、AI 等底层技术为切入点，借助 HarmonyOS 智慧场景并引入第三方智能家居品牌商而建立起来的。截至 2021 年年底，已有超过 2.2 亿台设备搭载 HarmonyOS，超过 1900 家生态合作伙伴加入鸿蒙智联生态，华为在 2021 年期间销售超过 1 亿台生态设备。

2.4.3　小米：小米 IoT

小米 IoT 开发者平台（以下简称小米 IoT）是小米在 IoT 领域的开放合作平台，主要服务于智能家居设备、可穿戴设备、智能出行等个人消费类智能终端及其开发者，面向智能终端提供跨终端互联互通的能力。

小米 IoT 支持的联网类型包括 Wi-Fi、蓝牙、蓝牙 Mesh、ZigBee、3G/4G/5G 等，其运作模式如图 2.36 所示，在控制端主要以小米 AI 音箱、小米 TV、米家 App 为主，也可以被具有小爱同学能力的产品（如手机、电视及音箱等）控制；在终端主要以接入小米 IoT 的智能家居产品为主，目前小米家族已有小米空气净化器、小米台灯、小米扫地机器人、小米智能门锁等一系列智能家居产品。小米 IoT 提供了多种接入模式，有设备集成 SDK 或嵌入小米模组直接接入、开发者自有智能云与小米云接入及通过应用（包括手机 App、Web、AI、云等）控制接入等。

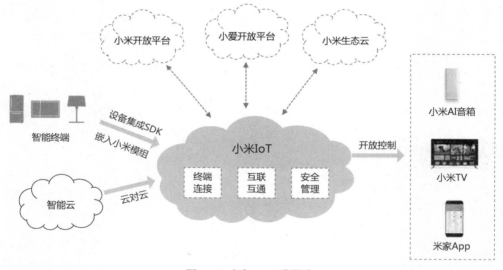

图 2.36　小米 IoT 运作模式

小米在 2013 年开启了生态链计划，2017 年提出打造以 AI 与 IoT 技术为核心的 AIoT 系统，2020 年发布面向开发者的小米妙享开发框架，随后又正式发布 Xiaomi Vela 软件平台。从技术创新到平台服务再到对开发者的支持，小米布局产业链、生态链、智能工厂等，带来了丰富的消费级智能终端产品，这些产品覆盖了人们生活的方方面面。目前，小米 IoT 连接智能设备超过 3.74 亿台，产品类型超过 2700 种，服务全球超过 6800 万个家庭。小米 IoT 开发者平台目前仅面向企业公司，其合作伙伴已有 400 多家。

2.4.4　苹果：HomeKit

HomeKit 是苹果在 2014 年推出的物联网平台，同时也是一组软件开发套件。它采用了苹果定义的 HomeKit Accessory Protocol（HAP），第三方产品只有遵循 HAP 开发并获得苹果 MFi 认证后才可接入。随着 Matter 智能家居标准的到来，HomeKit 已宣布未来将同时支持 Matter 协议的接入。图 2.37 所示为 HomeKit 官方发布的支持协议栈。

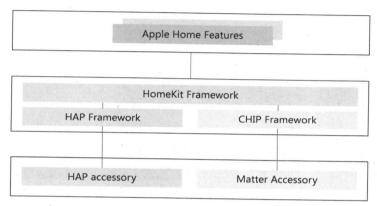

图 2.37　HomeKit 官方发布的支持协议栈

HomeKit 主要采用平台协议接入方式，HAP 和 HomeKit 家居中枢起到核心作用。

HAP 是 HomeKit 框架中的 HAP 子框架和 HAP 设备之间通信的官方语言，提供了针对 IP 设备和 BLE 设备的两套安全通信协议，具有点对点、本地化和安全这三大特点，可在离线环境下正常工作。

HomeKit 家居中枢是 HomeKit 框架中的自动化设备和网关，用来处理和转发设备状态指令等，在网络中断时保证整个系统可于本地正常运作，同时提供安全性和隐私性的保证。Apple TV、iPad Pro、HomePod 等设备均可作为 HomeKit 家居中枢使用。

苹果物联网整体布局围绕 iOS 生态，其服务主要面向 iOS 生态用户，提供覆盖智慧办公、智慧家庭、智慧出行等方面的物联网服务。想要通过 HomeKit 认证的厂商需要先加入苹果 MFi 计划，然后为单项产品申请 Works with Apple HomeKit 认证。截至 2022 年年中，HomeKit 已支持智能空调、智能空气净化器、智能摄像头、智能门铃、智能风扇、智能照明等 20 余种智能终端，累计对接约 300 家厂商，共计接入 800 余款设备。

2.4.5　涂鸦智能：涂鸦 IoT

涂鸦智能成立于 2014 年，专注于打造全球化的 IoT 开发平台，基于全球公有云，实现智慧场景和智能设备的互联互通。

涂鸦 IoT 是涂鸦智能的物联网云平台，其构架如图 2.38 所示，主要包含 IoT PaaS、Industry SaaS、Value-Added Services 三大类业务。除了涂鸦 IoT 自建的基础物联网云，底层基础设施还可支持 AWS、Azure、腾讯云等第三方公有云。涂鸦 IoT 提供的服务包括硬件开发工具、物联网云服务、智慧商业开发三方面，提供了从技术到营销渠道的全面赋能。

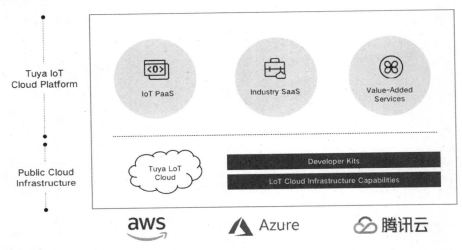

图 2.38　涂鸦 IoT 架构

作为开发平台，涂鸦 IoT 提供了低代码甚至零代码的开发工具，支持可视化的开发方式，仅需要操作鼠标就能完成复杂的功能部署。此外，涂鸦 IoT 还提供了数千个不同品类的产品开发方案，供开发者一键启用或个性化改造。

涂鸦 IoT 聚集了开发者、品牌方、设备制造商、合作伙伴、终端用户和营销渠道，其通过向上游的芯片制造商购买芯片类原材料，将芯片定制成特定模组，再出货给下游的设备制造商，向下游的各品牌方提供增值服务、软件开发、数据分析等服务的同时，也为消费者提供消息推送、数据存储等一系列增值服务。

截至 2021 年年底，涂鸦 IoT 已赋能超过 8400 家客户（包括品牌、设备制造商、行业运营商和系统集成商），支持约 2200 种设备类型，累计有约 51 万物联网设备和软件开发者。

2.4.6　亚马逊：AWS IoT

AWS IoT 是亚马逊在 2015 年推出的基于 AWS（Amazon Web Services）的物联网平台，主要提供全托管式的 IoT 云服务和面向海量设备的连接、管理服务，以及数据收集、存储、分析的解决方案。借助该平台，企业用户可将 IoT 数据接入亚马逊既有服务，开发者可将终端采集的数据上传并保存至 AWS 云服务中。

AWS IoT 通过提供一系列服务为智能终端提供 IoT 解决方案，其架构如图 2.39 所示，主要分为设备软件（Device Software）、控制服务（Control Services）、数据服务（Data Services）三大模块。设备软件模块主要负责为客户的设备提供多维度服务；控制服务模块主要负责连接和管理 IoT 服务解决方案中的设备；数据服务模块主要负责分析 IoT 解决方案中设备的数据，辅助用户采取适当的措施。

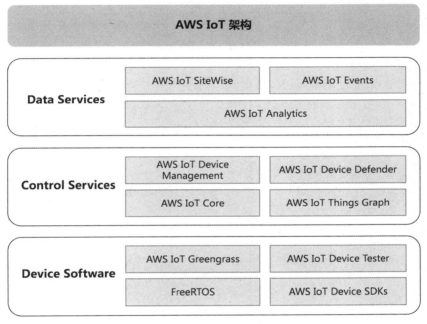

图 2.39　AWS IoT 架构

Echo 是亚马逊在 2014 年 11 月推出的智能音箱，其搭载了智能语音助手 Alexa，现已发展为亚马逊家庭智能生活的重要入口。亚马逊依托其在云服务市场的固有优势，推动 AWS IoT 发展，重点面向工业、家居和商业等垂直领域提供物联网解决方案，包括智慧城市、智慧交通、医疗健康等。在消费者领域，亚马逊也正借助智能音箱 Echo 的推广而努力布局。

2.4.7　谷歌：Google Cloud IoT

Google Cloud IoT 是谷歌专为智能物联网服务打造的平台，也是一组完整的工具套件，可以连接、处理、存储、分析边缘云和云端的数据。与 AWS IoT 类似，Google

Cloud IoT 包含多种可伸缩的全托管式的 IoT 云服务，提供了具备机器学习功能、可用于边缘云或本地计算的软件堆栈。

Google Cloud IoT 架构如图 2.40 所示，其关键能力包括 IoT Core、Pub/Sub、Cloud IoT Edge 等。IoT Core 是谷歌物联网产品的基础，是一种全托管式服务，结合其他 IoT 服务可提供集收集、处理、分析和可视化于一体的物联网数据完整解决方案，支持标准的 MQTT 和 HTTP 接入；Pub/Sub 通过采集并处理事件流，提供设备到云的物联网消息传递方案；Cloud IoT Edge 将设备打造为边缘计算节点，可以在 Android Things 或 Linux 操作系统上运行。

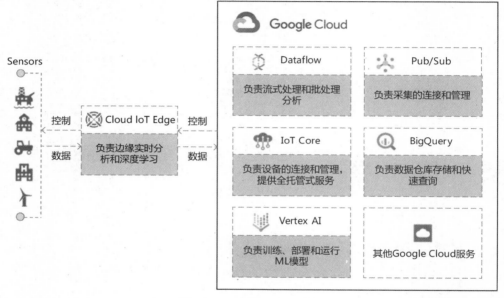

图 2.40　Google Cloud IoT 架构

Google Cloud IoT 作为全托管式的物联网云平台，依托于 Google Cloud 本身的丰富云端资源、产品能力和产业合作伙伴，除了可以提供快速上云、部署运维、AI 处理服务，还可以结合 Google Cloud 的增值服务，提高业务敏捷性。目前，Google Cloud IoT 的客户群体主要面向制造业和智慧城市行业。

2.5　物联网连接的标准化

如今的智能家居市场已呈现出蓬勃发展的局面，但碍于不同的品牌都在打造自己的智能家居生态，不能跨品牌互联互通，使得智能家居生态"碎片化"严重，没有统一的互联互通体系。若一个家庭成员买了不同品牌的智能终端，则其手机中可能需要下载好几个智能家居控制 App，否则连最基本的配网都完不成。为解决这一问题，国内外的科技互联网巨头也在不断探索统一的智能终端互联互通标准。图 2.41 所示为当前智慧家庭行业主要的连接标准及协议视图。

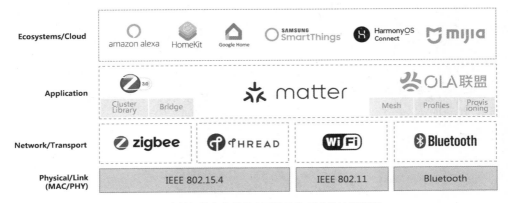

图 2.41　当前智慧家庭行业主要的连接标准及协议视图

2014 年 7 月，谷歌旗下的 Nest 以 IEEE 802.15.4 为基础，基于 IP 开发出一个传输层/网络层协议——Thread，并联合苹果一起推广 Thread。但由于 Thread 没有统一定义应用层标准，因此谷歌的应用层标准叫作 OpenWeave，苹果的应用层标准叫作 HomeKit。

随后，ZigBee 联盟推出了 Dotdot 标准，Dotdot 是基于 Thread 和 ZigBee 的应用协议，其目的在于统一 Thread 和 ZigBee 的互操作。Dotdot 的另一个名字叫作 ZCLIP，全称为 ZigBee Cluster Library over IP。

2019 年 12 月，谷歌和苹果公司一起加入了 ZigBee 联盟，联合 ZigBee 联盟成员共同推广新的基于 IP 的协议，也就是 CHIP（Connected Home over IP，基于 IP 的互联家居）。2021 年 5 月，CHIP 项目正式更名为 Matter。

2020 年 12 月，由阿里、百度、华为、中国移动等数家国内头部公司联合成立了 OLA（开放智联联盟），致力于推动中国物联网产业从企业级生态跨向产业级生态。

2.5.1　国际标准化进展

目前还没有国际标准组织牵头制定物联网应用层标准协议，当前较为权威的国际标准组织是 CSA（连接标准联盟），其发布了包含 ZigBee 3.0 标准和 Matter 标准在内的近十种认证标准。除此之外，由 Nest 主导的 Thread 标准也有较广泛的应用。

2.5.1.1　CSA

CSA 的前身是成立于 2002 年的 ZigBee 联盟，其于 2021 年 5 月正式更名为 CSA，其标志如图 2.42 所示。CSA 作为国际标准组织已经运行了 20 余年,其规模、范围和影响不断扩大,从其创始标准 ZigBee 到最近基于 IP 的标准 Matter,该组织坚持为简化和协调物联网努力。

Matter 是 CSA 连接标准组合的新成员,其他成员还包括 Smart Energy、Green Power、RF4CE 等针对专业领域的标准。这些标准构建于坚实的基础,即开放原则、通用数据模型及业内众多领先公司的专业知识。CSA 升级了其品牌名,以更好地适应开发影响市场的全球标准和塑造物联网未来的角色。CSA 新的字母组合标志中包含了特别的连笔形式,它不仅代表 CSA 标准所赋能的连接,也代表 CSA 是众多成员公司的聚集之地。

图 2.42　CSA 标志

2.5.1.2　ZigBee 3.0 标准

由于早期的 ZigBee 版本在跨平台标准化方面存在不足,因此很多智能家居品牌虽然采用了 ZigBee HA 的协议,但又根据自身的需求定制化了 ZigBee HA,不兼容标准的 ZigBee 协议,导致不同品牌间的产品无法互联互通。

2016 年,ZigBee 联盟正式推出 ZigBee 3.0 标准,迈出了标准完善化的重要一步。如图 2.43 所示,ZigBee 3.0 将 ZigBee 原先的多个应用层标准统一为单一标准,整合了包括 ZigBee 智能家居(ZHA)、ZigBee 连接照明(ZLL)、ZigBee 楼宇自动化(ZBA)在内的六大领域,解决了不同应用层协议之间的互联互通问题。例如,在组配 ZigBee 连接照明时,用户只需要购买任意一款符合 ZigBee 3.0 标准的网关,就可以控制不同品牌的 ZigBee 3.0 智能开关和智能灯泡,实现跨品牌交互。

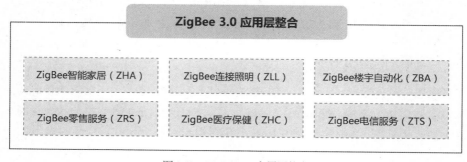

图 2.43　ZigBee 3.0 应用层整合

ZigBee 3.0 标准令使用不同应用层协议的 ZigBee 设备统一了其发现、加入应用层和组网的方式，加强了网络的安全性，使得 ZigBee 设备的组网变得便捷。

ZigBee 应用范围广泛，ZigBee 3.0 定义了超过 130 种设备，包括智能家居、智能照明、智能安防等领域，其在智能家居领域的影响尤其大。绿米、涂鸦智能等公司均有多个 ZigBee 智能家居解决方案。根据挚物 AIoT 产业研究院对地产公司的调研，目前在智能家居前装市场中，ZigBee 的设备占比超过 60%。ZigBee 的芯片和高端设备市场主要被 Texas Instruments、NXP、Silicon Labs 等国外公司占据。在国内公司中，上海顺舟智能、深圳市飞比电子等公司主要做 ZigBee 模组，南京物联传感等公司重点开发 ZigBee 设备。

2.5.1.3　Thread 标准

Thread 标准是由 Nest 主导，联合由 ARM、Samsung、Freescale、Silicon Labs 成立的 Thread Group 推出的标准，CSA 也是 Thread Group 的官方合作伙伴之一。

图 2.44 所示为 Thread 协议栈，它基于现有的射频芯片方案，底层依赖 IEEE 802.15.4 的 PHY 及 MAC。同时，为了支持 IPv6，MAC 中集成了 6LoWPAN、IP Routing 和 UDP。Thread 能比 ZigBee 支持更强的安全标准，但由于没有定义顶层的应用协议，因此 Thread 需要承载其他应用协议，如 HAP、Matter 等公开协议，以及由品牌自行设计的私有协议。这也就意味着 Thread 无法直接替代 ZigBee 这类完整的解决方案。

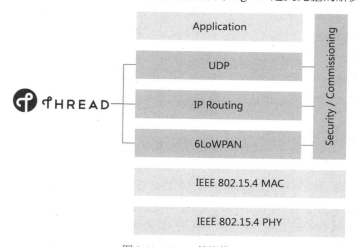

图 2.44　Thread 协议栈

Thread 为适配产品，推出了认证功能，且只面向 Thread Group 成员开放，但无论 Thread 产品是否通过认证，都不存在品牌壁垒。在所有 Thread 设备都连接相同局域网的条件下，只要有一个网关设备，就能让 Thread 网络中的所有设备互联互通。这样的设计使得 Thread 可以在传输层面替代 ZigBee 协议。

2.5.1.4　Matter 标准

Matter 是由亚马逊、苹果、谷歌和 CSA 共同发起的基于 IPv6 的智能家居互联协议，其前身是成立于 2019 年 12 月的 CHIP。Matter 标准致力于打造一个基于开源生态的全新智能家居协议。图 2.45 所示为 Matter 协议栈，Matter 是一个高层协议，工作于 OSI（Opening System Interconnection，开放系统互联）七层模型中的传输层，且仅依赖传输层中的 IPv6 来兼容不同的物理介质和数据链路标准。

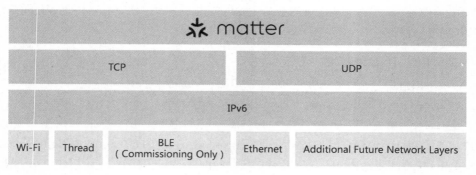

图 2.45　Matter 协议栈

2021 年 5 月，CHIP 的首个正式版规范发布，并更名为 Matter。初版的 Matter 支持以太网、Wi-Fi 和 Thread 三种底层通信协议，统一采用 BLE 作为配对方式。

Matter 标准目前在国际上获得了高度关注，其生态正逐步完善。亚马逊、LG、TCL、GE 等公司均已发布或展示了支持 Matter 标准的硬件产品，作为发起方的亚马逊、苹果和谷歌公司也曾承诺使用 Matter 协议的设备将可以兼容 Alexa、Google Home 和 HomeKit 生态，因此，无数智能家居爱好者发出了"这就是未来"的感叹。

2.5.2　国内标准化进展

目前国内仅有 Andlink、HiLink 等多个企业生态级连接标准，而跨平台互联互通的统一标准协议尚未形成。为对标国际的 CSA，在工信部的指导和支持下，中国移动、阿里、百度、华为等多家国内企业联合组成了开放智联联盟（Open Link Association，OLA），目前正以智能家居行业为试点推进 OLA 标准的制定。

2.5.2.1　OLA

国内物联网发展至今，已经到了建立生态的关键时期，但生态之间的壁垒和边界已成为行业发展的一大阻碍，"生态孤岛"困境亟待解决。在国际上，亚马逊、苹果、谷歌已牵头成立 CSA 来推动物联网协议标准的制定，为使我国在物联网领域掌握话语权，在工信部的指导和支持下，OLA 于 2020 年 12 月 1 日成立。

OLA 由中国移动、阿里、百度、京东、小米、海尔、华为、中国电信、信通院 9 家理事长单位，美的、格力、中国联通、豪恩、中海地产、欧普照明等 18 家理事单位，38 家普通成员单位，共 65 家成员单位组成。OLA 的成立，是中国物联网产业从企业级生态跨向产业级生态的一个重要里程碑。

OLA 成立之后，以智能家居为试点，通过执行委员会下设的连接技术、开源开发、安全技术、AI、测试技术专业委员会，以及正在筹备的智能家电、智慧地产、智能照明、智慧能源、知识产权等专业委员会，制定智能家居连接标准、测试认证标准和 AI 标准。OLA 目前的主要工作集中在设备发现配网、接入认证、控制、物模型上，底层主要支持以太网、Wi-Fi、蓝牙、ZigBee，未来会进一步支持蜂窝、PLC 等其他连接技术，通过打通整个应用层接入连接协议，为物联网软件平台层留下更广阔的发展空间。

2.5.2.2　OLA 标准

OLA 标准目前尚未正式发布，但值得期待的是，其中的智能家居互联互通的控制接口规范、数据模型规范、跨平台接入规范已经定稿，目前处于公示阶段。待标准发布后，OLA 开源开发委员会也将启动通用 SDK 和模组的开发并公开源码。

从已公示的规范内容可以发现，OLA 智能家居设备跨平台整体协议栈如图 2.46 所示，OLA 标准主要定义的是在标准协议中携带的跨平台智能家居设备互联相关信息，包括发现配网及接入认证等的流程和规范，其首批支持的通信协议有 Wi-Fi、以太网、蓝牙、ZigBee，首批支持的传输协议有 CoAP、MQTT。

图 2.46　OLA 智能家居设备跨平台整体协议栈

OLA 标准定义了面向智能家居应用终端的设备发现、设备配网与接入认证流程，符合 OLA 标准的终端均可接入满足 OLA 标准的智能家居平台，从而实现不同品牌的应用终端在同一个云平台下的互联互通。

第3章

视频物联网终端

本章主要介绍视频物联网终端的基本结构、组网方式、典型产品和技术趋势。首先通过概述小节，简单介绍视频物联网终端的基本结构和组网方式；其次通过视觉终端小节，对家庭领域的典型终端产品和行业应用中的特色终端产品做分类举例；最后通过技术趋势小节，说明和对比三种视频感知新技术。

3.1 视频物联网终端概述

本节简述视频物联网终端的基本结构和组网方式。

3.1.1 视频物联网终端的基本结构

视频物联网终端作为视频物联网的前端触点，可以提供实时采集、信息反馈的功能。视频物联网终端通过物联网产生或收集不同维度的海量信息，并存储至边缘云、中心云，再通过大数据分析、AI 等技术，实现万物数据化、智联化。视频物联网终端的形态各异，但大多具备镜头（Lens）、图像传感器（Sensor）、图像处理器（DSP）等视觉核心模块，其基本结构如图 3.1 所示。

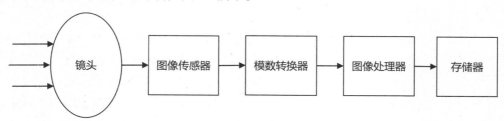

图 3.1 视频物联网终端的基本结构

目前广泛应用的图像传感器有互补金属氧化物半导体（Complementary Metal Oxide Semiconductor，CMOS）和电荷耦合元件（Charge-Coupled Device，CCD）。它们主要在采用半导体的工艺上有所区别，CMOS 和 CCD 都基于光电效应原理，CCD 的读出方式为串行读出，通过行地址和列地址来确定某个像素点的位置，一旦该像素点被选中，其产生的光强信号就会被输送到总线上，而 CMOS 中每个像素点都具有自己独立的行地址和列地址。

视频物联网终端的镜头相当于人眼的晶状体。如果没有晶状体，那么人眼看不到任何物体；如果没有镜头，那么视频物联网终端只能输出白茫茫一片的画面，没有清晰的图像输出。镜头由一组透镜组成，透镜可分为塑胶透镜和玻璃透镜，玻璃透镜比塑胶透镜贵，成像效果比塑胶透镜好。很多视频物联网终端产品为了均衡成本和成像效果，会采用半塑胶半玻璃的透镜。

图像处理器是专用的数字信号处理芯片，用于在视频物联网终端中实现对图像信号和语音信号的处理。通过镜头，先将物体的光学图像投射到图像传感器上，并将其转化为电信号，然后通过模数转换器将电信号转换为数字信号，最后将数字信号送至图像处理器进行加工处理，此时显示器就可以显示图像。若将加工处理后的图像信号通过电话网络传送到对方的可视电话机的显示器上，则对方也可以看到该图像。

3.1.2 视频物联网终端的组网方式

在视频物联网中，针对不同的应用场景，视频物联网终端与环境、存储设备、云平台间有着不同的组网方式。接下来介绍几种场景中的视频物联网终端的组网方式。

1. 简单安防场景

智能摄像机采集视频图像后经网络交换器传输数据，硬盘录像机负责对视频图像进行处理及存储，最终在用户侧的显示器上显示画面。简单安防场景中的视频物联网终端的组网方式如图 3.2 所示。

2. 智能家居场景

随着传统家居设备的智能化演进，智能音箱、可视门铃、可视台灯、智能摄像机等视频物联网终端已经进入人们的日常生活。视频物联网终端通过 Wi-Fi、ZigBee、蓝牙等方式接入家庭网关并与云端进行数据传输，家庭网关作为中枢起到连接、管理、控制设备的作用。智能家居场景中的视频物联网终端的组网方式如图 3.3 所示。手机、Pad 等客户端可通过互联网接入云端，远程访问家庭终端。

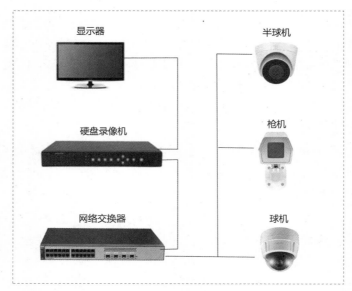

图 3.2 简单安防场景中的视频物联网终端的组网方式

图 3.3 智能家居场景中的视频物联网终端的组网方式

3. 智慧社区对讲场景

可视对讲系统是智慧社区中的典型应用,为访客与住户之间提供了双向可视通话功能,主要由室内机、门口机、管理员终端等组成。室内机、门口机通过楼栋内的交换机接入小区可视对讲网络，门口机可基于虚拟号呼叫指定的室内机或管理员终端，以实现双向通话和门禁控制功能。此外，社区的对讲系统还可与电梯系统连接，实现安全性更高的梯控功能。智慧社区对讲场景中的视频物联网终端的组网方式如图 3.4 所示。

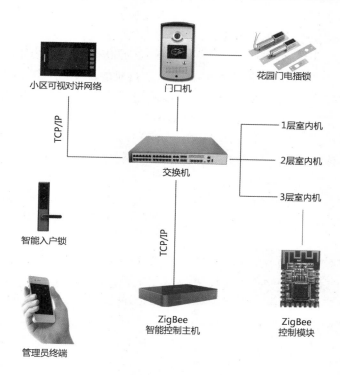

图 3.4　智慧社区对讲场景中的视频物联网终端的组网方式

3.2　视觉终端

视频物联网中的视觉终端类型和应用场景繁多，3.2.1～3.2.3 节从智慧家庭场景出发，将家庭视觉终端分为安防监控类、无人驾驶类、通信娱乐类加以介绍。3.2.4 节介绍针对医疗、工业等行业场景的极富技术特色的视觉终端。

3.2.1　安防监控类

安防监控类视觉终端是在人们日常生活中较常见的视觉终端，在智慧家庭领域中，安防摄像机、智能门铃和智能猫眼、智能可视门锁等产品已具备一定的市场规模，并广受消费者的青睐。

3.2.1.1　安防摄像机

摄像机是安防监控场景中较经典的硬件形态。安防摄像机是以视频监控为目的的图像采集装置，支持将从可见光谱到近红外光谱范围内的光图像信号转换为视频图像信号。典型的安防摄像机由多个镜片组、昼夜切换装置、光学防抖装置、自动光圈、镜框、驱动电机等光学元器件组成，并利用光学原理采集视频信息。

在视频物联网中，使用较多的安防摄像机是网络摄像机（IP Camera，IPC），它是一种在传统摄像机基础上结合了网络编码模块，可通过以太网直连云端的摄像机。它可以将视频通过网络传输至地球另一端，远端的浏览者可以直接通过标准的浏览器观看视频，不需要借助任何专业软件。网络摄像机一般由镜头、图像传感器、语音传感器、信号处理器、模数转换器、编码芯片、主控芯片、网络及控制接口等部分组成。

随着智能化应用的普及，安防摄像机正在从"看得见""看得清"向"看得懂"发展。安防摄像机除了在车辆违章自动抓拍、车牌识别、区域入侵报警等智慧城市监控领域发挥作用，还通过移动检测、人脸识别、跌倒检测等智能化特性在家庭安防领域大放光彩。在未来，AI 赋能安防将是大势所趋，各类基于安防智能化的垂直应用将不断涌现。

在市场规模方面，根据 Omdia 的数据，2019 年中国智能视频监控市场规模达到106 亿美元，约占全球的 48%，预计到 2024 年中国智能视频监控市场规模将达到 167 亿美元，2019 年到 2024 年的复合年均增长率（Compound Annual Growth Rate，CAGR）为 9.5%。随着智慧城市的发展及新基建的推进，人们对于安防视频监控的需求不断提高，安防摄像机的需求将进一步增长。根据 Frost&Sullivan 的数据，2021 年到 2025 年中国安防摄像机的出货量将实现持续增长，2025 年有望达到 8.3 亿台，复合年均增长率为 15.3%。

3.2.1.2　智能门铃和智能猫眼

智能门铃和智能猫眼在传统电子门铃和猫眼的基础上，集成高清摄像头、人体红外传感器、Wi-Fi 通信模块等软、硬件，具有远程查看、实时告警、音视频通话、录像存储等功能。其中，智能猫眼主要安装在入户门或防盗门中央，若用户已经安装过电子猫眼，则可以用智能猫眼直接替换原有电子猫眼；若用户未安装过电子猫眼，则需要在入户门或防盗门上开洞。智能猫眼通常会配置一块内屏，以方便用户在室内实时观察门外情况。智能门铃没有配置内屏，但可以通过手机 App 实时查看门外情况。智能门铃比智能猫眼安装更方便，可以安装在门槛、门体、墙壁等位置，而且其价格相对便宜。

智能门铃和智能猫眼比传统电子门铃和猫眼功能更丰富，其主要功能包括远程监控、实时告警、远程呼叫等。智能门铃和智能猫眼的使用场景示意图如图 3.5 所示。

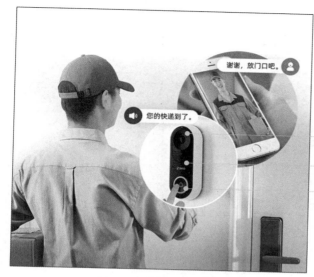

300万像素摄像头
高清远程可视通话

人体红外传感器
手机App异动提醒

按钮门铃一按即通

图 3.5　智能门铃和智能猫眼的使用场景示意图

1. 远程监控，App 实时查看

智能门铃和智能猫眼都内置 1080P 的高清摄像头，门外的一切动静都能清晰地记录在这只神奇的"眼睛"里。用户可以通过智能门铃和智能猫眼的专属手机 App 随时随地查看门外的情况。

2. 实时告警，主动防御

智能门铃和智能猫眼都内置人体红外传感器和 AI 人形探测系统，对停留在门外的可疑人员自动启动告警功能，并同步到用户的手机 App 中，提醒用户做好防御工作。

3. 远程呼叫，实时通话

智能门铃和智能猫眼不仅可以主动识别陌生人进行防御，还具有更实用的可视呼叫功能。当用户在工作或外出时，若有亲戚朋友来访，则可以通过可视呼叫功能确认来访者身份。可视呼叫功能可以在不面对面接触的情况下确认来访者的身份，能有效防止危险事件的发生。

在市场规模方面，随着远程视频监控被进一步推广应用于智能家居领域，智能门铃和智能猫眼出货量逐渐上升。根据 Strategy Analytics 的预测，到 2023 年，全球消费者在智能家居监控摄像机上的支出将超过 97 亿美元，其中智能门铃将是增长最快的细分市场，其市场规模将从 2018 年的 5 亿美元提升到 14 亿美元。

3.2.1.3　智能可视门锁

门锁是日常生活的必需品之一，智能可视门锁比传统机械门锁在安全性、环境识别、管理性方面更加智能化和简便化，同时也是智能门禁系统中的执行部件。智能可视门锁凭借无钥匙开锁、远程开锁、实时监控及与其他设备联动等功能，不仅可使开锁更加便捷，还可提升居住环境的安全性。智能可视门锁功能示意图如图 3.6 所示。

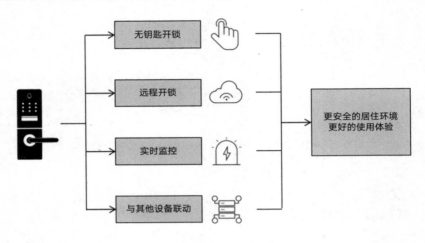

图 3.6　智能可视门锁功能示意图

在核心技术上，智能可视门锁主要涉及锁体结构、生物识别、网络通信等部分。

智能可视门锁的锁体结构可以分为电机锁体和机械锁体。全自动智能锁体是目前电机锁体中较为先进的锁体，其开、关门都不需要手动操纵把手，具有良好的使用体验，但在功耗上略有劣势；机械锁体虽然仍需用户手动操纵把手开门，但在可靠性和安全性上更有优势。

智能可视门锁中应用的生物识别技术主要通过对用户身份信息进行识别，来实现快捷开门。目前智能可视门锁中应用的生物识别技术主要有指纹识别、人脸识别、虹膜识别和指静脉识别等。

智能可视门锁中应用的网络通信技术主要是为了实现联网、数据信息传递及手机端的远程监控。由于智能可视门锁一般使用电池供电，因此在通信技术的选择上对功耗有较高要求，NB-IoT 技术有着功耗低、覆盖广、稳定性高和成本低等优点，是当下主流技术 Wi-Fi 和 ZigBee 的理想替代技术。依托于 NB-IoT 技术的不断发展和电信运营商（中国移动、中国联通、中国电信等）的强势推广，已有厂商实现了基于 NB-IoT 技术的云端与锁端的通信互联。

近年来，随着智能家居行业规模的扩大，智能可视门锁行业正在迅速发展，传统门锁公司、家电公司、安防公司，甚至互联网公司和创业公司都纷纷涌入这个领域。根据前瞻产业研究院《2022—2027 年中国智能锁行业深度调研与投资战略规划分析报告》，2017 年到 2021 年，中国智能可视门锁销售量波动增长，2021 年达到 1695 万台，较 2020 年增长 5.9%。

3.2.2 无人驾驶类

无人驾驶类视觉终端主要是指具有自动控制或远程操控能力的可移动终端，在物联网消费领域主要包含服务机器人、无人机、车载视觉系统等。

3.2.2.1 服务机器人

国际机器人联合会（International Federation of Robotics，IFR）将服务机器人定义为一种半自主或全自主工作的机器人，其通常可分为专业领域服务机器人和个人/家庭服务机器人。

专业领域服务机器人是指应用于生产过程与环境的机器人，包括人机协作机器人和工业移动机器人，本书不对其进行重点介绍。

个人/家庭服务机器人是指面向个人或家庭服务场景的特种机器人，以提供各类个人或家庭服务为目标而设计，它包括行进装置、感知装置、收发装置、控制装置、执行装置、存储装置、交互装置等，可提供多样化的个人或家庭服务，如卫生清洁、物品搬运、家电控制、儿童教育、家庭娱乐等，同时它还能进行防盗监测、病况监视、报时提醒、家用统计等工作。个人/家庭服务机器人主要分为家庭用途机器人和娱乐休闲机器人，其中家庭用途机器人主要包括扫地机器人、除草机器人、泳池清理机器人、窗户清理机器人、叠衣服机器人、做饭机器人等；娱乐休闲机器人主要包括智能音箱、玩具机器人、教育训练机器人等。

在市场规模方面，根据 IFR 统计，2016 年到 2020 年，全球服务机器人销售额从 43.0 亿美元增至 94.6 亿美元，复合年均增长率为 21.79%。服务机器人的应用场景、技术深度、服务模式等将继续拓展，预计全球服务机器人销售额将在 2023 年达到 201.8 亿美元，2020 年到 2023 年期间的复合年均增长率将为 28.73%。

目前，我国服务机器人虽然在技术与应用水平上不及欧、美、日等国家或地区，但我国经济正快速发展，带动服务机器人需求快速上升。根据《中国机器人产业发展报告（2021 年）》，目前医疗、教育、公共服务等领域需求是拉动我国服务机器人需求的主要推动力。根据 IFR 统计，2016 年到 2020 年，中国服务机器人销售额从 64.8 亿元增至 222.2 亿元，复合年均增长率为 36.08%，远超全球平均水平，预计中国服务机器人销售额在 2023 年将达到 613.5 亿元，2020 年到 2023 年期间的复合年均增长率将高达 40.29%。

3.2.2.2 无人机

无人驾驶飞机，简称无人机，是指利用无线电遥控设备或预置程序控制的不载人飞机，与载人飞机相比，它具有体积小、造价低、使用方便、对环境要求低、战场生存能力强等优点。

无人机主要分为军用无人机与民用无人机两大类，如图 3.7 所示。民用无人机一般分为消费级无人机与工业级无人机。消费级无人机主要用于航拍和娱乐，注重拍摄功能和可操作性；工业级无人机注重经济效益，追求巡航速度和续航能力等性能的平衡，对无人机的专业化应用要求高，通过搭载不同的任务载荷实现多样化的功能，主要应用于测绘与地理信息、巡检、安防监控和应急等领域。军用无人机对续航能力、巡航速度、飞行高度、作用距离和任务载荷等都有很高的要求。

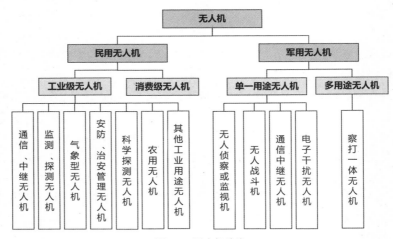

图 3.7　无人机分类

民用无人机从技术角度可以分为无人固定翼机、无人直升机、无人多旋翼飞行器等，其主要由芯片、惯性传感器、Wi-Fi 等无线通信模块、云台、高清摄像头、电池、飞机机体等组成。其中，芯片是无人机系统的"大脑"，高性能芯片可以在无人机上实现双 CPU 的功能，以满足导航传感器的信息融合，实现无人机的最优控制；惯性传感器应用加速器、陀螺仪和地磁传感器，主要代表有 MEMS 惯性传感器，其利用 6 轴、9 轴的惯性传感器代替单轴传感器，从而降低成本和功耗，实现大规模的应用；Wi-Fi 等无线通信模块主要用于控制和传输图像信息；云台主要用于安装、固定高清摄像头，保证无人机在各种环境下都能稳定拍摄视频；高清摄像头主要用于采集视频图像信息，包括 4K 超高清摄像头、3D 摄像头等。

军用无人机需要在远程控制或自主规划的情况下完成指定任务，通常具备地面通信系统和卫星通信系统。军用无人机在视距内执行任务时，一般依靠地面站点进行通信，而当军用无人机进入超视距范围时，则利用卫星通信链路指挥军用无人机，GPS 可进行军用无人机的精确定位。当信号丢失时，GPS 也可引导军用无人机原地巡航，直至通信链路重新连接。军用无人机通信系统如图 3.8 所示。

图 3.8　军用无人机通信系统

3.2.2.3　车载视觉系统

车载视觉系统主要以摄像头作为传感器输入端，经过计算和处理，对汽车周围的环境信息做出精确感知。感知的目的在于为智能驾驶融合层提供丰富的信息，包括被检测物体的类别信息、距离信息、速度信息、朝向信息，同时也能够给出抽象层面的语义信息，包括交通灯、交通标志的语义信息等。车载视觉系统主要利用 CCD、红外传感器、毫米波雷达、速度传感器及 GPS 等来感知道路信息，通过图像处理软件处理与传输信息，可以在低能见度和低照明度的交通环境下提取出有用的信息，并降低噪声的影响，在最短时间内将信息以图像形式提供给驾驶员，提高车辆行驶安全度。除了直接反馈图像给驾驶员，车载视觉系统还发展出路况检测、行人车辆分析、交通标志识别、车道线等地面标识识别、驾驶员疲劳驾驶提醒等功能。例如，车内摄像头可实时捕捉驾驶员面部信息，通过声音、光线、振动等刺激驾驶员，使其恢复清醒状态。

车载摄像头是车载视觉系统的核心器件之一，由于其使用环境复杂，要考虑光学焦平面的稳定性、光学焦平面和相机的热补偿，以及可靠性损伤等多方面因素，因此其耐用性参数要高于智能移动设备用摄像头。同时因为汽车产业供应链封闭且已形成较为稳定的体系，所以车载摄像头认证周期比较长，行业壁垒也相对较高。目前，国内外领先的电动车公司旗下车型都用到大量的车载摄像头。特斯拉全系车型拥有 8 个摄像头和 12 台毫米波雷达，其中车前配有一个三目式摄像头，车后配有一个倒车摄像头，车身两边各配有两个侧视摄像头。蔚来 ES6 搭载 NIO Pilot（自动辅助驾驶）系统，配备 23 个感知硬件，包括 6 个摄像头、5 台毫米波雷达和 12 个超声波传感器。理想 ONE 在摄像头的配置方面要略显逊色，其挡风玻璃上的两个摄像头中仅有一个单目摄像头参与辅助驾驶感知，另一个摄像头为道路信息收集摄像头，车上还有 4 个构成 360° 环视的摄像头。小鹏汽车定义 P7 为 L2.5 驾驶，目前拥有同行中最多的摄像头（14 个）。

在市场规模方面，根据 ICVTank 的预测，随着车载摄像头的单车搭载量与渗透率的提升，预计到 2025 年，全球车载摄像头市场规模将达到 273 亿美元，2015～2025 年的复合年均增长率为 16.0%，国内市场规模预计在 2025 年达到 237 亿元。

3.2.3　通信娱乐类

通信娱乐类视觉终端在支持社交和亲情沟通功能的同时，还能提供智能交互、教学娱乐等增值服务，本节以较常见的智能音箱和智能手表为例介绍通信娱乐类视觉终端。

3.2.3.1　智能音箱

智能音箱是传统音箱升级的产物，作为较成熟的智慧家庭交互入口，智能音箱兼具体积小、价格低的特点，可以提供交互、连接与服务功能。2014 年，亚马逊发布首款智能音箱 Echo，重新定义人与硬件的对话，此后国外头部企业纷纷入场，带动了智能音箱的普及。相较于国外，中国市场起步较晚，2017 年前后是多家国内企业入场的时机，智能音箱行业规模呈现爆发式增长，目前该行业竞争格局相对稳定，根据洛图科技数据，2021 年，百度、天猫、小米和华为这四大头部智能音箱品牌合计市场份额高达 95.7%，其中百度、天猫、小米的销量突破千万台。

智能音箱的硬件结构并不复杂，与手机、平板电脑等产品类似，主要由主控芯片、通信组件、麦克风阵列、喇叭、指示灯等组成。在软件方面，智能音箱可对人类说出的自然语言进行处理，并发出相应控制指令或给出语音反馈，其核心技术是智能语音交互技术，主要包括自动语音识别（Automatic Speech Recognition，ASR）、自然语言理解（Natural Language Understanding，NLU）、自然语言生成（Natural Language Generation，NLG）、语音合成（Text To Speech，TTS）四个部分。智能音箱的智能语音交互流程如图 3.9 所示，语音输入信号由智能音箱处理后发送至云端，经 ASR 服务将语音转换为文字，再经 NLU 服务理解用户意图，在对讲管理控制枢纽完成相应逻辑处理后，生成应答的自然语言，最后在智能音箱上合成自然语言并由喇叭进行语音输出，如此完成智能语音交互流程。

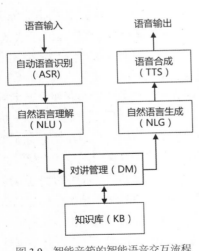

图 3.9　智能音箱的智能语音交互流程

在市场发展方面，随着智能家居的发展，智能音箱成长空间巨大。根据 Markets and Markets 的预测报告，全球智能家居市场规模将从 2021 年的 845 亿美元增长到 2026 年的 1389 亿美元，智能音箱作为智能家居的生态入口，将率先迎来快速成长。

3.2.3.2　智能手表

智能手表是在手表内置入智能化系统构成的，其除了具有基础的时间指示功能，还具有导航、监测、提醒、校准、交互等多种功能，被广泛地应用于娱乐、运动、健康监测等领域。随着以蓝牙 5.0 为代表的无线技术、云计算和 AI 技术的高速发展，智能手表的应用场景逐渐丰富，涵盖个人助理、医疗、健康、人身安全、企业解决方案、通话、运动、智能家居、访问控制及支付十大应用场景，如表 3-1 所示。小体积设计和智能化使用场景的增加，可以满足消费者对电子产品便捷化和智能化的要求，智能手表市场发展较为乐观。

表 3-1　智能手表十大应用场景

应 用 场 景	主 要 功 能
个人助理	高效管理日程、工作任务和所需要的信息
医疗	改进患者的治疗，管理医疗记录
健康	提高自我保健意识，多运动；增加营养，减少压力；改善睡眠
人身安全	预防紧急事件的发生，当紧急事件发生时能自动检测并快速应对
企业解决方案	简单、高效、安全、低成本处理业务流程
通话	具有高效的语音界面，改善通话和短信收发功能
运动	高效训练；提高运动技巧；公平裁判；给观众带来乐趣
智能家居	方便；增加安全性；降低能源消耗
访问控制	自动获取建筑物、网站和服务的通行许可，显著提高安全性
支付	简单、安全、低成本移动支付

智能手表的核心技术主要包括 GPS 定位、运动管理、语音通话、健康监测等，其中健康监测是智能手表的核心增量价值，较受消费者的欢迎。智能手表作为 24h 可穿戴智能设备，内置多个健康传感器，除了可对用户的体温、心率、血糖等多项身体健康指标进行全天监测，还逐渐具备专业化医疗器械水准，推出心电图和血氧监测功能。随着经济发展水平的提高和居民健康意识的增加，消费者对提供健康监测功能的智能手表兴趣盎然。

在市场发展方面，由于智能手表厂商技术更迭，赋予手表多元化应用场景，因此智能手表需求持续增长。根据 IDC 的数据，受疫情影响，2020 和 2021 年全球智能手表出货量分别为 7433 万块和 8136 万块，增速分别为 11% 和 9%，增速逐步放缓。但随着消费复苏，居民的健康监测需求将有望增加，驱动全球智能手表出货量增长。根据 IDC 的数据，未来 5 年全球智能手表市场规模将达 11.35 亿美元，预计 2026 年复合年均增长率为 17%。

3.2.4　其他

除智慧生活场景以外，视觉终端在医疗、工业、军工等领域也有着广泛应用，本节以医疗内窥镜、热成像摄像机、卫星遥感为例，介绍这些特殊的专业设备或技术及其原理。

3.2.4.1　医疗内窥镜

随着国家医疗体制改革和医疗技术与医疗设备的推陈革新，医疗内窥镜已经在各级医院得到广泛应用，比较常见的医疗内窥镜有胸腔镜、宫腔镜、耳鼻喉镜、脑室镜、腹腔镜、输尿管肾镜、椎间盘镜、前列腺电切镜等。

传统的医疗内窥镜采用外部光源，以光纤作为传导体，通过内窥镜主体，将光传递至人体内部，为人体内部需要检查的组织部分提供照明，物镜会将组织部分成像于面阵 CCD，同时 CCD 的驱动电路会控制图像采集并输出标准视频信号，调节机构用以调节内窥镜前端的观察角度，通常支持上下调节、左右调节和旋转调节。

近年来，国内外也出现了更为先进的胶囊内窥镜，用于窥探人体肠胃、食道等部位的健康状况，以辅助医生对病人消化道系统疾病的诊断。胶囊内窥镜的原理就是把摄像机缩小后植入医用胶囊，在患者吞服后，胶囊会随胃肠的肌肉运动沿着消化方向运动，在摄像机拍摄图像后，胶囊将图像传送至患者系于腰间的数据传输装置。几小时后，便可完成拍摄并下载图像，而医用胶囊也将在 24h 内自动排出体外。使用胶囊内窥镜可以让患者免去穿镜的痛苦，进行正常的日常活动。图 3.10 所示为胶囊内窥镜的主要结构。

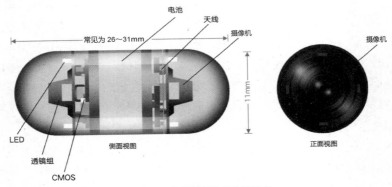

图 3.10　胶囊内窥镜的主要结构

3.2.4.2　热成像摄像机

红外线（又称红外辐射）是一种在自然界中广泛存在的辐射，所有温度高于绝对零度（−273℃）的物体都会发出红外线。由于大气、烟云无法吸收 3～5μm 和 8～14μm 的红外线，因此热成像摄像机通过采集 8～14μm 的红外线来探测物体。热成像摄像机先把红外线转换为灰度值，再利用灰度值差异，经系统处理转变为目标物体的热图像，将其以灰度级或伪彩色显示，从而发现和识别目标。

热成像摄像机结构示意图如图 3.11 所示，其结构和普通摄像机类似，红外线由热成像镜头进入红外探测器，经 ISP 处理后交由 SoC 进行编解码，最后输出码流形成热成像图像。热成像摄像机的镜头采用化学元素锗制作，其成本大概是玻璃镜头的 20 倍。高纯度单晶锗具有高折射系数，可透过红外线，不透过可见光和紫外线。

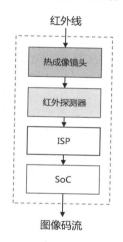

图 3.11　热成像摄像机结构示意图

3.2.4.3　卫星遥感

遥感学是在物理学、计算机学、空间科学和地球科学等相关理论基础上发展而来的一门新兴综合性学科，遥感技术常用于飞机、人造卫星、宇宙飞船等航空航天级设备，可极大地拓展可视范围，为人类探索未知世界提供了视觉保障，也可用于农、林、牧、渔及环境与气象监控等多个领域。

遥感技术可探测紫外线、可见光、红外线及微波。卫星遥感工作原理示意图如图 3.12 所示，当太阳光经过宇宙及大气层照射到地球表面时，地球表面的物体会对太阳光进行反射和吸收。太阳光是电磁波的一种，由于物体内部结构的差异化特性及不同的入射光波长，因此不同物体对其反射率也不同。遥感技术就是根据这种原理，通过分析目标对象反射和发射的电磁波，获得所需信息进行解析处理，从而完成远距离物体识别的。

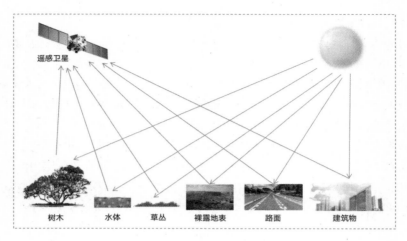

图 3.12　卫星遥感工作原理示意图

　　目前遥感技术中应用较多的有陆地遥感、海洋遥感、地质遥感、城市遥感、农业遥感、林业遥感、资源遥感、大气层遥感、外层空间遥感、军事遥感等。

3.3　技术趋势

　　视频物联网终端的核心技术是视觉感知技术，视觉感知技术的未来是从简单视觉信息感知迈向多模态、多维度的信息感知。本节主要介绍视频物联网视觉感知中具有发展前景的应用技术，包括 3D 结构光、ToF、多维感知成像三种技术。

3.3.1　3D 结构光

　　3D 结构光技术的基本原理是，先通过激光器发射具有结构特征的近红外脉冲波，投射到被拍摄物体上，再由专门的红外摄像头进行采集，如图 3.13 所示。这种具备一定结构的光线会根据物体深度区域的不同，采集不同的图像相位信息，然后由运算单元将采集的相位信息换算成深度信息，从而构建物体的 3D 结构。

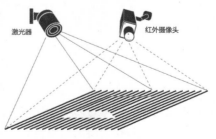

图 3.13　3D 结构光技术示意图

以智能手机为例介绍 3D 结构光的应用，其核心元件有点阵投射器、泛光感应元件（红外补光灯）和红外镜头（IR Camera），如图 3.14 所示。点阵投射器将 3 万多个人眼看不见的光点投影在脸部，绘制 3D 脸谱；泛光感应元件借助不可见的红外线，在弱光环境下识别人脸特征；红外镜头负责读取点阵图案，并将数据发送到芯片数据库中进行比对和匹配。在实际使用中，3D 结构光还需要与 2D 图像进行结合，从而形成更真实的立体画面。

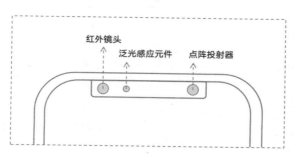

图 3.14　智能手机中的 3D 结构光应用

目前，3D 结构光技术已普遍应用于人脸支付、个性萌拍、体感游戏等场景。并且，随着 AI 深度算法与 3D 结构建模的结合，其在弱光环境下仍能精准建模，有较强的容错能力。

3.3.2　ToF

ToF（Time of Flight，飞行时间）技术的原理是，通过发射经调制的近红外脉冲波，收集脉冲波遇到物体后的反射波，通过计算光线发射和反射的时间差或相位差，换算出被拍摄物体的距离，最终得到深度信息。

ToF 技术又分为 dToF（direct Time of Flight）技术和 iToF（indirect Time of Flight）技术两种。dToF 技术直接测量光脉冲的发射和接收的时间差；iToF 则通过传感器解析信号相位，间接测量发射信号和接收信号的时间差。dToF 比 iToF 在省电、快速成像方面更具优势，但是其技术壁垒较高，对硬件的要求也较高。苹果公司已率先在 iPad Pro、iPhone Pro 等系列产品中采用基于 dToF 技术的激光雷达扫描仪，目前大多数的安卓机则主要采用 iToF 技术，因为其发展相对成熟且成本可控。

ToF 技术与 3D 结构光技术常被拿来对比，ToF 技术通过计算红外线的飞行时间来计算物体的深度信息，其误差主要来自装置的系统误差，较为恒定；3D 结构光技术的精度取决于反射光，在近距离应用时误差较小，但随着距离的增大，其误差呈指数级增大。ToF 技术与 3D 结构光技术的误差趋势图如图 3.15 所示。

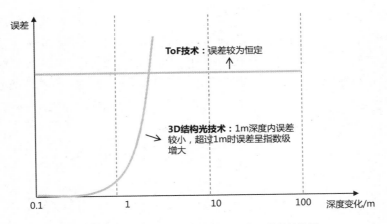

图 3.15　ToF 技术与 3D 结构光技术的误差趋势图

此外，3D 结构光技术受环境光源影响较大，而且帧率较低，所以更适用于静态场景或缓慢变化的场景，其优势是能够获得分辨率相对较高的深度图像；ToF 技术具有响应速度快、识别距离相对较长、深度信息精度高、不易受环境光线干扰等优势。ToF 技术与 3D 结构光技术的综合对比如表 3-2 所示。

表 3-2　ToF 技术与 3D 结构光技术的综合对比

名　　称	ToF 技术	3D 结构光技术
基 础 原 理	红外光反射时间差	单相机和投影条纹斑点编码
光　　源	均匀面光源	散斑
响 应 速 度	快	慢
弱光环境表现	良好	良好
强光环境表现	中等	弱
分 辨 率	低	中等
识 别 距 离	较长（1～100m），受光源强度限制	短，受光斑图案影响
材 料 成 本	中等	高
功　　耗	低	中等
缺　　点	平面分辨率低	容易受环境光线影响
代 表 厂 商	英飞凌、微软、意法半导体	苹果、Prime Sense、英特尔

在应用场景方面，ToF 技术凭借其不容易受环境光线干扰、刷新响应速度快、可调节距离的特性，适用于 3D 建模、游戏、汽车辅助驾驶、移动机器人、AR 等距离较长、精度要求较低的应用场景。

3.3.3　多维感知成像

多维感知成像技术在医学领域已有成熟的应用，如 CT、彩超等检查项目，其原理是利用计算机将多种检测到的影像信息进行数字化综合处理，将多源数据进行空间配准后，产生一种全新的影像信息，以达到辅助诊断的目的。

随着传感器技术、AI 技术的发展，多维感知成像信息已经不再局限于视觉信息，还包含空间和认知信息。在自动驾驶领域，GPS、激光雷达、毫米波雷达等传感器与摄像头进行深度感知融合，以感知车辆运行环境、辅助驾驶决策。

摄像头产生的数据是 2D 图像，对物体的形状和类别的感知精度较高，可用于输出边界框、车道线、交通灯颜色、交通标志等图像。GPS 可以采集空间坐标信息。激光雷达可以精确感知物体的距离，在 3D 层面呈现物体形态和动作。毫米波雷达可以利用无线电波（毫米波）信号收发的时间差，测得目标的位置数据和相对距离，并且可以同时对多个远距离目标进行测距、测速及方位测量。将这些传感器采集到的数据进行融合和分析，便可得到多维感知的影像信息。

较简单和常见的融合方法是原始数据融合法，如图 3.16 所示，先将 3D 点云（3D数据）投影到 2D 图像上，然后检查点云和相机检测到的 2D 目标边界框的重合度。这个过程中会使用到 2D 目标检测、2D RoI（Region of Interest，感兴趣区域）匹配和图像分割算法。

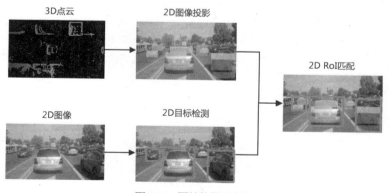

图 3.16　原始数据融合法

另一种融合方法是独立检测结果融合法，如图 3.17 所示，其基本过程为，先在 2D数据和 3D 数据上分别独立运行检测程序，得到边界框，然后进行 3D IoU（Intersection over Union，重叠度）匹配，最终实现信息整合。在车辆行驶的动态数据中，还需要增加时间跟踪算法，通过帧间预测找到重叠的边界框，确定多维数据中的相同目标物体。此外，还可基于深度神经网络计算和确认边界框。

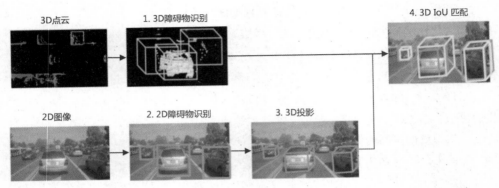

图 3.17　独立检测结果融合法

多媒体编解码技术

视频编解码技术是视频网络发展的基础条件，高效的视频编解码技术是目前互联网环境下提供视频服务的保证。同样，音频编解码技术在多媒体编解码过程中也起到举足轻重的作用。本章结合物联网下多媒体通信的特点，介绍相关的音频和视频编解码技术基础；围绕视频物联网下多媒体通信领域的技术挑战，阐述业内常用 IoT 多媒体关键技术；以仿生采集、认知编码、全息显示为例，展望多媒体编解码技术的热点方向。

4.1 视频编解码技术基础

本节从图像技术基础出发，介绍视频压缩技术的核心模块、主流视频编码标准、视频质量评价办法。

4.1.1 图像技术基础

图像在人们生活中十分常见，是人们对视觉感知的物质再现。图像在人体中的呈现过程是在人类视觉系统中发生的。客观世界中的三维物体经过视网膜成像处理，以二维的图像呈现在人类视觉系统中，如图 4.1 所示。

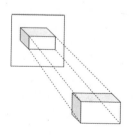

图 4.1 视觉感知

4.1.1.1　图像的采集

自然界中的图像是模拟形式的，计算机无法直接对其进行处理，图像的采集就是将自然界中的图像进行数字化处理后再传输给计算机来进行处理的过程。

图像的数字化处理过程包括扫描、采样、量化三个步骤。其中，采样就是对图像空间的离散化处理，将图像分成一个一个的像素，而量化就是对图像幅值的离散化处理，使像素的数值与有限数值范围中的某一个数值相对应。由于采样点数和量化级数会直接影响分辨率，采样点数越多，量化级数越大，则图像分辨率越高，图像越清晰，同时存储图像所需要的空间也就越大，因此需要根据实际情况来选择不同的分辨率。

4.1.1.2　色度空间

常用的色度空间表示方法有 RGB、CMYK、HSI 和 YUV 等。RGB 色度空间采用三基色原理来表达彩色图像，是计算机表示常用的色度空间。RGB 色度空间将颜色分解成红（R）、绿（G）、蓝（B）三个基本色度。用 RGB 色度空间表示和存储一幅图像的每一个像素时，R、G、B 通常使用同样的位数。例如，若某图像每种基本色度的值用 8 位二进制数表示和存储，则表示和存储该图像需要 24 位二进制数。

YUV 色度空间是将颜色分为亮度（Y）和色度（U、V）的一种表示方法。由于人类视觉系统对亮度的感知更加敏感，而对色度的感知不如亮度敏感，因此在计算机表示和存储图像时，可以用较多的位数和较高的精度来表示亮度，而用较少的位数和较低的精度来表示色度。例如，可以用 4：2：0、4：2：2、4：4：4 等位数比例来分别存储 Y、U、V。

对于常用的 4：2：0 位数比例，U、V 矩阵在水平和垂直方向的尺寸都只有 Y 矩阵的一半，相对于 4：4：4 位数比例节省了一半的存储空间。常见 YUV 存储格式如图 4.2 所示。

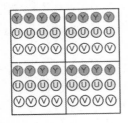 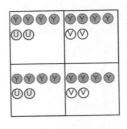

4：4：4　　　　　　4：2：2　　　　　　4：2：0

图 4.2　常见 YUV 存储格式

4.1.1.3　图像与视频

对三维世界进行某一时刻的采集就得到一个二维空间的采样点阵，即图像；而当以均匀时间间隔进行连续图像采集时，就得到视频。因此，简单来说，视频是一种图像序列，图像与视频的关系如图 4.3 所示。图像包含了某个时刻的空域信息，它的质量受单位尺寸的像素个数、每个像素的位数等因素影响；而视频在时域上进行了拓展，除了包含空域信息，还包含符合时间顺序的时域信息，因此可进一步包含视频中物体的运动信息。当图像采集的时间间隔越小时，视频帧率越高，保留的物体运动信息越丰富，但同时其占用空间也越大。

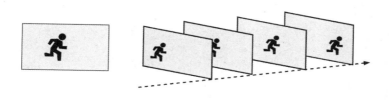

图 4.3 图像与视频的关系

4.1.2 视频压缩技术的核心模块

传统的视频压缩技术主要基于宏块的混合编码框架，其处理最小单位为像素。本节将围绕视频压缩技术的核心模块做相关介绍。

4.1.2.1 视频冗余

视频由一系列的图像组成，每一幅图像都由庞大数量的像素构成，而每一个像素占据至少 8 位二进制数的空间，这样的原始视频所占用的存储空间是非常大的，不太方便直接用于网络传输，所以需要对其进行压缩处理。

视频压缩不同于文本压缩、生产数据压缩等，其不需要数据的完全对等恢复，通常以一定的失真代价获得更高的压缩比。视频能够被压缩是因为用计算机表示和存储视频时，这些存储数据中存在着大量的冗余信息，包括空域冗余、时域冗余、视觉冗余和统计冗余。具体来讲，空域冗余是指一幅图像不同位置的像素存在相关性；时域冗余是指一段视频的前后两帧或多帧之间存在相关性；视觉冗余是指计算机表示的精度过高，超过了人类视觉系统的分辨能力；统计冗余是指视频中帧的表示和存储使用的符号（如 10 和 01）存在冗余，即较高概率出现的表示符号存在冗余。

视频编码利用视频自身的信息冗余和人眼的生物特性对视频进行有损压缩，最终获得较高的压缩比。在该过程中，预测编码、变换编码、熵编码等编码技术起到了关键作用。

常见混合视频编码框架如图 4.4 所示，其包含划分编码单元、预测（帧内、帧间）、变换、量化和熵编码等多个模块。输入的待编码帧被划分成一定大小的编码单元，每个编码单元再依次进行后续处理：首先进行帧内预测，去除编码单元的空域冗余，再进行帧间预测，去除不同帧编码单元之间的时域冗余，且同时产生预测残差信号；然后对预测残差信号进行变换和量化，得到变换系数，并对变换系数进行重组，使变换系数尽量小；最后进行熵编码，去除其中的统计冗余，进一步压缩数据量，生成时域连续的已编码帧。

图 4.4　常见混合视频编码框架

下面分别对预测编码、变换编码和熵编码进行介绍。

4.1.2.2　预测编码

预测编码是指利用已编码单元对待编码单元进行预测，并对残差进行编码。预测编码根据离散信号在时域或空域的相关性，利用前一个或多个信号对后一个信号进行预测，然后对实际值和预测值的差（预测误差）值而非原信号值进行编码。此时，后一个信号可以用前一个或多个信号和残差进行表示，而残差的占据空间往往比后一个信号本身的占据空间小很多。

预测编码根据误差对象的不同可以分为帧内预测编码和帧间预测编码两种方法。

1．帧内预测编码

帧内预测编码是一种利用空间冗余对视频进行压缩的编码方法。由于一般图像中的相邻像素非常相似，可以使用更少的比特数对每个像素之间的微小差异而非像素绝对值进行编码。帧内预测编码利用这种帧内相邻像素之间的相关性，根据已编码的像素推导计算待编码像素的预测值，并进行高效的增量编码，从而使压缩后的图像占据空间更小。

通常只有少数空间中相邻的已知像素被用于预测。例如，在简单操作中，可以使用四个相邻像素之一（上、左上、右上、左）或它们的某些函数（如平均值）作为预测值。基于块的预测可以用已编码块预填充整个待预测块，这些预测值通常是从沿其顶部和左侧边界延伸的两条直线像素中推断出来的。

为了适应多样化的视频内容并最大限度地提高编码效率，人们提出了数十种预测的候选模式。进一步地，通过拉格朗日率失真优化模式选择，根据最小化率失真，获得候选集为

$$\begin{cases} m^* = \operatorname{argmin} J(m) \\ J(m) = D(m) + \lambda R(m) \end{cases} \tag{4-1}$$

式中，$D(m)$ 为原始块和重建块之间的失真；$R(m)$ 为当前编码预测模式所需的比特数；

λ 为拉格朗日乘数。模式的选择是一个决策问题，它在编码技术中很常见，包括块分割，Intra/Inter 预测，参考帧的选择、变换、滤波和运动估计。在原始测试模型中，编码器尝试所有候选模式并计算每种模式的代价 $J(m)$，其中，代价最小的模式被选为最优模式。这种遍历的策略能够找到最佳候选者，但计算量也非常大。

用于帧内预测编码的常见模式有垂直模式、水平模式、DC 模式和其他模式等。以亮度分量帧内 4×4 模板为例介绍。

图 4.5 所示为亮度分量帧内预测宏模块框架和待预测的 4×4 亮度块，其按顺序排列了字母 a～p。亮度分量帧内预测宏模块框架（位于亮度块的上侧和左侧）已被编码和重建，可用于编码器和译码器预测参考。a～p 在不同的预测模式下有不同的预测结果，如图 4.6 所示。0 号子图表示垂直模式的预测机制，1 号子图表示水平模式的预测机制，2 号子图表示 DC 模式的预测机制，3～8 号子图表示其他方向模式的预测机制，其利用参考像素的加权平均得到预测结果。在实际应用时，编码器可以为每个块选择预测模式来最大限度地减少预测误差。

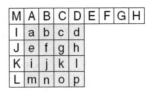

图 4.5　亮度分量帧内预测宏模块框架和待预测的 4×4 亮度块

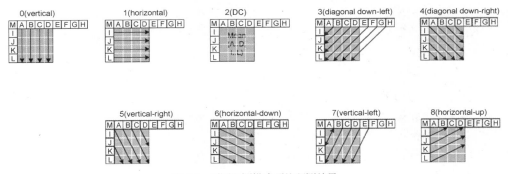

图 4.6　不同预测模式下的预测结果

2．帧间预测编码

帧间预测编码是指利用视频帧与帧之间的相关性，也就是视频在时间维度的相关性，通过已编码块像素预测待编码块像素，去除视频时域冗余，有效压缩数据的编码方法。理论和实践都已证明，在大多数情况下，帧间预测编码比帧内预测编码压缩效率更高。

帧间预测编码基于块的运动估计方法和运动补偿技术完成对图像的像素值的预测，如图 4.7 所示，然后得到预测图像与原始图像的预测残差。预测残差通常是平坦的，对残差信号进行变换、量化和编码可实现对视频信号的高效压缩。与预测残差一同进行变换、量化和编码的还有运动向量。在解码端按照运动向量指明方向和位置，从已解码的相邻参考帧中找到相应的块，用这个块与预测残差相加就得到当前帧的重建块数据。

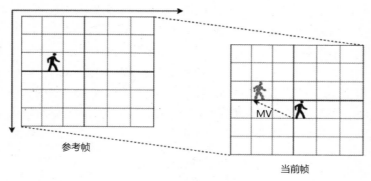

图 4.7　帧间预测编码示意图

运动估计是指提取当前块的运动信息，在参考帧内为当前预测块寻找一个最佳匹配块并将其运动向量作为预测值，便于后续对预测块与原始块的差值进行编码。在运动估计中，若直接基于每个像素进行运动向量的计算和估计，则所需要的计算量和传输的运动向量数据量都非常大。因此，运动估计通常是先进行块划分，再基于块进行估计的。在做块划分时，可以根据场景设计不同大小的块，这样既可以降低计算复杂度，又可以保障运动向量的估计精度。

运动估计需要在参考帧内寻找一个最佳匹配块，常用的匹配准则有最小均方误差（MSE）、最小平均绝对误差（MAD）、绝对误差和（SAD）和误差平方和算法（SSD）等。为了简化计算，一般使用 SAD 来代替 MAD。编码器最终选择代价最小的 MV 作为当前块的最终 MV。

在嵌入式环境和实时计算场景中，由于计算平台的性能限制和实时计算的要求，因此期望更低的视频编码计算复杂度。此时，高性能、低复杂度的运动搜索算法显得尤为重要。常用的搜索算法有全搜索算法、快速搜索算法，后者包括二维对数搜索算法和三步搜索算法等。全搜索算法进行所有可能情况的遍历，对搜索窗内所有可能的位置匹配误差，最终选择误差最小的 MV。显然，这种全搜索算法始终可以得到最优 MV，但计算复杂度非常高。与此形成鲜明对比的是，快速搜索算法的搜索速度快，但其搜索过程中容易陷入局部最优点而非全局最优点。

4.1.2.3　变换编码

变换编码是指将空域映射至变换域，用变换系数的形式表示像素构成的图像。由于空域中绝大多数图像都含有较多内容变化缓慢的区域，因此适当的空域映射可使图像能量由在空域的分散分布转换为在变换域的集中分布，其对应的数据量更小，这样便可以减少空域冗余，对视频进行有效压缩。

K-L 变换是最小均方差准则下的一种较优变换方法，其基本原理如下。

设 X 是一个 n 维的随机向量，X 的协方差矩阵为

$$\Sigma = E\left\{X - E[X][X - E[X]]^{\mathrm{T}}\right\}$$　　　　（4-2）

对于矩阵 Σ，存在一个由特征向量构造的正则矩阵 Φ 和由特征值构造的对角矩阵 Λ，满足

$$\Sigma\Phi = \Phi\Lambda$$　　　　（4-3）

随机向量 X 经 K-L 变换后定义为

$$Y = \Phi^{\mathrm{T}} - X$$　　　　（4-4）

得到 Y 的协方差矩阵为

$$E\left\{\Phi^{\mathrm{T}} - X - E\left[\Phi^{\mathrm{T}} - X\right]\left[\Phi^{\mathrm{T}} - X - E\left[\Phi^{\mathrm{T}} - X\right]\right]^{\mathrm{T}}\right\} = \Phi^{\mathrm{T}} - \Sigma\Phi$$　　（4-5）

由式（4-2）～式（4-5）可知，K-L 变换的变换矩阵 Φ^{T} 是动态变化的，可根据输入信号的协方差矩阵计算得到。经 K-L 变换后的信号 Y，其协方差矩阵为对角矩阵，可以有效地去除样本间的相关性，压缩效率很高。但由于 K-L 变换在编码时需要将变换矩阵传输到解码端，且其变换矩阵是动态变化的，因此没有在视频编码中得到大量应用。

离散余弦变换（Discrete Cosine Transform，DCT）是另一种常见变换方法。相比 K-L 变换，DCT 与输入信号无关，且其性能接近于前者。同时，DCT 只需要实数运算且具有快速算法，能够较容易地进行落地应用。

离散小波变换（Discrete Wavelet Transform，DWT）也是一种常见且已经被广泛应用的变换方法。离散小波变换是时域和频域的局部变换，通过伸缩和平移可有效地对图像信号进行多尺度分析。

4.1.2.4　熵编码

熵编码是指利用信息熵原理对视频编码前置模块输出的包含冗余信息的数据进行无损压缩，通常位于视频编码系统的最后一环，其输入可能包含量化后的变换系数、预测模式信息、运动向量信息等，它可以有效去除这些输入信号中的统计冗余，是一种重要的无损压缩方法。

根据香农理论，每个信源符号平均承载的信息量为极限熵（Entropy Rate），即该信息量所需要的最少比特数。熵编码的目的便是利用信源的统计信息，使编码比特率达到极限熵。

定义 $\{F_n\}$ 为离散信源，F_n 表示该信源输出的第 n 个信号，$p_F(f)$ 表示该信源的概率质量函数（Probability Mass Function，PMF），信源符号 f 的信息量为

$$I(f) = \log_2 \frac{1}{p_F(f)} \tag{4-6}$$

式中，$I(f)$ 的单位是 bit/符号。当信源输出不同的符号时，这些符号具有不同的信息。用信息熵衡量该信源所包含的信息量，即所有符号的自信息的平均值，信息熵的计算公式为

$$H_1(F) = E\left[\log_2 \frac{1}{p_F(f)}\right] = -\sum p_F(f) \log_2 p_F(f) \tag{4-7}$$

在具体实施熵编码时，按照一定的规则把信源符号转化为能够唯一译码的码字，包括可变长编码（VLC）和算术编码（AC）两种编码方法。

可变长编码对不同信源符号根据其统计概率等用不同长度的码字表示。常见的可变长编码方法有哈夫曼编码（Haffman Coding）、指数哥伦布编码（Exponential-Golomb Coding）和哥伦布莱斯码（Golomb-Rice Coding）和一元编码（Unary Coding）。哈夫曼编码的本质思想是根据信源符号的概率分布为信源符号分配不同长度的码字，其概率越高，对应的表示码字越短；概率越低，对应的表示码字越长，在通体上，所有信源符号的总长度趋于最短。不过，哈夫曼编码需要在编解码端储存哈夫曼树，当信源符号增多时将会消耗更多的储存空间和计算复杂度。为了解决哈夫曼编码的这些缺点，人们又提出了指数哥伦布编码、哥伦布莱斯编码和一元编码等可变长编码方法。

算术编码为不同的信源符号编码了不同长度的码字，它的核心思想是为整个输入序列（而不是单个符号）分配码字，平均每个符号可分配长度小于 1。算术编码递归地对编码区间进行划分：第一，按照信源符号概率大小排序对编码区间进行划分，每个信源符号对应一个子区间；第二，根据当前要编码的信源符号选择与其对应的子区间，作为编码下一个信源符号的编码区间。递归进行上述两步，最后的编码输出数就是编码后的数据。

4.1.3　主流视频编码标准

视频通信以内容多样化且直观为特点，逐渐成为当代数字通信的主流载体和方式。在通常情况下，视频所需要的传输码流远大于音频所需要的传输码流，如何用较

小的网络带宽传输画质清晰的视频码流一直是视频编码技术更新迭代的主要目标。接下来介绍几种主流视频编码标准。

4.1.3.1　H.264 视频编码标准

H.264 视频编码标准是由 ITU-T 与 MPEG 共同制定的，该标准自发布之日起就在视频编码领域引起了巨大的轰动。严格地讲，H.264 视频编码标准隶属于 MPEG-4 标准协议，因此该标准又被称作 MPEG-4/AVC 标准。

H.264 视频编码标准最大的优势是具有相当高的压缩比，在相同的画质条件下，H.264 的压缩比是 MPEG-2 的 2 倍以上，是 MPEG-4 的 1.5～2 倍。

H.264 视频编码标准中定义了视频编码层（Video Coding Layer，VCL）和网络提取层（Network Abstraction Layer，NAL）两层架构。其中，视频编码层负责压缩原始视频码流，得到编码后的视频数据；网络提取层定义了编解码器与计算机网络传输的接口，统一了流媒体数据包封装和解封装的格式，兼容了 RTP（Real-time Transport Protocol，实时传输协议）、HLS（HTTP Live Streaming，基于 HTTP 的流媒体网络传输协议）、RTMP（Real Time Messaging Protocol，实时消息传输协议）、RTSP（Real Time Streaming Protocol，实时流传输协议）等多种传输协议。

H.264 视频编码标准的视频编码层在传统编码方法的基础之上进行了优化和改进，提出了一种基于块的混合编码框架。该框架主要包括 7 个模块，分别是划分、帧内预测、帧间预测、变换、量化、环路滤波、熵编码，各模块作用分别如下。

划分：H.264 视频编码标准将图像的每个帧划分为固定大小的块（Marco Block，MB），其大小默认为 16×16，支持 4×4 划分，每个块独立编码。

帧内预测：帧内预测的主要目的是去除空间冗余。H.264 视频编码标准中帧内预测模式依照块大小的不同提供不同数量的预测模式，4×4 的块预测模式为 9 种；16×16 的块预测模式为 4 种。

帧间预测：帧间预测的主要目的是根据相邻帧间的时域相关性来消除时间冗余，将已经编码完成的某帧作为当前帧的参考帧，从而消除时域上的冗余，达到编码压缩的目的。H.264 视频编码标准帧间预测方法采用了基于块的运动估计和补偿方法。

变换：变换就是将图像从像素域映射到频域，使像素域分散分布的能量更加集中，从而达到去除空间冗余的目的。

量化：量化的主要目的是减小图像编码的动态范围。H.264 视频编码标准量化算法采用标准量化方法，将每个图像样点编码映射成较小的数值。

环路滤波：环路滤波主要用于滤除边界方块效应。

熵编码：熵编码将帧内预测数据、运动数据、编码控制数据、滤波器控制数据及量化变换系数编码为二进制数进行存储和传输。熵编码模块的输出数据是原始视频压缩后的码流。

H.264 视频编码标准网络提取层负责在视频编码完成后封装出一个个 NALU（Network Abstraction Layer Unit）在网络中传输，H.264 视频编码标准的前两个 NALU 一般是序列参数（SPS）和图像参数（PPS），后面跟着一系列 VCL-NALU，每个 VCL-NALU 通常包含一层的数据。

为了限制不同视频应用工具集的使用情况，视频编码标准组织提出了 Profile 的概念。H.264 视频编码标准中规定了四种 Profile，其功能分别如下。

Baseline Profile：可以基于关键帧和非关键帧进行帧内及帧间编码，同时支持基于上下文的自适应可变长编码（Context-Based Adaptive Variable Length Coding，CAVLC），主要用于可视电话、会议电视、无线通信等实时视频通信。

Main Profile：支持隔行视频，采用 B 帧的帧间编码和加权预测的帧内编码，支持利用基于上下文的自适应算术编码（Context-Based Adaptive Binary Arithmetic Coding，CABAC），主要用于数字广播电视等流媒体与数字视频存储。

Extended Profile：可进行不同分片模式码流的转换，提高编解码容错率，但无法支持 CABAC 和视频的隔行，主要用于网络的视频流，如视频点播。

High Profile：在 Main Profile 的基础上增加了预测模式、量化灵活性的提升和更高的画面质量，并支持新的颜色编码格式（如 YUV4：4：4），主要用于广播及视频碟片的存储（如蓝光影片）和高清电视。

H.264 视频编码标准中的 Baseline Profile、Main Profile 和 Extended Profile 都是针对 8bit 颜色编码数据的，YUV 格式为 4：2：0 的视频序列。High Profile 将范围扩展为 8~12bit 颜色编码数据，支持的 YUV 格式有 4：2：0、4：2：2 和 4：4：4。

在画面质量相同的前提下，High Profile 比 Main Profile 降低 10%的带宽，比 MPEG-2 节省 60%以上的带宽，具有更好的编码压缩性能。根据应用领域的不同，Baseline Profile 多应用于实时视频通信领域，Main Profile 多应用于流媒体领域，High Profile 多应用于广电和存储领域。

4.1.3.2 H.265 视频编码标准

H.265 视频编码标准又称 HEVC 标准，是继 H.264 视频编码标准之后由 ITU-T 组织制定发布的新一代视频编码标准。H.265 视频编码标准在 H.264 的基础之上，提出了一系列全新的算法策略，并在编码压缩效率上有着巨大提升。

H.265 视频编码标准采用了更优秀的算法策略来平衡画面质量、传输时延和算法复杂度之间的关系。具体的研究内容包括提高压缩效率，提高稳健性和错误恢复能力，减少实时传输时延，减少信道获取时间和随机接入时延，降低复杂度等。

H.265 视频编码标准中同样定义了视频编码层和网络提取层。H.265 视频编码标准中的视频编码层沿用 H.264 视频编码标准的混合编码框架，但对各模块进行了一定的改进和优化，具体如下。

划分：H.265 视频编码标准采用编码树单元（Coding Tree Unit，CTU）、编码单元（Coding Unit，CU）、预测单元（Predict Unit，PU）和变换单元（Transform Unit，TU）的递归结构对帧进行划分。

帧内预测：本质上，H.265 视频编码标准是在 H.264 视频编码标准的预测方向的基础上增加了更多的预测方向。对于所有尺寸的 CU 块，亮度有 35 种预测方向，色度有 5 种预测方向。

帧间预测：为了进一步提升预测准确性，H.265 视频编码标准采用了新的预测算法，包括先进的运动向量预测（Advanced Motion Vector Predictor，AMVP）技术、运动信息融合（Merge）技术和基于 Merge 的 Skip 模式等。

量化和变换：在 H.264 视频编码标准中量化和变换是两个相互独立的模块，但在 H.265 视频编码标准中，通过对这两个模块的部分耦合，降低了编码的复杂度，有效提升了编码性能。

环路滤波：在 H.265 视频编码标准中，环路滤波模块主要由两大功能块构成，分别为去块滤波器（Deblocking Filter，DBF）和样点自适应补偿滤波（Sample Adaptive Offset，SAO）。其中，去块滤波器的目的是消除编码方块效应，而样点自适应补偿滤波的目的是消除编码振铃效应。

熵编码：在 H.265 视频编码标准中，采用了 CABAC 进行熵编码，引入了并行处理架构，使编码速度、压缩率和内存占用等方面存在的问题均得到了大幅度改善。

H.265 视频编码标准网络提取层负责在视频编码完成后封装出一个个 NALU 在网络中传输。H.265 视频编码标准较 H.264 视频编码标准增加了一种新的 NALU 类型，其前三个 NALU 一般是视频参数（VPS）、序列参数集（SPS）、图像参数集（PPS），后面跟着一系列 VCL-NALU，每个 VCL-NALU 通常包含一层的数据。

H.265 视频编码标准常使用三种 Profile，其功能分别如下。

Main Profile：针对 8bit 颜色编码数据，YUV 格式为 4：2：0 的视频序列，其 CTU 的范围为 16×16～64×64，解码图像的缓存容量限制为 6 幅，允许选择波前和片划分方式，但是不能对这两项内容同时进行选择。

Main 10 Profile：在 Main Profile 的基础上提高至支持 10bit 色深度。

Main Still Picture Profile：在 Main Profile 的基础上删除了帧间预测。

4.1.3.3　H.266 视频编码标准

随着视频分辨率的不断提高，以及沉浸式视频、VR 视频等技术的发展，视频码率急剧上升，ITU-T 和 ISO/IEC 于 2015 年成立了 JVET 工作组并开始着手 H.266 视频编码标准的研制工作。2020 年 7 月，H.266 视频编码标准正式发布。H.266 视频编码标准又称 VVC 标准，相比于 H.265 视频编码标准，其在相同画质下可以节省 50%左右的码率。H.266 视频编码标准依然沿用了基于块的混合编码框架，其基本框架与 H.265 视频编码标准和 H.264 视频编码标准类似，主要包括划分、帧内预测、帧间预测、量化、环路滤波、熵编码。H.266 视频编码标准在每个模块都增加了一些新的工具以提高编码效率。

划分：H.266 视频编码标准删除了 PU 和 TU 的概念，直接在 CU 上做预测和变换，CU 除了可以按照四叉树划分，还可以按照多类型树划分（Multi-Type Tree，MTT）。具体来说，H.266 视频编码标准中的 CTU 首先按照四叉树划分为不同 CU，然后四叉树叶子节点的 CU 可以按照多类型树划分，其包括四种划分类型：垂直二叉树划分（SPLIT_BT_VER）、垂直三叉树划分（SPLIT_TT_VER）、水平二叉树划分（SPLIT_BT_HOR）、水平三叉树划分（SPLIT_TT_HOR），其中，垂直和水平三叉树按照 1：2：1 的比例划分。

帧内预测：H.266 视频编码标准中引入了大量的新算法，对帧内预测有了很大改进，为了捕获自然场景视频中更多的边缘方向，H.266 视频编码标准的帧内角度预测模式数从 H.265 视频编码标准的 33 种增加到 65 种。

帧间预测：H.266 视频编码标准沿用了 H.265 视频编码标准中的运动向量预测技术，但又对其进行了一些优化，如扩展 Merge 运动向量候选列表的长度，修改候选列表构造过程等，同时也增加了一些新的预测技术，如仿射变换技术、自适应运动向量精度技术等。此外，为提高预测精度，H.266 视频编码标准引入了双向加权预测（Bi-Prediction with CU-Level Weight，BCW）技术、双向光流（Bi-Directional Optical Flow，BDOF）技术和帧内帧间联合（Combined Inter and Intra Prediction，CIIP）技术等一系列新技术。

量化：与 H.264 视频编码标准和 H.265 视频编码标准相同，H.266 视频编码标准仅规定了反量化过程的实现方法，而量化过程留给编码器自行选择，这使得编码器可以选择性能更优、复杂度更低的量化算法。H.266 视频编码标准采用了传统标量的量化方法。

环路滤波：H.266 视频编码标准的环路滤波比 H.265 视频编码标准新增了自适应环路滤波器（Adaptive Loop Filter，ALF）及带色度缩放的亮度映射（Luma Mapping with Chroma Scaling，LMCS）。

熵编码：H.266 视频编码标准的熵编码方案与 H.265 视频编码标准基本相同，主要在两个方面进行了改进：一方面是在算术编码中提供了多个更新速度不同的概率模型（Multi-Hypothesis Probability Models），另一方面是在变换系数的选择上采用了更优的上下文模型选择策略。

H.266 视频编码标准网络提取层负责在视频编码完成后封装成一个个 NALU 在网络中传输，其封装格式与 H.265 视频编码标准基本相同，前三个 NALU 一般是 VPS、SPS、PPS，后面跟着一系列 VCL-NALU，每个 VCL-NALU 通常包含一层的数据。

H.266 视频编码标准中定义了 6 种 Profile，其功能分别如下。

Main 10 Profile：支持单色和 YUV 4：2：0 格式，支持 8～10bit 色深度，仅支持单路码流。

Main 10 Still Picture Profile：在 Main 10 Profile 的基础上删除了帧间预测功能。

Main 10 4：4：4 Profile：在 Main 10 Profile 的基础上增加了 YUV 4：4：4 格式，同时支持自适应颜色格式转换工具。

Main 10 4：4：4 Still Picture Profile：在 Main 10 4：4：4 Profile 基础上删除了帧间预测。

Multilayer Main 10 Profile：在 Main 10 Profile 的基础上支持多路并发。

Multilayer Main 10 4：4：4 Profile：在 Main 10 4：4：4 Profile 的基础上支持多路并发。

4.1.3.4 AV1 视频编码标准

AV1 视频编码标准是由思科、谷歌、网飞、亚马逊、苹果、英特尔、微软、Mozilla 等公司组成的开放媒体联盟（Alliance for Open Media，AOM）开发的一种高性能视频编码标准。由 ITU-T 和 ISO 联合开发的 H.264 视频编码标准和 H.265 视频编码标准及刚刚完成标准化的 H.266 视频编码标准都有非常高的专利费，这对于部分厂商来说无疑是一笔不小的负担，而 AOM 的目标是开发免专利费的视频编码标准，来替代需要专利授权的 H.264 视频编码标准和 H.265 视频编码标准。

AV1 视频编码标准的编码框架主要由划分、帧内预测、帧间预测、变换、环路滤波、熵编码模块组成，但各模块的策略选择与上述三种视频编码标准有所区别，各模块具体功能如下。

划分：AV1 视频编码标准中最大编码块单位（LCU）为 128×128，除无划分模式外，分区树还支持 9 种不同的分区模式，如图 4.8 所示。根据子分区的数目，9 种分区模式可以分成以下 3 类。

（1）有 4 个子分区的分区模式：PARTITION_SPLIT、PARTITION_VERT_4、PARTITION_HORZ_4。

（2）有 3 个子分区（T 形）的分区模式：PARTITION_HORZ_A、PARTITION_HORZ_B、PARTITION_VERT_A、PARTITION_VERT_B。

（3）有 2 个子分区的分区模式：PARTITION_HORZ、PARTITION_VERT。

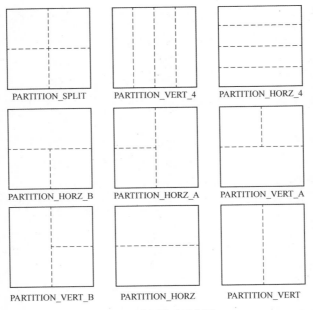

图 4.8 分区模式示意图

帧内预测：AV1 视频编码标准引入了定向帧内预测、帧内非方向预测、递归滤波模式及从亮度预测色度等帧内预测策略，有效提高了码率压缩效率。

帧间预测：AV1 视频编码标准引入了时空运动向量预测、重叠块运动补偿和扭曲运动补偿。同时，为了使帧间编码器更加通用，AV1 视频编码标准开发了一系列新的复合预测技术，如复合楔形预测、基于帧距离的复合预测和复合帧内预测等。

变换：AV1 视频编码标准并不强制固定变换单元的大小，而允许亮度间编码块划分为多种大小的变换单元，这些递归分区最多可递减 2 级。为了合并扩展编码块分区，AV1 视频编码标准支持 4×4～64×64 的正方形，同时也支持 2∶1 或 1∶2 和 4∶1 或 1∶4 比例的长方形编码块。此外，AV1 视频编码标准中的帧内和帧间块定义了一组丰富的转换内核。

环路滤波：AV1 视频编码标准允许在解码帧数据的过程中使用多种环路滤波工具。

熵编码视频编码标准：AV1 视频编码标准使用多符号（Multi-Symbol）自适应算术编码器——多符号熵编码器、电平图系数编码器。

4.1.4 视频质量评价办法

视频质量评价是指通过主观或客观的方式对两幅主体内容相同的视频图像进行变化与失真的感知、衡量和评价。本节主要介绍几种业内常见的客观的视频质量评价方法。

4.1.4.1 用 PSNR 评价视频质量

峰值信噪比（Peak Signal to Noise Ratio，PSNR）是一种客观评价视频中图像质量的指标，通过计算原图像与被处理图像之间的均方误差（MSE）相对于 $(2^n-1)^2$ 的对数值来评价图像质量的好坏，PSNR 通常用来衡量视频经过某处理程序（如视频编解码器）处理以后，品质达到何种程度。PSNR 的计算公式为

$$PSNR = 10 \times \lg \frac{(2^n-1)^2}{MSE} \qquad (4-8)$$

式中，n 为采样点比特位数；PSNR 的单位为 dB。PSNR 值越大，就代表视频失真越少。

PSNR 是视频质量评价领域中使用较广泛的客观评价方法，其在实际应用过程中也存在一定的局限性，如 PSNR 的数值无法和人主观看到的视觉效果完全匹配，存在 PSNR 值较高的视频在人眼主观感受上反而比 PSNR 值较低的视频效果差的现象，这是因为人眼的视觉敏感度与 RSNR 值大小不存在绝对的相关性，人的主观感受会同时受到许多其他因素的影响。例如，人眼对亮度的差异敏感度比对色度的差异敏感度大；人眼在分辨率较低的视频中对比差异敏感度较高；人眼对一个区域的视觉敏感度会受到其邻近区域的影响等。

4.1.4.2 用 SSIM 评价视频质量

结构相似性（Structural Similarity，SSIM）也是一种可用来客观评价视频质量的指标，它分别从亮度、对比度及结构三方面量化图像的属性，用均值估计亮度，方差估计对比度，协方差估计结构相似度，其表达式为

$$l(X,Y) = \frac{2\mu_X\mu_Y + C_1}{\mu_X^2\mu_Y^2 + C_1} \qquad (4-9)$$

$$c(X,Y) = \frac{2\sigma_{XY} + C_2}{\sigma_X^2 + \sigma_Y^2 + C_2} \qquad (4-10)$$

$$s(X,Y) = \frac{\sigma_X\sigma_Y + C_3}{\sigma_X\sigma_Y + C_3} \qquad (4-11)$$

式中，μ_X、μ_Y 分别表示图像 X 和 Y 的均值；σ_X、σ_Y 分别表示图像 X 和 Y 的方差；σ_{XY} 表示图像 X 和 Y 的协方差，有

$$\mu_X = \frac{1}{H \times W} \sum_{i=1}^{H} \sum_{j=1}^{W} X(i,j) \qquad (4-12)$$

$$\sigma_X^2 = \frac{1}{H \times W - 1} \sum_{i=1}^{H} \sum_{j=1}^{W} \left(X(i,j) - \mu_X\right)^2 \qquad (4-13)$$

$$\sigma_{XY} = \frac{1}{H \times W - 1} \sum_{i=1}^{H} \sum_{j=1}^{W} \left(X(i,j) - \mu_X \right) \left(Y(i,j) - \mu_Y \right) \quad (4\text{-}14)$$

式中，C_1、C_2、C_3 为常数；i、j 分别为图像分块横、纵序列编号，为了避免出现分母为 0 的情况，通常取 $C_1 = K_1 L^2$，$C_2 = K_2 L^2$，$C_3 = C_2/2$，一般 $K_1 = 0.01$，$K_2 = 0.03$，$L = 255$。

SSIM 的计算公式为

$$\text{SSIM}(X,Y) = l(X,Y) c(X,Y) s(X,Y) \quad (4\text{-}15)$$

SSIM 的取值范围为 0～1，其数值越小，代表视频失真越多。

在实际视频质量评价中，可以利用滑动窗将视频图像分块，考虑到滑动窗的形状对分块的影响，利用高斯加权的方式计算每一窗口的均值、方差及协方差，然后计算对应分块的 SSIM，最后计算所有分块的平均值衡量两图像的结构相似性，即可得到平均结构相似性。

4.1.4.3　用 VQM 评价视频质量

视频质量度量（Video Quality Metric，VQM）是利用统计学原理模拟实际的人类视觉系统，通过提取参考图像及测试图像中人眼可感知的图像特征值（亮度、色彩、时空变化等信息），计算得到 VQM 的值，该数值综合反映了人眼可感知的模糊、块失真、不均匀/不自然的运动、噪声和错误块等损伤，VQM 的取值范围为 0～1，其数值越小代表视频质量越好。

VQM 值的计算过程包括以下步骤。

（1）采集并保存参考视频和测试视频，进行模数转换。

（2）校准测试视频，依据参考视频，去除测试视频中非编解码引入的时间偏移、空间偏移、增益等变化。

（3）提取参考及测试视频图像中人眼可感知的特征值，包括模糊、块失真、不均匀/不自然的运动、噪声和错误块等信息。

（4）对于步骤（3）提取的每一种特征值进行一定的差分比较计算，并依据视频测试序列的长短计算统计平均值。

（5）使用 VQM 合并计算公式合并步骤（4）计算得到的每种特征值的统计平均值，给出最终的 VQM 值，数值越小代表质量越好。

4.1.4.4　无参考图像质量评价方法

传统的无参考图像质量评价方法包括 Brenner 梯度函数、Tenengrad 梯度函数、Laplacian 梯度函数及图像信息熵函数等。这些评价方法在一定程度上可以判断出图像的清晰度层次，但是对于不同类型或场景的图像可能会出现重大失误。

BRISQUE（Blind/Referenceless Image Spatial Quality Evaluator）是在空间域内的一

种无参考图像质量评价方法。该方法将一张图像的各种特征元素表示成一个由人工设计的特征向量，然后使用支持向量机（SVM）进行分类。该特征向量的长度为36，每张图片需要经过2次提取，每次提取18个特征元素，第2次提取在原图的基础上缩放50%。提取特征向量的方法大致包括从图像中提取去均值归一化系数（MSCN）和亮度去均值对比度归一化系数，以及将MSCN系数拟合成非对称性广义高斯分布（AGGD）。

4.2 音频编解码技术基础

数字音频码流是通过对模拟音频信号进行模数转换，并对每一个采样点进行量化而得到的。但是这种通过模数转换得到的音频码流数据量非常大，在频率资源日益稀缺的环境下，对数字音频码流进行压缩是非常有必要的。音频编码技术就是在不损失有用信息的前提下，使用数字信号处理技术对原始的数字音频流进行处理，降低其编码速率，从而提高传输和存储的效率。

4.2.1 音频编码概述

音频编码一般可分为三大类：波形编码、参数编码和混合编码。

波形编码直接对模拟音频信号的波形进行采样而得到数字音频信号，它的目的是使由数字音频信号重建的音频波形尽可能地与原音频信号波形保持一致。作为一种音频编码方式，它具有适应能力强、音频质量好等特点，但这是建立在其为高编码速率的基础上的，当音频编码速率为16~64kbit/s时，其编码质量比较高，但当编码速率降低时，其编码质量也会急剧降低。脉冲调制编码（PCM）、增量调制（DM）编码、自适应脉冲调制编码（APCM）、向量量化（VQ）编码等都属于波形编码类编码。

参数编码通过信号处理技术对音频信号进行分析，从而提取相应的特征参数，并对其进行编码。参数编码对重建的音频信号的要求并不是还原音频信号波形，而是使重建的音频信号具有尽可能高的清晰度，从而能够识别音频的语义。此类编码器的优点是编码速率低，可达到2.4kbit/s或更低；缺点是重建的音频信号有机械感，自然度低，音质比较差，而且只对纯净音频才能给出较高的编码质量，当音频存在背景噪声时，编码质量会大幅降低。典型的参数编码类编码器有通道声码器、共振峰声码器等。

混合编码则采用参数编码和波形编码混合的编码形式，混合编码类编码同时具有两类编码的优点。混合编码同波形编码类似，考虑到了音频信号的时域波形；同时与参数编码类似，应用了发声模型和信号处理技术对音频信号进行特征分析，其结合了波形编码和参数编码的长处，在4~16kbit/s的编码速率范围内可以给出较高的编码质量。常见的混合编码有多脉冲激励线性预测编码、规则脉冲激励线性预测编码等。

三类音频编码方式侧重点各有不同，在实际使用中会根据应用场景的不同选择合适的音频编码方式并进行优化。对最终使用的音频编码系统的性能分析可以从算法复杂度、编码速率、编码时延、编码后生成的音频质量等几个方面进行。

编码后生成的音频质量是评价音频编码器性能优劣的一个核心指标，但对音频质量的评价是当前业界的一个难点，也是音频信号处理领域中的一个重要课题。音频质量的评价通常可以分为两大类：客观评价和主观评价。常用的客观评价方法有两种：PESQ（Perceptual Evaluation of Speech Quality）和POLQA（Perceptual Objective Listening Quality Assessment）。这两种方法都是国际电信联盟建议的客观音频质量评价方法。PESQ于2001年被标准化为ITU-T P.862建议书，POLQA作为其后续版本于2011年被标准化为ITU-T P.863建议书。常用的主观评价方法有平均意见分测试（Mean Opinion Score，MOS）、诊断押韵测试（Diagnostic Rhymer Test，DRT）和判断满意度测试（Diagnostic Acceptability Measure，DAM）等。MOS采用ITU-T P.800建议书和ITU-T P.830建议书，是由不同的人分别对原始音频和经过音频编码系统处理后的音频进行主观感觉对比而得出的。MOS结果通常分为5级，即优、良、中、差、坏，最低分为0分，最高分为5分。在数字音频通信中，一般认为，MOS结果在4.0以上的音频质量较高，可达到长途电话网的质量要求，接近于透明信道编码，称之为网络质量；MOS结果在3.5左右的音频质量称为通信质量，这时编码重建后的音频质量有所下降，但不影响正常通话；MOS结果在3.0以下的音频质量称为合成音频质量，这时的音频具有足够的可懂度，但自然度做得不好。

编码速率又称为比特率，简称码率，其单位是比特/秒（bit/s），代表了编码的总速率。一般音频码率分为中码率（8～16kbit/s）、低码率（2.4～8kbit/s）和超低码率（0～2.4kbit/s）。码率越高，音频波形或特征参数的量化就越精细，音频质量也就越高，但同时也会因数据量大而需要更大的存储容量和传输带宽。

编解码算法复杂度与码率密切相关。在保持相同的音频质量时，想要获得更低的码率，就需要更为复杂的编解码算法，对硬件性能的要求也会更加苛刻，对芯片的运算能力、产品的功耗等都有更高的要求。

编解码时延一般用单次编解码所需要的时间来表示，通常编解码算法复杂度越高，时延越大。当时延过大时，通话双方能够明显感觉到对方回应较为迟钝，出现抢话等现象，降低通信体验。时延对通话的另一个影响是回声，目前常见的音频通话产品都会使用回声消除算法进行回声处理，当编解码时延超过一定范围时会严重影响回声消除的效果，导致回声无法消除干净，影响正常通话。对于公众电话网，整个通信过程中可能涉及多次编解码，因此对于单次编解码的时延要求尽可能为5～10ms。

4.2.2　音频压缩编码方法概述

与视频压缩编码一样，音频压缩编码的目的也是消除信号的冗余信息，但是两者所涉及的处理对象和原理却大不相同。接下来将重点介绍音频压缩编码里面的几个重要编码模块。

4.2.2.1　音频编码的理论基础

音频编码较简单的方法就是对模拟音频信号进行直接采样，即 PCM。在符合奈奎斯特定理的前提下，只要采样率足够高，量化的比特数足够多，编码重建后的音频就可以不丢失任何信息，还原出很好的音质。然而此种方法所需要的码率特别高。例如，在高清音频通话中采用 16kHz 的采样率，如果使用 8bit 进行量化，则码率为 128kbit/s。如此大的码率对信号传输来说压力非常大。而对人类听觉感知系统的研究发现，直接采样得到的原始数字音频信号是存在一定冗余的，人耳对某些时域或频域的信号并不敏感，据此可对数字音频进行压缩，同时又不影响人耳对音频信号的识别。

人类听觉感知系统存在一定听力范围，该范围称为听觉面积。实验表明，一般人耳对频域信号的感知范围为 20Hz～20kHz，不在这个范围内的声音是无法被人耳感知的。同时，人耳对声音强度的感知也存在一定的范围，当声音强度弱或强到一定程度时，也是无法被人耳感知的，普通人能接受的声音强度范围是 0～140dB。因此，在对音频信号进行编码时，听觉面积范围外的声音可以进行压缩，从而减少数据量。

人类听觉感知系统还存在掩蔽效应。掩蔽效应分为频域掩蔽和时域掩蔽。频域掩蔽又称为同时掩蔽，是指一种声音被与之同时发出的另一种声音所掩蔽。通常来说，频域中的一个强度较大的声音会掩蔽与之同时发出的附近的强度较小的声音。这两个声音频率越接近，其中强度较小的声音就越容易被掩蔽，并且低频率的声音容易掩蔽高频率的声音。例如，以 1kHz 频率发出一个强度较大的声音，可能会将频率为 1.1kHz 的强度较小的声音掩蔽。时域掩蔽又称为异时掩蔽，发生在时间上相邻的声音之间。时域掩蔽可分为超前掩蔽和滞后掩蔽。如果掩蔽声出现前的一段时间发生掩蔽称为超前掩蔽，反之则称为滞后掩蔽。产生时域掩蔽的原因是人的大脑处理信息需要一定的时间。超前掩蔽时间通常较短，为 5～20ms，而滞后掩蔽时间较长，可持续 50～200ms。被频域掩蔽或时域掩蔽效应所掩蔽的声音无法被人耳听到。因此被掩蔽的声音属于冗余信号，在编码过程中可以将其去掉，以达到更高的压缩比。

另一种数字音频冗余产生于多声道之间。现如今立体声或多声道环绕立体声被广泛地使用并取代单声道，以提供更好的音频体验。不同声道之间的音频信号往往具有较强的相关性，此时可以通过对时域或频域上的采样点进行预测残差编码，以去除冗余信息，提高编码压缩率。

4.2.2.2　PCM

脉冲调制编码（Pulse Code Modulation，PCM）是最早提出的语音数字化编码方法，该方法是由 A.H.Reeves 于 1937 年提出的，时至今日仍在编码方法中占有重要地位。PCM 直接对模拟音频信号进行采样量化，由于它没有利用音频信号中的冗余，因此编码效率比较低。PCM 又可分为均匀 PCM、非均匀 PCM 和自适应 PCM。

1．均匀 PCM

均匀 PCM 不论音频信号的幅度大小，对所有音频信号均采用同等的量化阶距进行量化，它与普通的模数转换技术基本一致，音频信号并没有得到压缩。均匀 PCM 有两个基本属性：采样率和采样深度。采样率决定了音频信号的带宽，采样深度会影响音频信号的信噪比。例如，使用 8kHz 的采样率对带宽为 4kHz 的音频信号进行采样，采样深度使用 8bit，则此时的码率为 64kbit/s。如此高的码率对音频信号的保存和传输都具有很大的压力，因此需要更高性能的编码方法。

2．非均匀 PCM

为了克服均匀 PCM 的缺点，在实际使用中往往采用非均匀 PCM。非均匀 PCM 根据输入音频信号的概率密度函数来分布量化阶距，信号概率密度大的区间使用较小的量化阶距，信号概率密度小的区间使用较大的量化阶距。

非均匀量化可理解为对信号进行非线性变换，使其具有均匀的概率密度，然后再做均匀量化。一般对音频信号做的非线性变换是对幅度进行对数变换，因为音频信号的幅度近似为指数分布，所以这样变换之后的信号概率密度基本上是均匀的，就可以使信噪比最大化，这种技术被称为压缩扩张技术。图 4.9 所示为采用非线性压缩扩张技术的非均匀量化器框图。

图 4.9　采用非线性压缩扩张技术的非均匀量化器框图

目前常用的压缩扩张方法有两种：μ 律和 A 律。两者差别不大，μ 律 PCM 主要在北美地区和日本使用，A 律 PCM 主要在欧洲地区和中国使用。

3．自适应 PCM

不管是均匀 PCM 还是非均匀 PCM，量化阶距一旦确定就不再随输入的音频信号变化而变化。而自适应 PCM（Adaptive PCM，APCM）可以使量化器特性随输入信号的幅值而自适应变化，从而得到更高的信噪比。自适应 PCM 通过自适应方法使得量化器的间隔 Δ 与输入音频信号的方差值相匹配，或使量化器的增益 G 随幅值而变化，从而使量化前音频信号的能量为恒定值。图 4.10 所示为两种自适应方法原理图。

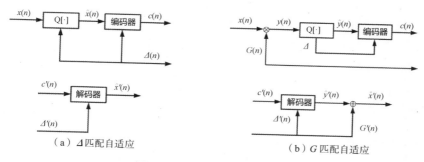

（a）Δ 匹配自适应　　　　　　（b）G 匹配自适应

图 4.10　两种自适应方法原理图

4.2.2.3　子带编码

子带编码（Sub-Band Coding，SBC）也称为频带分割编码，最早由 R. E. Crochiere 等人于 1976 年提出。SBC 属于频域编码，它首先利用带通滤波器组将输入的音频信号分割成若干个小的频带（也称为子带）；然后通过调制过程，将子带信号的频谱平移到零频率附近（基带信号）；再以奈奎斯特速率进行采样，分别进行编码处理；在解码端，将各子带编码信号译码，平移到原始位置，最后将所有子带相加得到输出信号。图 4.11 所示为子带编码及解码原理框图。

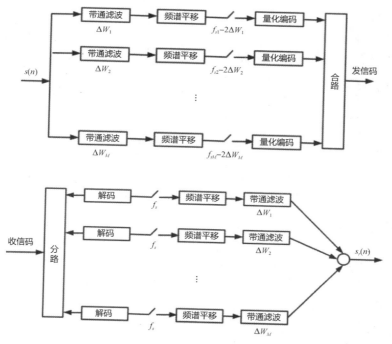

图 4.11　子带编码及解码原理框图

将音频信号分成若干子带进行编码有三个优点：第一，将信号分割为子带后可以去除各子带信号之间的相关性，类似于时域预测的效果；第二，可以对不同子带采用不同的比特数，从而控制各子带的量化电平数和相应的量化误差，由于音频信号主要集中在低频段，因此可以对低频段的子带采用较多的比特数，而对高频段子带采用较少的比特数；第三，各子带内的量化噪声可以相互独立，避免输入电平较低的子带信号被其他子带的量化噪声所掩蔽。

4.2.2.4 自适应变换编码

自适应变换编码（Adaptive Transform Coding，ATC）最早由 R. Zelinski 和 P. Noll 于 1977 年提出。一般自适应变换编码会先将时域音频信号进行正交变换，变换到其他变换域中之后，再对变换后的信号进行量化编码。正交变换可以降低语音信号相邻样本之间的冗余，从而起到压缩码率的作用。自适应变换编码就是能够进行比特率自适应分配的变换编码，其具体实现过程为：先根据短时平稳原则将原始音频信号进行分帧，对每一帧音频信号进行离散余弦变换处理（DCT），并划分为多个子带；然后利用频谱系数计算出各子带的平均功率作为边带信息；接着用这些边带信息插值计算的估计谱代替方差，计算出各系数的码位分配；最终编码器的输出结果就是表示频谱包络的辅助信息及被量化过的 DCT 系数。表征估计谱的参数作为边带信息被传送到解码端，解码器使用和编码器相同的步骤计算比特分配，从而解码变换域参数，这样可以选择最优的量化位数对 DCT 系数进行量化，使得音频波形失真最小，同时自适应地控制量化级幅度。图 4.12 所示为自适应变换编码及解码原理框图。

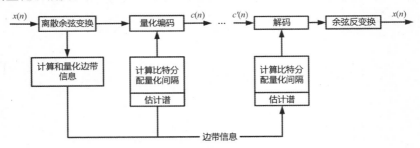

图 4.12　自适应变换编码及解码原理框图

自适应变换编码根据音频信号的短时功率谱，自适应地使用最优的量化位数对变换域参数进行量化，可以改善音频质量，但同时也会增加算法的复杂度和编码时延。

4.2.3　主流音频编码标准

中低速率音频编码可以在有限的带宽内传输尽可能多的信息，满足现阶段多媒体通信发展的需要，因此成为近年来音频技术的研究重点。本节将从音频编码基本理论出发，通过对原理和性能的比较来描述多媒体通信中的主流音频编码标准。

4.2.3.1　EVS

EVS（Enhanced Voice Services，增强型语音服务）是 3GPP 继 AMR-WB 之后推出的最新的用于 VoLTE 通话的音频编解码标准。EVS 保留了向后兼容性，能够兼容 AMR-WB。

EVS 是超宽带音频编解码器，支持四种不同采样率：8kHz、16kHz、32kHz、48kHz，分别对应窄带、宽带、超宽带、全频带。每种采样率都可以选择不同的比特率，窄带支持 5.9～24.4kbit/s 的 7 种比特率，宽带支持 5.9～128kbit/s 的 12 种比特率，超宽带支持 9.6～128kbit/s 的 9 种比特率，全频带支持 16.4～128kbit/s 的 7 种比特率。并且，由于 EVS 信道感知编码和改进的丢包隐藏，因此 EVS 对时延抖动和丢包具有很高的稳健性。

4.2.3.2　Opus

Opus 是由 Xiph.Org 基金会开发并由 IETF 进行标准化的音频编解码标准，最早发行于 2012 年。Opus 可以处理从低比特率窄带音频信号到高清音质的立体声音乐等不同类型的音频，在 VoIP 领域获得了广泛的应用。

Opus 集成了两种音频编码技术：以音频编码为导向的 SILK 和低时延的 CELT，能够支持 6～510kbit/s 的恒定或可变比特率编码，2.5～60ms 的帧大小，以及 8～48kHz 的 5 种采样率。由于 Opus 的时延较小，因此适用于游戏、直播等要求低时延场景的通话编解码。

4.2.3.3　AMR-WB

AMR-WB 全称为 Adaptive Multi-Rate Wideband，即自适应多速率宽带编码。3GPP 在 2000 年 12 月选择 AMR-WB 作为第三代移动通信系统的语音编解码算法。ITU-T 也对其进行了标准化，称为 G722.2 标准。AMR-WB 可作为宽带语音编解码器，采样率为 16kHz，支持的语音带宽为 50Hz～7kHz，并能够以 9 种不同的比特率运行，分别是 6.60kbit/s、8.85kbit/s、12.65kbit/s、14.25kbit/s、15.85kbit/s、18.25kbit/s、19.85kbit/s、23.05kbit/s、23.85kbit/s，可以根据网络带宽选择合适的比特率。3GPP 还允许将 AMR-WB 比特流用于立体声。

AMR-WB 的优点是支持的带宽范围较广，音频效果更加清晰自然，并且可以在一定程度上减小编码速率，其缺点是算法复杂度较高，算法时延在 25ms 左右。

4.2.3.4　G.711

G.711 是由国际电信联盟于 1972 年制定的一种窄带语音编解码器，最初设计用于提供 64kbit/s 的长途音频通话。其标准的名称为话音频率脉冲编码调制（Pulse Code Modulation of Voice Frequencies）。G.711 的采样率为 8kHz，编码后的音频带宽为 300～3400Hz。

G.711 是一种波形编解码器，其优点是算法复杂度低，算法时延小，为 0.125ms；其缺点是重建的音频音质较差，编码速率高，占用带宽较高。

4.2.3.5　G.729

G.729 是国际电信联盟于 1996 年制定的窄带音频信号编码标准。G.729 由于其较低的码率，被主要应用于 VoIP 通话。标准的 G.729 是以 8kbit/s 运行的，但其可扩展支持 6.4kbit/s 和 11.8kbit/s 两种码率，分别可以提供更差和更好的音频音质。G.729 的采样率为 8kHz，编码后的音频带宽为 300～3400Hz。

G.729 的优点是占用带宽较低；缺点是相比于 G.711，其算法复杂度较高，算法时延约为 25ms。

4.2.4　音频质量评价

客观评价和主观评价是音频质量评价的两种技术类型，人工主观打分的方式在早期比较流行，但由于人工成本过高，因此逐渐被基于听觉感知模型的客观音频质量评价所取代。国际电信联盟早期发布的 P.800 建议书将音频质量划分为 5 个等级标准，在该建议书中描述了一种 MOS 方法：由不同的经过听音训练的专家，通过将经过待测系统劣化后的音频样本和原始参考音频样本进行对比打分，然后计算均值。这种音频质量评价方法具有两个缺点：成本高和结果具有随机性，虽然现在基本不再应用该方法，但是其对音频质量的等级划分标准沿用至今，如表 4.1 所示。

表 4.1　MOS 等级划分标准

MOS 值	音频质量	音频失真描述
4～5（不包括 4）	优（Excellent）	不易察觉
3～4（不包括 3）	良（Good）	有所察觉但不恼人
2～3（不包括 2）	中（Fair）	可察觉且稍微恼人
1～2（不包括 1）	差（Bad）	恼人但尚可忍受
0～1	坏（Poor）	非常恼人且不能忍受

经过客观音频质量评价模型得到的原始分值不同于主观评价方法，二者之间存在较大的差异。例如，通过 ITU-T P.862 算法计算得到的 PESQ 原始音频质量分值需要经过计算转换为 MOS-LQO（MOS Objective Listening Quality，客观音频质量）值，POLQA 算法则将窄带音频映射为 MOS-LQOn，将宽带音频映射为 MOS-LQOw。

ITU-T 提出的 P.862 PESQ 和 P.863 POLQA 两种客观音频质量评价方法都基于感知模型，两者在原理上基本相同，主要在认知模型上存在差异，后者在具体的计算细节上有较大的优化。

4.2.4.1 PESQ 算法

在 PESQ 算法中，首先分别对参考信号和劣化信号的幅值进行调整，滤波后计算两者的时延，对齐处理后送往感知模型计算得到两者的感知差异，最终得到 MOS 值。

P.862 算法输出的 PESQ 分值取值为 -0.5～4.5，和主观打分之间存在差异。在 P.862.1 中描述了由 PESQ 分值向 MOS 值映射的公式。通过该公式计算得到的 MOS-LQO 分值范围是 1.02～4.56，具体公式为

$$y = 0.999 + \frac{4}{1 + e^{-1.4945x + 4.6607}} \qquad (4-16)$$

式中，y 为 MOS 值；x 为 PESQ 分值。

4.2.4.2 POLQA 算法

P.862.2 将 PESQ 算法适用的音频带宽从窄带扩展为 50～7000Hz，可以用于宽带音频质量测试场景。即使这样，PESQ 算法仍存在明显的缺陷，如当待测编码方式含有降噪处理、回声消除处理等前处理模块时，或者当带宽范围超过 7000Hz 时，测试得到的结果会变得很不可靠。为了解决上述问题，ITU-T 在 P.863 中描述了新一代音频质量评价算法，即 POLQA，可用于测试 50～14000Hz 带宽范围和更高编码速率的音频，相比于 PESQ 算法，POLQA 算法能得到更精准的音频质量评价分数。

POLQA 算法流程图如图 4.13 所示，参考信号和劣化信号先进行滤波，滤波后继续进行时间对齐，再对劣化信号进行采样率估计，并输入到感知模型中进行客观感知和评分得到 POLQA 分值，通过映射函数计算得到最终的 MOS-LQO 分值。参考信号也称为语料，通常有 8kHz、16kHz、48kHz 三种采样率。

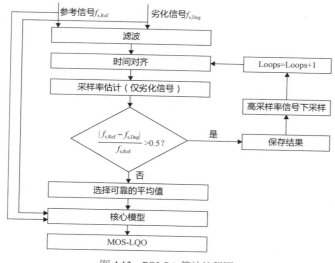

图 4.13 POLQA 算法流程图

1. 时间对齐

在时间对齐过程中，先将参考信号和劣化信号分割为宏帧，也就是很小的时间片。宏帧的长度是根据参考信号的采样率而定的，如表4.2所示。

表4.2 用于时间对齐的宏帧长度表

采样率/kHz	48	16	8
宏帧长度/bit	1024	512	256

计算宏帧的时延前，需要先进行信号对齐，主要分为滤波和时间对齐两个处理过程，其中，时间对齐包括预校准、粗校准、精确校准及分段合并几个步骤。

1）滤波

POLQA算法根据测试音频带宽的不同，有两种处理方式。在时间对齐的过程中，为了尽可能减小噪声引入的误差，首先采用一个带通滤波器对参考信号和劣化信号进行滤波处理。带通滤波器的通带范围是由测试信号的带宽所决定的。对于超宽带模式，带通滤波器的通带为320～3400Hz；对于窄带模式，带通滤波器的通带为290～2300Hz。时间对齐过程引入带通滤波处理，是因为针对300～3500Hz的音频信号进行时延估计，得到的时延比较可靠。

2）预校准

预校准处理是为了估算参考信号和劣化信号的宏帧之间的时延，并由此预估时延搜索的范围。解析点用来表示音频信号从静音到活动的切换点，在预校准过程中，首先确定信号的解析点，通过计算解析点的时间差来得到宏帧的时延信息。预校准过程生成4个特征向量：宏帧时延、时延的可靠性指标及时延搜索范围的上限和下限。

3）粗校准

粗校准的输入来源于预校准过程，在粗校准过程中，首先将宏帧划分为更小的8个特征帧，然后由第1个特征帧得到第1个初始特征向量，通过迭代方式计算出新的特征向量，随着迭代次数的增加，其精度不断提高，通过这种方式得到与特征帧时延有关的相关系数矩阵，最后计算得到宏帧的时延。

4）精确校准

精确校准过程基于粗校准过程，目的在于得到每个宏帧的精确时延。精确校准的过程和粗校准的过程比较相似，差别在于精确校准采用回溯算法得到精确的时延，而不使用迭代算法。

5）分段合并

分段合并的前提是得到宏帧的时延结果，将每段信号的音频活动检测信息、起止时间点、时延等信息存储起来，和下一段信息进行比较后，判断是否进行合并处理。如果下一段信号是音频且两段的时延小于或等于3ms，或者是静音段且时延大于或等于 15ms，就将这连续的两段信息合并，继续和下一段信息进行对比。其中一些重要的信息，包括音频的起止时间点、时延信息的合并结果等最终被送入感知模型。

2. 劣化信号采样率估计及重新采样

劣化信号的采样率通过时间对齐得到的时延信息进行估算。若劣化信号和标准信号的采样率偏差大于 0.5%，则对采样率较高的信号进行采样，然后重复执行上一步的时间对齐的处理过程。

3. 核心模型

核心模型用于对音频做客观感知描述和认知评分，包括感知和认知两部分。人耳对声音的主观感知指标主要为响度，客观描述指标包括音量、音色和音调等方面。其中音量由声波的振幅决定，音色由泛音决定，音调由基因周期决定。

4.2.4.3 音频无参考质量评价

基于参考的音频质量评价方法，其评价系统通常需要高昂的硬件投入和授权费用。近年来出现了一些基于深度学习的音频无参考质量评价方法，如 NISQA 方法等。这些方法通常采用复合失真度作为评价标准，如将 MOS、PESQ、SNR 及 POLQA 加权组合在一起为 NISQA 构建训练样本数据集。

4.3 IoT 多媒体关键技术

在 IoT 音视频通信场景下，因为受限于设备的硬件资源、通信条件及特殊的地理位置，所以存在与通用高性能设备不同的技术挑战，主要包括低码高清技术、视频传输保障技术、远场拾音技术等。

4.3.1 低码高清技术

低码高清技术是指在不降低用户体验的前提下，利用极低的码率保持视频的通信质量。在 IoT 场景下，由于网络条件更为复杂多变，因此低码高清技术的实现显得尤为重要。本节将以感兴趣区域视频编码技术、超分辨率技术、生成对抗网络技术为例，对低码高清技术进行技术方案说明。

4.3.1.1 感兴趣区域视频编码技术

当人的眼睛观察外界事物的时候，眼睛聚焦的地方会看得更加清晰，而对于周围区域只能看个大概，这种成像方式既可以看清关键物体的细节，又可以具有较大的视野，使得大脑在处理复杂视觉信息时，能够迅速将注意力和神经计算资源集中到场景的重要区域上。

感兴趣区域（RoI）视频编码技术参考人眼的这种中央凹成像系统处理机制，对图像中感兴趣的区域降低量化参数值，从而分配更多码率以提升画面质量；而对不感兴趣的区域则提高量化参数值，从而分配更少码率，在不损失图像整体质量的前提下，降低视频码率。在同样的码率限制下，这种码率分配方案的编码结果将会比传统分配码率的结果有更好的主观视觉质量。

目前感兴趣区域（RoI）视频编码技术的感兴趣区域包括三类：中心区域，屏幕中间或固定其他地方的 RoI 区域，此类 RoI 是基于经验的判断；人脸，人脸是人最明显的特点之一，在视频中明显位置出现的人脸会很容易被观众注意到，因此人脸是最显著的主观敏感区域；人眼聚焦区域，通过眼动仪来获取人眼聚焦区域。

4.3.1.2　超分辨率技术

超分辨率技术（Super-Resolution，SR）是指从观测到的低分辨率图像中重建出相应的高分辨率图像，属于视频后处理技术，在监控设备、卫星图像和医学影像等领域都有重要的应用价值。

在基于深度学习的单张图像超分辨率方法（Single Image Super-Resolution，SISR）中，SRCNN 算法是深度学习方法用于超分辨率重建的开山之作。SRCNN 算法的网络结构非常简单，如图 4.14 所示，仅有三个卷积层。

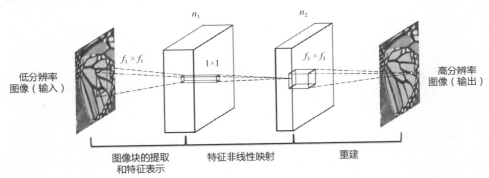

图 4.14　SRCNN 算法的网络结构

SRCNN 算法首先使用双三次（Bicubic）插值将低分辨率图像（Low-Resolution Image）放大到目标尺寸，然后通过三层卷积网络拟合非线性映射，包括低分辨率图像的特征映射 n_1 和高分辨率图像的特征映射 n_2，最后输出高分辨率图像（High-Resolution Image）结果。此算法将三层卷积网络结构解释为三个步骤：图像块的提取和特征表示、特征非线性映射和重建。

SRGAN 算法利用感知损失（Perceptual Loss）和对抗损失（Adversarial Loss）来提升恢复后的图片的真实感。SRResNet（SRGAN 的生成网络部分，Generator Network）

通过均方误差来优化，峰值信噪比会变得很高。为了达到逼真的视觉效果，结合 SRGAN 算法的判别网络（Discriminator Network），可以用训练好的 VGG 模型的高层特征来计算感知损失，进行 SRGAN 算法的优化，此时得到峰值信噪比并不是很高。SRGAN 算法的网络结构如图 4.15 所示。

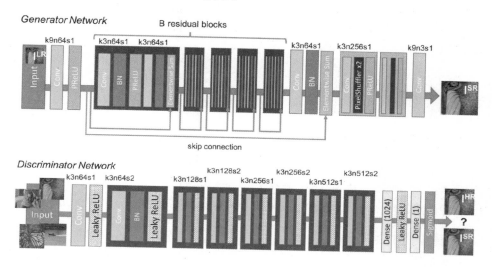

图 4.15　SRGAN 算法的网络结构

4.3.1.3　生成对抗网络技术

随着生成对抗网络（GAN）技术的兴起，人们认为深度网络能够产生感知自然的图像，利用这一技术，可以有效提高解码图像的感知质量。近年来，随着生成对抗网络技术研究方向的日趋成熟，基于 GAN 的神经视频压缩算法在业内也取得了一定实质性的成果。目前，有研究人员结合 GAN 的优点及视频会议通话的特点，提出一种新的视频编码框架，只需要 8kbit/s 码率，就能获得高质量的视频会议效果，相较于 VVC 编码标准，节省了 3/4 的码率。

如图 4.16 所示，在该视频编解码框架中，输入的视频帧被分为了关键帧（Key Frame）和其他帧（Others）两类。关键帧主要传递人脸整体的外貌特征和背景特征，对于一般的视频流，综合考虑视频质量和码率后选取若干视频帧作为关键帧。其他帧则在该视频编码框架下，起到传输细节的作用，如人脸的姿态和表情可由 HRnet 提取。因为人脸的姿态和表情信息可以较好地与人脸整体外貌信息解耦，所以对同一个人来说，其外貌信息是相同的，但却拥有不同的人脸姿态和表情。对不同人来说，也可能拥有相同的人脸姿态和表情。因此，把上述三者进行解耦将更有利于对人脸视频通信的压缩编码（Exponential Golomb Coding），在解码端（Decoder）利用视频帧存储池（Frame Pool）和 VSBnet 对接收到的外貌、人脸姿态和表情恢复重建。

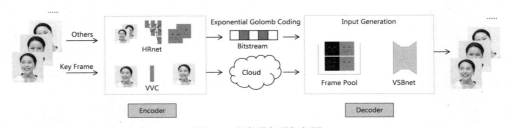

图 4.16　视频编解码框架图

4.3.2　视频传输保障技术

在视频通信过程中，如何保证视频的流畅、清晰及低时延，是极其重要且富有挑战的技术，其与低码高清技术相互配合，可进一步提高 IoT 设备上的视频通信质量。目前，业内对终端侧视频传输的主要保障手段包括 ARQ、FEC 及带宽估计。

4.3.2.1　ARQ

自动重传请求（Automatic Repeat-ReQuest，ARQ）是 OSI 模型中数据链路层的错误纠正协议之一，它包括停止等待 ARQ 协议、连续 ARQ 协议、差错检测（Error Detection）、肯定认可（Positive Acknowledgement）、逾时重传（Retransmission after Timeout）与否定认可继以重传（Negative Acknowledgement and Retransmission）等机制。

如果在协议中，发送方在继续发送下一个数据之前需要先确认一个数据送达的消息，则该协议为 ARQ 协议或 PAR（Positive Acknowledgement with Retransmission，支持重传的肯定认可）协议。

ARQ 是一种在通信中用于纠正因信道引起的差错的方法，通过接收方主动请求发送方重传出错的报文或接收方主动发送未出错的报文来指导发送方发送出错的报文的方式来恢复出错的报文，该方法也被称为后向纠错（Backward Error Correction，BEC）。

4.3.2.2　FEC

前向纠错（Forward Error Correction，FEC）编码是增加数据通信可信度的方法。FEC 是一种前向纠错技术，发送端在负载数据中加入一定的冗余纠错码一起发送，接收端根据接收到的冗余纠错码对数据进行差错检测，如果发现差错，则利用冗余纠错码进行纠错。FEC 分带内和带外两种，带内 FEC 由于会占用一部分码率，因此对音视频通信质量会有所降低。带外 FEC 不会影响长视频质量，但会额外占用网络带宽，所以带内 FEC 和带外 FEC 各有优缺点。

典型的 FEC 编码方式有 XOR 和 Reed Solomon（RS）两种。XOR 编码方式的优点是计算量相对少，但其抗丢包能力有限。通常根据 MASK（掩码）来确定 FEC 包和被保护的源 RTP 包的映射关系，其中定义了两种类型的掩码，随机掩码和突发掩码，随机掩码在随机丢包中保护效果要好些，突发掩码则对突发导致连续丢包效果要好些。

4.3.2.3 带宽估计

常见的带宽估计方法有 GCC、BBR 和 TCC 三种，下面分别对其进行展开说明。

1. GCC

GCC（Google Congestion Control，谷歌拥塞控制）是一种结合时延和丢包率的拥塞控制算法，其算法的实现由发送端和接收端两部分完成。

（1）接收端利用基于时延的带宽控制算法完成带宽估算。其中，到达时间滤波模块实现网络时延计算；过载检测和阈值自适应调整模块结合，实现当前网络状态判断；接收码率调整模块实现接收端码率预测功能，并通过最大接收带宽估计模块发送相应 RTCP 信息至发送端。

（2）发送端利用基于丢包的带宽控制算法来进行码率控制。根据 RTCP 中反馈的丢包率及预估带宽值，动态地控制编码器及平滑发送器的发送码率。

GCC 框架图如图 4.17 所示。

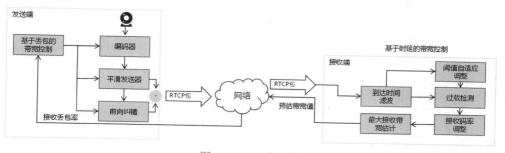

图 4.17 GCC 框架图

2. BBR

BBR（Bottleneck Bandwidth and Round-trip propagation time，瓶颈带宽和往返传播时间）是一种基于带宽和时延反馈的拥塞控制算法，其结构图如图 4.18 所示。目前 BBR 已经演化到第二版，是一个典型的封闭反馈系统，发送数据量和发送速度都会在每次反馈中不断调节。在 BBR 提出之前，拥塞控制都是基于事件的算法，需要通过丢包或时延事件驱动；而 BBR 算法核心是"不排队"，拥塞控制是基于反馈的自主自动控制算法，对于速度的控制由算法决定，而不由网络事件决定。

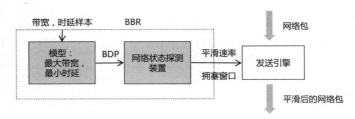

图 4.18　BBR 结构图

BBR 算法的关键是找到最大带宽（Max BW）和最小时延（Min RTT）这两个参数，最大带宽和最小时延的乘积就是 BDP（Bandwidth Delay Product，网络链路中可以存放数据的最大容量）。网络状态探测装置（Probing State Machine）以 BDP 为驱动，设置发送引擎（Pacing Engine）的各类参数，逼近目标值（Target Inflight）可以解决发送速度和数据量的问题。

3. TCC

TCC（Transport Congestion Control，传输拥塞控制）算法充分复用了 GCC 算法的框架和实现，其反馈回路与之基本类似。

TCC 与 GCC 不同的是：对于 GCC 算法，RTP 报文头部添加绝对发送时间戳（Abs Send Time）扩展，在接收端执行基于时延的码率估计，网络时延滤波采用卡尔曼滤波，将 REMB 报文返回给发送端；而对于 TCC 算法，RTP 报文头部添加 TSN（Transport Sequence Number，传输序列号）扩展，在发送端执行基于时延的码率估计，网络时延滤波采用 Trendline，并将对应报文返回给发送端。

需要注意的是，自从 WebRTC M55 开始启用 Sendside-BWE，其 GCC 算法就只做前向兼容而没有做进一步的功能开发、性能优化和 bug 修正。

4.3.3　远场拾音技术

拾音场景可以分为近场拾音和远场拾音，在传统的近场拾音场景中往往采用单麦克风进行语音增强。在 IoT 应用场景中，声源位置往往处于移动状态或距离麦克风较远，除非始终让麦克风跟随声源，否则麦克风在采集人声的同时会采集到大量的噪声、混响和干扰，导致拾音质量恶化。基于麦克风阵列的语音增强技术可以解决这类问题。

4.3.3.1　固定波束形成方法

麦克风阵列技术的研究开始于 20 世纪 80 年代，在 20 世纪 90 年代后期渐渐成为语音增强领域的一个重要研究热点，相对于独立麦克风的语音增强，其起步较晚。1985 年，美国学者 Flanagan 提出一种固定波束形成方法，也称为时延—求和方法。这种方法对麦克风阵列采集到的语音信号进行时延补偿，以此来同步各麦克风采集到的语音信号，然后对其进行加权求和，最后输出增强后的语音信号。从理论上讲，固定波束形成方法可在保持语音信号幅度不变的同时，抑制干扰噪声信号，提升信号的信噪比。这种基于麦克风阵列的语音增强方法实现起来极其简单，稳健性也比较强，但往往需要较多的麦克风数目才能得到较好的远场拾音能力，因此，在实际应用中很少单独使用这种方法。

4.3.3.2　自适应波束形成方法

现在广泛使用的一类基于麦克风阵列的语音增强方法是自适应波束形成方法，其最早出现于 1972 年，斯坦福大学的 Frost 教授提出了一种线性约束最小方差（LCMV）波束形成方法，也称为 Frost 波束形成方法。这种方法在满足指定拾音方向语音信号频率响应的同时，通过约束麦克风阵列的输出功率最小，达到衰减噪声的目的。

1982 年，在 Frost 波束形成方法的基础上，Griffhs 和 Jim 通过引入阻塞矩阵，推导出了一种无约束的时域自适应波束形成方法，称之为广义旁瓣抵消（GSC）方法。GSC 方法相当于将 Widrow 提出的自适应噪声消除原理应用于阵列处理技术，其优点是仅使用较少数量的麦克风即可具有较强的干扰噪声抑制能力，后续大多数自适应波束形成方法都基于 GSC 方法。但是，由于麦克风位置与其增益、目标信号方向估计误差或室内混响所带来的目标信号方向误差，因此不可避免地存在目标信号抵消现象，从而严重地影响了麦克风阵列语音增强方法的性能。

于是，许多学者开展了减小自适应波束形成方法中目标信号抵消的研究工作，并提出了一些解决方法，由于这些方法对方向误差具有稳健性，因此称为鲁棒自适应波束形成方法。其中，较典型的方法有 1996 年提出的基于约束自适应阻塞滤波的自适应波束方法，该方法的阻塞滤波器是自适应的，且受系数约束，用来代替 GSC 方法中的阻塞矩阵，通过这种方法可以减少溢出到噪声参考通道中的目标语音成分，同时采用系数约束的归一化自适应噪声抵消模块完成噪声抑制；还有 2001 年 Gannot 等人提出的一种稳健性 GSC 方法，通过估计语音信号声学传递函数比而非传递函数来构建时变的阻塞矩阵，代替 GSC 方法中的阻塞矩阵。

4.3.3.3　盲源分离技术

盲源分离技术中的"盲"有两方面的含义：源信号无法通过观测得到，源信号如何混合也是未知的。当源信号与传感器之间的传输模型无法建立，或其传输的先验知识无法获取时，盲源分离技术是一种很好的解决方式。

在远场拾音技术中，基于麦克风阵列的盲源分离技术具有较好去除噪声和干扰的性能，在提高语音可懂度和质量等方面起着重要作用。简单来说，盲源分离技术就是根据观测到的混合数据向量来估计变换矩阵，据此来回复源信号的模型。混合数据向量是传感器的输出，其中每个传感器接收到的信号都是由源信号的混合产生的。

从源信号的混合方式来划分，盲源分离技术模型可分为瞬时混合模型和卷积混合模型，其中，卷积混合模型可以通过时频转换为瞬时混合模型来处理。当前主流的瞬时混合盲源分离方法主要有两类：一类方法是通过语音信号的高阶统计量来分离混合信号，即独立成分分析法（Independent Component Analysis，ICA），以及基于 ICA 发展而成的多种改进方法，如快速独立成分分析法（Fast ICA）、独立向量分析法（Independent Vector Analysis）等；另一类方法是利用信号的稀疏性进行信号分离，以稀疏成分分析法（Sparse Component Analysis）、非负矩阵分解法（Non-Negative Matrix Factorization）和字典学习法（Dictionary Learning）为代表。独立成分分析法要求各个信号之间相互独立，且观测数要多于或等于信源数。而以稀疏性为基础的方法则没有此限制，可用于解决观测数少于信源数的情况下的盲源分离问题。

4.3.4　智能音频 3A 方法

音频 3A 方法是指主动降噪（Active Noise Control，ANC）、回声消除（Acoustic Echo Cancelling，AEC）和自动增益控制（Automatic Gain Control，AGC），可以归属于语音增强范畴。研究者们建立了一套成熟的 3A 方法，这些方法大都基于最优线性自适应滤波理论。近几年，深度学习技术被引入智能音频 3A 方法领域，特别是在 IoT 的应用场景中，其性能超越传统信号处理方法，展现出了极大的潜力。

4.3.4.1　智能降噪方法

在过去的二十多年中，研究者们提出了多种无监督的降噪方法，它们主要通过估计噪声谱，将其从带噪语音谱中移除，来获得估计到的纯净语音。然而，噪声的突发性和随机性使得噪声谱的估计和跟踪的可靠性不高。此外，传统的降噪方法基于语音和噪声是两个独立的随机过程的假设，或基于其特征分布服从高斯分布的假设，这些假设往往不合理，导致传统降噪方法存在不少问题，如降噪处理后残留有音乐噪声，听觉体验急剧变差；带噪语音的信噪比较低时，语音失真较大；非平稳噪声具有突发性，无法可靠估计和跟踪，始终处于欠估计状态，难以抑制；容易引入非线性失真，对后续的处理产生较大的负面影响等。

近年来，随着深层神经网络（Deep Neural Network，DNN）在语音唤醒和语音识别领域的成功应用，语音增强领域的研究人员受到很大的启发。研究人员将 DNN 的深层非线性结构设计成可用于降噪的滤波器，采用大数据进行模型训练，模型可以充分学习带噪语音和纯净语音之间的非线性关系。此外，DNN 的训练是离线的，它能学习一些噪声的模式，在降噪时，可以较好地抑制这些学习过的非平稳噪声。

概括来说，近年来降噪方法的发展趋势是围绕深度学习的应用来开展，这些方法根据模型采用的损失函数不同，大致可以分为三类：基于时频掩蔽的方法、基于映射的方法和基于端到端的语音噪声分离方法。下面对这三类方法进行简单描述。

1．基于时频掩蔽的方法

时频掩蔽也称为时频掩膜，传统的降噪方法难以对噪声尤其是非平稳噪声进行准确估计，而基于时频掩蔽的深度学习降噪方法具有 DNN 强大的特征抽象能力和数据拟合能力，可以有效弥补传统降噪方法的缺陷。例如，DL Wang 等人采用 DNN 方法求解理想二值掩蔽，有效提高了带噪语音信号的 MOS 值和可懂度。Wenger 等人在信号近似估计处理时运用了 LSTM 网络模型，显著提升了在语音增强和语音识别中的方法性能。循环神经网络（Recurrent Neural Network，RNN）在 Erdogan 等人的方法中被用于相位敏感掩蔽的估计，也取得了方法性能的提升。此外，在改善降噪处理后语音的可懂度方面，卷积神经网络、复值理想比率掩蔽（cIRM）和理想比率掩蔽（IRM）相结合是一种有效的思路。另外，针对语音增强任务的 DNN 结构设计也有不低的研究热度，如 Tu 等人在 DNN 的非连续层之间添加跳跃式连接（Skip Connection）可以改善语音增强的效果，为研究和改进基于深度学习的降噪方法提供了新的思路。基于时频掩蔽的方法的架构图如图 4.19 所示，分为训练（Training）阶段和测试（Testing）阶段。

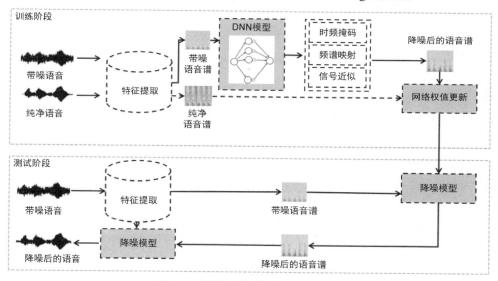

图 4.19　基于时频掩蔽的方法的架构图

在训练阶段，主要完成降噪模型的训练，由带噪语音（Noisy Speech）和纯净语音（Clean Speech）通过特征提取（Feature Extraction）产生带噪语音谱（Noisy Speech Spectrum）和纯净语音谱（Clean Speech Spectrum），其中带噪语音谱经过 DNN 模型处理后，进一步通过时频掩码（T-F Mask）、频谱映射（Spectral Mapping）和信号近似（Signal Approximation）处理，输出降噪后的语音谱（Denoised Speech Spectrum）。由带噪语音相应的加噪前的纯净语音谱和降噪后的语音谱通过损失函数来更新网络权值（Network Weights）。在测试阶段，带噪语音经过特征提取后，产生带噪语音谱，经过降噪模型后，得到降噪后的语音谱，再经过降噪模型处理，输出最终的降噪后的语音；或经过降噪模型直接输出最终的降噪后的语音。

2. 基于映射的方法

利用 DNN 模型的特征抽象能力和数据拟合能力，改善现有的谱图映射降噪方法的性能，是基于深度学习降噪方法的主要思路。例如，Lu 等人最早在谱图映射降噪方法中引入深度学习模型，在带噪语音中应用自动编码器方案将梅尔频谱映射到纯净语音的功率谱，取得了较好的降噪效果。Xu 等人在带噪语音的对数功率谱到纯净语音谱映射过程中，采用多层感知机（MLP）来实现。相对于传统降噪方法，该方法可以获得更好的语音质量提升。近年的研究表明，卷积神经网络在谱图映射降噪类方法中同样适用，其在机器视觉领域取得的经验结论可以部分解释其用于语音增强的合理性，不过在听觉感知上还缺乏一定的理论支持。

3. 基于端到端的语音噪声分离方法

基于端到端的语音噪声分离方法不依赖于语音信号的视频变换特征，直接通过建模处理带噪语音，输出为纯净语音。该类方法的优点是不会引入语音信号重建时的相位信息模糊导致的语音失真，从而在低信噪比场景下仍然可以得到高质量的语音信号。例如，Qian 等人利用 WaveNet 在语音波形建模方面的强大能力，提出利用 WaveNet 框架，引入语音先验分布进行语音增强；Pascual 等人在语音增强领域引入生成对抗网络（GAN），称之为 SEGAN（Speech Enhancement Generative Adverarial Network），并用 SEGAN 对时域波形信号进行处理，取得了不错的降噪效果。基于端到端的语音噪声分离方法的架构图如图 4.20 所示。

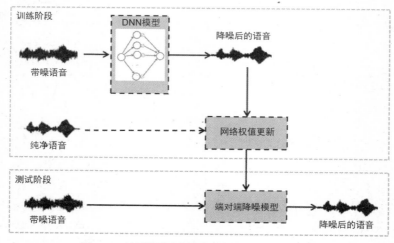

图 4.20　基于端到端的语音噪声分离方法的架构图

基于端对端的语音噪声分离方法也可分为训练阶段和测试阶段，训练阶段主要完成端到端降噪模型的训练，测试阶段用于实时降噪处理中完成带噪语音的降噪处理。在训练阶段，带噪语音的时域数据直接输入 DNN 模型，输出降噪后的语音，加噪前的纯净语音通过损失函数来更新网络权值。在测试阶段，带噪语音的时域数据直接输入端对端降噪模型，处理后输出降噪后的语音。

4.3.4.2 智能回声消除方法

在通信系统中，当扬声器和麦克风发生声学耦合，即麦克风采集到扬声器信号和它的混响成分时，就会产生回声。如果不对回声进行合适的处理，那么通信系统的远端用户就会听到自己经过传播后的声音，即回声，有时还会混合来自近端的目标语音。在电话会议、免提电话和移动通信等语音和信号处理应用中，回声是非常恼人的问题之一。在传统方法中，回声消除是通过使用有限脉冲响应（FIR）滤波器自适应识别扬声器和麦克风之间的声学脉冲响应（Acoustic Impulse Response，AIR）来实现的，其自适应算法采用归一化最小均方误差（NLMS）方法，因其相对稳健的性能和较低的复杂度而得到广泛的应用。

然而，在目标语音信号和回声信号同时存在（双讲）及背景噪声（尤其是非平稳噪声）和扬声器非线性失真的情况下，这些方法的回声消除性能会降低。学术界已使用的回声消除方法包括：①通过使用双端检测，使滤波器系数在双讲期间停止更新，缓解自适应滤波器发散问题；②AEC 系统处理后的音频存在残余回声和噪声，可以通过使用后置滤波器来进行处理；③基于短时谱衰减的降噪技术和自适应方法相结合，在实际应用中也取得了不错的效果。这些方法的共同特点是都假设回声路径是线性的。然而，在实际情况中，由于功率放大器和扬声器等的组建会引入非线性失真，所以这类方法在实际应用中需要结合一定的非线性滤波处理，才能较好地进行回声消除。

近几年，深度学习在语音分离方面显示出了巨大的潜力，因为回声消除也可以视为一种分离问题，所以深度学习技术也开始应用于回声消除，如使用 DNN 来估计残余回声的抑制增益、使用 BLSTM 模型对线性和非线性回声进行建模和消除等。这些算法都运用了神经网络强大的非线性拟合能力，在双讲和非线性回声路径场景下均有很好的性能，且不再需要专门的残余回声后滤波和双讲检测模块。

4.4 多媒体编解码技术展望

在视频编解码方面，采集是编码的源头，采集的演进影响着编码架构的设计改变。对视频内容有所识别并能进行类脑学习也是支持视频编解码发展的重要方向。未来，随着设备算力的不断提升，仿生采集、认知编码及更先进的显示技术融合，将使智能编码技术更为智能、高效。

4.4.1 仿生采集

仿生采集属于低功耗、高智能分析的采集系统，其仿照人眼的特性，利用神经脉冲编码结合智能分析理解，保证了采集的精准高效。下面主要介绍仿生采集中用到的压缩感知和视觉感知两个特性。

4.4.1.1 压缩感知

压缩感知，是由 E. J. Candes、J. Romberg、T. Tao 和 D. L. Donoho 等科学家于 2007 年提出的，其核心思想是以比奈奎斯特采样率更稀疏的密度对信号进行随机亚采样，并通过特定的方法将信号复原。压缩感知理论认为，采样速率不取决于信号的带宽，而取决于信息在信号中的结构和内容。目前压缩感知的理论基础包含傅里叶变换、小波分析、多尺度几何分析等工具。

根据压缩感知的理论，图像、视频等的采样和压缩都能以低速率进行，这样的好处是对于算力的成本要求大大降低，将模拟信号直接采样压缩为数字形式具备了信息采样的直观特性。同时，通过对信号的稀疏结构及不相关特性的寻找，可以更有效地进行压缩采样。未来压缩感知理论将会延伸到许多其他应用科学和工程的领域，并产生积极的影响和实践意义。

4.4.1.2 视觉感知

人类视觉系统是神经系统的一个组成部分，它使生物体具有了视觉能力。人类的视觉感知具有以下几个特点。

1）视觉关注

在复杂的视觉场景中，人类视觉感知总能快速地对重要目标进行定位并进行仔细分析，而对其他区域只进行粗略分析。

2）亮度对比敏感度

人类视觉感知往往关注物体的边缘，如通过边缘信息获取目标物体的具体形状、解读目标物体等。同时，人类视觉感知对亮度的分辨能力是有限的，只能分辨具有一定亮度差的目标物体。

3）视觉掩盖

人类视觉感知中常见的视觉掩盖效应包括对比度掩盖、纹理掩盖及运动掩盖等。以纹理掩盖为例，其是指当图像纹理区域存在较大的亮度及方向变化时，人眼对该区域信息的分辨率下降。

4）视觉内在推导机制

最新的人脑研究指出，人类视觉感知存在一套视觉内在推导机制，人类视觉感知会根据大脑中的记忆信息来推导、预测其视觉内容，同时那些无法被理解的不确定信息将会被丢弃。

除了以上几个特点，认知神经科学认为，人脑的视觉感知有两条通路，一条通过皮层上通路经过层层特征提取识别物体，另一条通过皮层下通路，从视网膜直接到达上丘，然后再到高级皮层。

在以上过程中，对视觉信号的处理可以称为神经脉冲编码。由于只有当视觉信息出现的时候，人脑才发送神经脉冲，因此人脑在此过程中的功耗特别低。相对于实际离散采集来说，人眼的采集机制属于事件驱动采集，可有效地解决离散采集中的过采样的问题。

总结来说，采集是编码的源头，会影响到编码的框架设计。视频采集领域的深度、点云、奈奎斯特定理及压缩感知理论等，对采集都产生着深远影响。随着科研人员对人类视觉系统展开更加深入的探索，仿生采集将是未来多媒体编解码技术中一大重要发展方向。

4.4.2　认知编码

传统的编码方法都基于块，即像素值，但人脑的处理方法（认知编码）是从图像边缘到图像内部对象的，这两者差别很大。智能编码应该基于对图像的认知和理解进行高效的分析处理。结合深度学习的视频编码及融合视频分析、编码、处理三者的编码分析闭环是多媒体编码领域未来的发展方向之一。

4.4.2.1　深度学习与编码

传统视频编码框架延续了基于块的混合编码框架，其发展已经有 20 多年，它的成功在很大程度上受益于硬件的不断发展。但受限于摩尔定律，硬件发展逐渐陷入瓶颈，通过计算复杂度来进一步换取编码性能日益困难，硬件设计的成本和难度也在不断提高。此外，如今的视频编码已不再局限于满足用户的观看需求，在用户需求不断增长和变化的当下，探索和发展新颖视频编码方法和框架显得尤为重要。传统编码主要集中在基于像素的预测，无法更好地利用特征域的相关性解决数据间的冗余问题。基于深度学习的视频编解码技术能端到端地优化编解码器及相关模块，其作用可以总结为以下三个方面。

1. 预处理

预处理技术一般应用在编码之前，主要通过去除冗余信息来降低码率，同时保持或提升视觉质量。对像素块进行预处理一般利用人类视觉感知特性中视觉关注的特点。随着深度学习等 AI 技术的发展，可以使用基于神经网络的语义特征提取方法来研究视频图像的显著性检测，从而实现在预处理时减少对显著区域的压缩，实现整体的较低码率而不影响主观质量。

2. 编码

基于深度学习的编码主体目前主要有三个研究方向：基于分辨率重采样的视频编码，即先降后升的编码策略，先对视频源进行下采样，然后进行编码，在解码处理后，对恢复的视频进行上采样或超分辨处理；模块化深度学习视频编码，利用基于深度学习的编码工具来提升传统编码方案的性能；端到端神经视频编码，采用整体神经网络端到端的架构，来实现紧凑图像或视频的编解码过程。

3. 后处理

后处理的作用是为了进一步减少编码失真，依靠深度学习结合的自适应滤波器来提高解码视频的主观和客观质量。这些自适应滤波器也可以移植到编码环路中，帮助提高视频重建质量。

深度学习编码和传统编码在本质上都利用视频的时空相关性和对应的先验信息进行去冗余，从而能更紧凑地表达视频信息，通过率失真优化尽可能地用有限的信息来得到更高的视频重建质量。从复杂度方面来讲，虽然目前传统编码和神经视频编码依赖的计算平台有区别，同时神经编码在工程化和硬件化方面的发展远不够成熟，但是，相信随着 AI 芯片的发展、神经网络量化定点化的成熟，神经编码的优势会逐渐体现。目前已有很多研究成果在 GPU 上能实现实时图像编解码方法，并有较好的主观图像重建性能。

4.4.2.2 语义视频编码

传统视频压缩编码方法以香农信息论为基础，解决比特级压缩问题，存在极大冗余且效率低下，无法适应低码率或码率受限情况下的视频质量问题。语义视频编码被视为低带宽条件下的常用解决方案，其基本思想是先识别观看者在视觉上更关注的语义对象，再自适应地增加编码比特以增强语义对象的视觉效果。基于语义对象的视频编码假设已确定观看者关注的具体语义对象类别，应用分割算法获取相关语义对象的掩码，对掩码区域增加编码比特以增强语义对象的视觉效果，压缩其余区域的比特，从而实现语义视频编码。

语义视频编码与基于显著性的视频编码类似，它们都考虑在局部区域分配更多比特进行编码存储，但它们的目标是不同的。语义视频编码旨在传输观看者最感兴趣的高级语义内容，而降低其他背景元素的权重；基于显著性的视频编码没有场景对象的特定知识，它旨在传输最有可能被观众眼睛观察到的内容，而不管观看者的感兴趣程度如何。

在语义视频编码过程中，需要为每一帧图像构造一个语义掩码，用于将每个像素标记为前景（分配更多比特的区域）或背景。根据领域的不同，前景可能有所不同。例如，在监控视频中，用户更关注车辆的车牌信息、人体的服装、体型信息等；在视频会议中，用户更关注发言人的脸、毛发等细节信息。

在获取语义掩码时，现有技术通常采用基于深度学习的图像分割方法，在目标任务数据集上训练，以执行语义解析，将检测到的每个像素标记为前景（感兴趣的语义对象，如人脸区域），其余部分标记为背景。在得到语义掩码后，可以在码元层级进行语义比特分配，一种简单的语义比特分配方法是启发式地增加高权重区域（感兴趣对象）的比特率，如阈值方案，但是这种启发式的方法很难获得最优的编码结果，并且会因严重依赖手工设计而引入局限性。最近有研究将比特分配问题视为马尔科夫决策问题，采用强化学习算法求解最优分配，得到了较好的比特分配效果，实现了语义编码的视觉增强。

然而，传统视频编码框架无法以端到端的方式进行优化，这使得语义编码过程中的语义保真度度量无法很好地集成到率失真优化过程中，导致编码后的视觉效果下降。

虽然使用神经网络进行语义视频编码相对传统视频编码取得了更好的视频效果，但由于基于深度学习的图像分割方法需要庞大的计算量，因此这些方法目前很难部署在移动或低功耗平台中来获得满意的视频效果。此外，若编码器保持 H.264、H.265、H.266 等传统标准流程，则在解码端仍可以使用传统解码器，然而完全基于生成对抗网络的端到端语义视频编码器打破了传统的编解码管线，需要新的技术标准化，从而提高了解码端的硬件门槛。

4.4.2.3　分析编码闭环

目前计算机视觉真正需要解决的问题是理解问题，即每个人对同一场景的理解都不一样。同时，图像理解也面临着实际场景多变的问题，基于深度学习的图像分类是先训练再判断的，还不能从真正意义上解决训练之外的场景处理。同时，神经生物学方面的大量实验证明，人脑理解场景问题的过程类似猜测—印证的不断迭代，且反向连接比正向连接还多。

人的视觉信息处理过程可以视为一个闭环，其步骤如下。

（1）快速提取物体的全局特征。

（2）将全局特征与个人先验知识结合后，对观察到的物体做出猜测。

（3）对物体局部特征进行提取和传递。

（4）将神经通路得出的结果和反向传播结果进行融合验证，完成视觉信息感知。

在目前的视频应用场景中，视频的编解码、处理和机器视觉分析都是独立运行的。借鉴以上人的视觉信息处理闭环的机制，可以将这几点结合，形成统一的端到端的优化和训练系统，从而达到编码分析闭环。通过将视觉信息处理认知过程迁移到深度学习领域，改进神经网络的结构和反馈机制，可有力推动类人脑 AI 的发展，从而推动视频编解码技术的进步。

4.4.3　全息显示

视频显示作为视频内容的最终展现手段,对于多媒体技术的发展也有重要的推动作用。先进的显示技术对采集、编码技术也提出了更高要求,其中,全息显示技术目前已在业内取得了较多进展。

4.4.3.1　全息技术的定义

全息技术的产生是为了解决传统平面显示设备带来的维度信息损失的问题,即使人眼偏离了设计的位置,也能够保证立体效果的真实显示。目前业内主要有以下几种全息技术。

1. 狭义的全息技术

在狭义的全息技术中,每个点都记录和恢复了所有方向的光信息,如典型的全息照相技术,其实现过程是利用光干涉原理将每个点的光方向和强度数据转换成可以通过显影记录的干涉条纹,并将感光介质曝光于透镜载体的表面,从而获得记录所有光信息的全息光栅,相当于在波长的尺度上记录光的信息。在恢复过程中,照射全息光栅以反向恢复光的原始方向和强度。

2. 感知全息技术

现在较先进的 XR 设备一般利用双目立体视差原理来实现 3D 效果。这种技术与典型的全息照相技术不同,该技术并没有记录和复原所有方向的光信息,而是利用左眼和右眼显示的内容偏差,让用户感受到虚拟的立体形象。一般称这种技术为感知全息技术。

要在 XR 设备上实现感知全息,从技术层面来说,主要需要近眼显示和计算机实时渲染两种关键技术。

1)近眼显示

近眼显示系统是增强现实设备的重要组成部分,它可以将虚拟的图像信息叠加到外部的真实环境中,也就是通过眼镜片似的透明镜片,模拟一定距离外的虚拟影像,让人眼看到虚拟影像。

2)计算机实时渲染

因为感知全息技术所显示的内容大部分是通过计算机制作的虚拟内容,所以空间捕捉、实时渲染、时延管理都是感知全息中重要的技术方向。例如,通过近眼 XR 设备,用户可以看到手上悬浮的物体,其影像不会随着用户的眼睛动作变化而变化,而是由计算机精确计算后加以控制的。

3. 伪全息技术

伪全息技术是另外一种比较常见的类全息平面投影技术,该技术也叫作全息投影。从严格意义上来说,它只是假借"全息"两个字的伪全息概念。伪全息技术无论在原理还是在工程实现上，都与前面提到的狭义的全息技术有着根本的不同。

伪全息技术其实就是使用半透半反的膜层，把平面显示器的内容反射到观察者眼中，所以也叫作类全息平面投影。

4.4.3.2　全息技术的发展

业内某公司实验室开发了一种技术，它完全复制了光线在现实世界中的表现方式，在没有实体物体的情况下，从许多不同的位置产生向不同方向辐射的光波阵，就会创造出该物体的真正全息再现。传统的立体图像无法做到这一点，因为其所有光线都来自一个平面，即每只眼睛中呈现的都是一个略微偏移的 2D 视点，它仍是图像，而不是物体。

从该技术的实现可以发现，为了有效地生成一个真正的全息物体，需要生成并控制数百亿甚至数千亿个波阵的方向和振幅，这些波阵相当于 2D 显示器上的像素。一个 4K 显示器有 830 万个像素，而一个最先进的 8K 显示器有 3300 万个像素。要达到真正的全息效果，每平方米内需要生成 100 亿个像素，成本会急剧上涨。最重要的是，一个场景中的所有波阵都要同时存在，就像在现实世界中一样，观察者的眼睛可以在任何时候聚焦于场景中的任意一点，未关注的区域会出现视网膜模糊。但是，要将现实世界中光的所有属性（反射、折射、衍射等）都完整地再现，在技术上存在着非常巨大的挑战。

全息技术一旦商用，将突破声、光、电的局限，具有巨大的商业价值。未来，随着全息技术的逐步成熟、相应材料的升级，以及其他技术的实现赋能，全息市场的大门将加速开启，更为丰富的全息显示应用将出现在人们的日常生活之中。

第**5**章

视频物联网传输技术

本章主要介绍视频物联网传输技术，由视频通信网络特性、视频通信传输网络、视频物联网传输关键技术组成。首先，分析视频信息的特点和视频传输网络特性，以及经典视频通信网络。其次，介绍电路交换网络、分组交换网络、下一代网络 IMS、4G 与 VoLTE、5G 与 VoNR 等视频通信传输网络。最后，分析信令协议、流媒体传输协议、新型网络计算架构等视频物联网传输关键技术。本章的内容旨在让读者对视频物联网传输技术既有总体的认识，又有对其技术细节的了解。

5.1 视频通信网络特性

网络是视频通信的桥梁。视频通信业务可以承载于不同的网络，从早期的公共电话网和窄带网（如 N-ISDN 等），再到现在经典的广播电视网、电信宽带网等，这些网络都可以成为视频通信业务的承载网络。但是，早期的公共电话网和窄带网最初只是设计用来承载电报、语音通信和传真等业务的，随着对视频通信的画质和音质清晰度的要求越来越高，其逐渐无法适应对视频通信的承载。随着通信网络技术的更新与发展，承载视频通信的网络从电路交换网络向接入简单、扩展性强及管理方便的 IP 网络演进，视频信息也越来越丰富。视频通信的媒体信息具备高带宽性、实时流式传输性、传输链路开放性等特点，对承载网络的带宽、稳定性和安全性等性能指标有了更高的要求。

5.1.1 视频信息的特点和视频传输网络特性

传统视频通信的主体只包含基本的音视频媒体信息，随着传输网络性能的不断提升及通信终端的多样化，现在的视频通信也包含了文字、图片和音频混排的页面内容等特质交互的视频信息（富媒体信息）。这些丰富的视频信息虽然可大大增强通信的感知性，但是也对传输网络的带宽、稳定性和安全性等性能指标提出了更高的要求。

5.1.1.1　视频信息的特点

常见的视频信息包含音频和视频两种信息，这两种信息的编码格式在第 4 章中已有详细的介绍，这里主要介绍与网络传输相关的内容。

音频主要包含比特率（单位时间内传送的数据比特数）和采样率（单位时间内从连续信号中提取并组成离散信号的采样个数）两个信息描述参数。比特率越高，即每秒传送数据越多，音质就越好；采样率越高，对声音的还原就越真实、自然。比特率越高意味着占用的网络带宽越大；主流的采样率通常有 8000Hz、11025Hz、16000Hz、22050Hz、24000Hz、32000Hz、44100Hz、48000Hz、50000Hz、96000Hz、192000Hz、2.8224MHz 等。在电话等需要进行传输的通信系统中，综合考虑传输带宽和传输效率，采样率常使用较低的 8000Hz 和 16000Hz。而在音频 CD、高清晰度DVD 等追求高质量音质的场景，则使用更高的 44100Hz～2.8224MHz 的采样率。一般说来，采样率越高，网络传输的比特率也会越大，相应占用带宽也会越大，通过采样率计算比特率的公式为比特率=采样率×位深×声道数。其中，位深即位深度，表示采样过程中对声音强度记录的精细程度，该数值越大，解析度就越高，录制和回放的声音就越真实；声道数是指支持能不同发声的音箱的个数，是衡量音箱设备性能的重要指标之一。

视频则主要包含码率、分辨率和帧率三个信息描述参数。码率是编码器每秒能编码的数据总量，常见单位为 kbit/s 和 Mbit/s，其直接体现在网络传输的带宽上，视频的码率越大，占用的带宽就越大。分辨率是指单位英寸中所包含的像素点数，可理解成图片的尺寸，与图像大小成正比：分辨率越高，图像越大；分辨率越低，图像越小。不同的宽高比下的分辨率数值不一样，常见的 HD 电视宽高比规格有 1280×720（720P）、1920×1080（1080P）、2560×1440（2K）和 3840×2160（4K）等。帧率是指每秒钟编码了多少个帧数据（FPS），帧率影响画面流畅度，与画面流畅度成正比：帧率越大，画面越流畅；帧率越小，画面越有跳动感。分辨率、码率与图像清晰度的关系：在码率固定的情况下，分辨率与清晰度成反比关系，即分辨率越高，图像越不清晰，分辨率越低，图像越清晰；在分辨率固定的情况下，码率和清晰度成正比关系，即码率越高，清晰度越高；码率越低，清晰度就越低。

其他富媒体信息，如文本、图片和音视频混排的页面信息，在互动型视频通信场景中经常使用，它们也会和音视频数据一起在通信过程中进行传输。这些附加信息数据量不大，也不像音视频媒体流式传输那样持续存在，往往是随机触发产生的，带有一定的随机性。

5.1.1.2　视频传输网络特性

在高清视频通信时代下，随着人们对音质和画质的清晰度要求越来越高，再加上其他特质交互多媒体信息的引入，通信过程所需要的网络带宽在成倍增长。由于视频通信的实时性决定了视频信息必须是流式传输的，因此视频通信中的音视频数据也称作流媒体。因为网络传输链路存在多种介质和路径等因素，会产生网络传输质量等方面的问题，所以流媒体在网络传输过程中必然存在时延、丢包和抖动等情况。下面介绍视频传输网络的传输带宽、传输时延、吞吐量、时延抖动这几种特性。

1）传输带宽

传输带宽指的是数据传输的速率，即比特率，也叫码率。对于流媒体的播放，尤其是视频部分来说，影响最大的因素就是传输带宽。如果传输带宽过低，使得数据传输下载的速率小于视频流播放的速率，那么在视频播放时将会出现停顿和缓冲现象，极大地影响视频的流畅性。为了保证视频的流畅性，在低传输带宽的条件下，只能选择低品质、低码流的视频进行传输，但这样又会影响到视频效果。所以，一个良好的传输带宽环境是获得高品质的流媒体观看体验的重要保证。不同的音视频编码格式、音频采样率、视频分辨率和帧率对传输带宽要求不一样，以视频传输为例，表 5.1 所示为几种常见视频格式的码流情况表。

表 5.1　几种常见视频格式的码流情况表

分 辨 率	帧 率	码 率	编 码 格 式	带 宽
848×480	15 FPS	1214 kbit/s	H.264	2 Mbit/s
1280×720	25 FPS	2496 kbit/s	H.264	4 Mbit/s
1920×1080	25 FPS	4992 kbit/s	H.264	8 Mbit/s

2）传输时延

传输时延由节点处理时延、排队时延、发送时延、传播时延四部分叠加组成。在进行音视频双向通话时，从自然应答的时间考虑，网络的点到点传输时延应在 100～400ms 之间，通常为 250ms，超过 400ms 的传输时延就会造成视频出现卡顿感。如果在视频通信中再加入其他交互式多媒体应用，系统对用户指令的响应时间也不能太长，一般不应超过 3s。若只是对视频通信进行存储或记录，则对传输时延没有严格要求。

3）吞吐量

吞吐量是单位时间内某个节点发送和接收的数据量，常用单位是 bit/s。吞吐量同时受制于传输带宽和传输额定速率。例如，对于 100Mbit/s 的以太网，其额定速率为 100Mbit/s，但这个数值只是该以太网吞吐量的绝对上限，其实际吞吐量可能只有 70Mbit/s。

4）时延抖动

传输时延的变化称为时延抖动。时延抖动容易造成丢包、网络拥塞等现象，在视频通信中造成很差的体验感。在实际应用时，经常在终端使用软、硬件技术对网络的时延抖动结合算法给予一定的补偿，但补偿的前提是需要使用缓存，这样就加大了端到端的传输时延。在综合考虑应用场景、缓存和传输时延三种因素的条件下，以下定量指标（补偿前的数值）可以作为参考。

（1）对于播放本地压缩的音视频文件，时延抖动不应超过 100ms。

（2）对于音视频通信，时延抖动不应超过 400ms。

（3）对于 HDTV，时延抖动不应超过 50ms。

（4）对于广播电视，时延抖动不应超过 100ms。

（5）对于会议电视，时延抖动不应超过 400ms。

（6）对于 VR、AR 等对传输时延有严格要求的应用，时延抖动不应超过 20ms。

5.1.2　经典视频通信网络

经典视频通信网络有三种：电信网、广播电视网和计算机网。电信网通常用于传统电话、电报及传真等服务；广播电视网通常用于各种电视节目；计算机网则提供快速便捷传输数据文件及查找获取各种数据资料的服务，包括声音、图像和视频文件等，也就是通常人们所说的上网业务。

电信网由通信运营商或专门机构建设并运营，定位为公用电信网，包括电报网、电话网、DDN（数字数据网）、帧中继网等。电信网为用户提供所有基本类型的通信业务，如传统电话、电报、音视频电话、电视会议及数据通信等。由于电信网是公用网，因此其连接覆盖的范围较广，可提供较广阔的服务范围，通过电信网可以和全球范围内大部分地方进行通信。电信网的结构是通过路由交换和分组交换实现不同用户之间的通信的，中继路由网与用户是点到点的连接，通信建立后为双方建立了一条端到端的通信链路。电信网比其他两种网络传输形式多，有光纤、微波、卫星等，其连接用户的主要线路是双绞铜线。

广播电视网也叫 CATV 网，简称广电，由广电公司建设并运营，提供包括电视、图文电视等内容的广播业务。早期的广电网采用模拟传输方式，是一种典型的模拟网络。广电网一般覆盖一个城市范围，各城市间通过微波或卫星转发，现在有些电视经营部门也铺设了城市间的光纤线路。广电网的结构采用树型拓扑结构，主干网相当于树的躯干，各用户相当于树的枝叶，每个用户信号资源基本上是均匀地由主干网分配的，每个用户获取到的信号内容也是一样的，类似于计算机网络中的广播。由于广电网的传输采用光纤和同轴电缆，因此可以说其是三种网络中宽带化程度最高的，但广电网还必须完成传输数字化工作，而且要兼容目前的模拟广播电视。在 20 世纪 90 年代末期，随着数字视频广播（Digital Video Broadcasting，DVB）标准的推出，广电网进入数字传输时代。DVB 标准的信源编码采用 MPEG-2 码流，信道编码在卫星无线传输中采用 QPSK（4 相相移键控调制），地面无线传输采用 COFDM（编码正交频分复用调制），有线传输采用 QAM（正交振幅调制），可以支持 2K、4K、8K 的广播宽带电视视频模式。

计算机网一般由各大公司通过组网技术自己搭建，通过组网技术，实现内部计算机资源互联互通的网络，计算机之间通过共享技术可以实现资源互访。计算机网的覆盖范围较小，往往一个公司、分公司或几台计算机就可以组成一个局域网。规模大些的城域网或广域网，则需要使用电信网的专线，将各个局域网连接起来。计算机网有多种拓扑结构，如总线型、环型等。在共享媒介的环境下，如果计算机网用户要访问计算机网内资源，不但需要共享媒介，还需要为每个计算机网用户分配唯一网络地址（如 IP 地址），这样接收端和发送端才可以根据这个网络地址来识别对方，确认对方的身份。现在的计算机网基本都使用交换技术，导致共享媒介网络正在逐步消失。在共享媒介网络中，只有无线局域网的发展还值得关注。计算机网采用的线路比较复杂，较多的仍是双绞线，分为屏蔽双绞线和非屏蔽双绞线，另外还有少部分计算机网采用细缆和光纤。

尽管有以上诸多不同之处，但是电信网、广电网和计算机网都努力向宽带化、综合业务化方向发展，三种网络的界限也越来越模糊，也就是人们常说的"三网合一"。

从视频通信业务方面来说，三种网络都有能力来支撑视频通信业务，但是在支撑方式和支撑能力等方面存在一定的区别，下面分别对其进行介绍。

5.1.2.1　电信网中的视频通信

电信网是利用电缆、无线、光纤或其他电磁系统传送、发射和接收电信号或电磁信号的网络，它由终端设备、传输链路和交换器三部分组成，是通过通信协议、传输信令和控制系统支撑运行的系统。

电信网中的视频通信硬件由具有编解码能力的终端设备（如智能手机、计算机、平板电脑等）、高速率传输链路和宽带交换器组成，通过集成软件或第三方软件来实现音视频实时双向传输。

电信网的视频通信在这里特指由电信运营商提供的移动终端视频电话功能。用户在电信运营商提供的 3G、4G 和 5G 等网络下（通常通信双方均为由同一家电信运营商提供的网络）才可正常进行视频通话。目前市场上常见的高清音视频 VoLTE 通话、VoNR 通话都是典型应用。VoLTE 是架构在网络中全 IP 条件下的基于 IP 多媒体子系统（IP Multimedia Subsystem，IMS）网络端到端的音视频解决方案，对电信运营商来说，推广 VoLTE 将带来两方面的价值提升：一方面是提升现网中的无线频谱利用率，实现降本增效；另一方面是提升用户体验，VoLTE 无论在接续时延还是在通话质量上的体验都明显优于传统语音和视频。

目前国内的几家主要电信运营商都已经提供了付费的高清音视频 VoLTE 通话业

务，其中，中国移动在 2014 年就开始发展 VoLTE 通话业务，发展步伐较快，相比其他电信运营商，其技术也较成熟稳定。早在 2014 年 2 月，中国移动就发布了下一代融合通信的白皮书，并重新定义 4G 时代的基础通信服务，对下一代融合通信技术提出具体要求，白皮书中定义的"新通话"就是以 VoLTE 为核心的提升用户通话质量和体验的通话。2017 年，在世界移动通信大会上海展期间，中国联通与爱立信、高通三方联合宣布，在全球范围内成功实现基于 eMTC(CAT-M1)VoLTE 功能的应用演示。2018 年 4 月，中国电信也开始在部分省份正式商用 VoLTE。

VoNR 是 5G 时代的超清视频通话应用，它延续了 VoLTE 架构，可支持更先进的 EVS 音频编码和 H.265 视频编码，提供更优质的音视频通话体验。截至 2022 年 5 月，移动、电信、联通三家运营商的 VoNR 业务都已进入推广商用或规模商用的阶段。

5.1.2.2　广电网中的视频通信

广电网是通过光缆或同轴电缆等媒介来传送广播电视信号到用户端的一种传输网络，它具有频带高、速度快、体量大、效率高、抗干扰能力强、接入方式灵活简单等优势，是国家信息高速公路的重要组成部分。

广电网支持双向通信，在技术上只需要将频带分割使用即可。例如，在频带中特别分出 10～50MHz 的频带作为用户向电台方向的传送频带，剩下的 70～250MHz 的频带则保留作为电台向用户方向的传送频带。目前广电网中应用较多的双向通信标准是有线电缆数据服务接口规范（Data Over Cable Service Interface Specifications，DOCSIS），该标准经历了 DOCSIS 1.0、2.0、3.0 三代。中国广电运营商基于 DOCSIS 3.0 创新提出了边缘同轴宽带接入技术，即 C-DOCSIS 技术，该技术继承了 ITU-T 中 J.122、J.222 系列协议的优良特性，可满足多业务运营需求。C-DOCSIS 可兼容 DOCSIS 1.0、2.0、3.0 标准设备，最高可支持 16 通道下行和 4 通道上行，下行带宽最大可达 800Mbit/s，上行带宽最大可达 160Mbit/s，性价比更高。

广电网的业务主要有三大类：基本业务、扩展业务、增值业务。视频通信属于其增值业务部分。目前广电网主要有 IP 电话、视频会议两种视频通信相关业务。IP 电话利用 VoIP 技术实现通话，相比传统电话，其价格更低廉，且通过技术大大降低了时延，提高了服务品质保证（Quality of Service，QoS）。该业务对传统的基于电路交换的电话业务产生了较大冲击，已经成为电信运营商的一个重要收入来源。利用广电网，通过专门信道和高效的传输协议，可以实现非常流畅的视频会议功能，实现点对点和多点之间有效的实时交流，达到传统技术下无法实现的视频效果。

除了以上视频通信业务，广电网的增值业务还包括远程教育、远程医疗、互联网安防和电视游戏等视频通信相关业务，这些业务也有巨大的发展空间。

5.1.2.3　计算机网中的视频通信

计算机网也称为计算机通信网，是指将物理上具有完全独立功能的多台计算机及其外部 I/O 设备通过网线连接起来，在操作系统、管理软件及通信协议的管理下，实现资源共享和信息传递的计算机系统。根据地理范围划分，计算机网可以分为局域网（LAN）、城域网（MAN）、广域网（WAN）和互联网（NET）四种。相对电信网和广电网，计算机网发展较快并起到核心作用。随着技术的发展，电信网和广电网都逐渐融入了计算机网，这就产生了"网络融合"的概念，即"三网合一"。

计算机网中的视频通信是计算机网的主要的应用之一。视频通信是采用视频通信协议，利用流媒体传输技术在传输链路之间传递流媒体数据的一种视频通信方式和通信业务，其实现了计算机与计算机、计算机与终端设备及终端设备与终端设备之间的流媒体数据传递，是继传统电报和电话业务之后的第三代通信业务。视频通信中传递的信息均是以二进制数据形式来表示的。在计算机网中，通过分布式处理和负载均衡等技术，可以大大提升视频通信的并发和质量，是目前多方视频通信（如会议系统等）的首选。

5.2　视频通信传输网络

下面将重点介绍几种视频通信传输网络，包括电路交换网络、分组交换网络、下一代网络 IMS，以及 4G、5G、6G 等网络。

5.2.1　电路交换网络

交换就是指端到端之间的数据交换，而电路交换网络（Circuit Switch Network，CSN）便是实现该过程的一种传输网络。电路交换的基本过程是先建立连接，再进行数据传输，直至数据销毁释放。电路交换网络就是基于交换单元，包含一条物理链路并支持单连接方式的网络。

电路交换包括三个阶段，即建立连接、数据传输、释放连接。以 A 端和 B 端进行通信为例，在 A 端拨打了 B 端的号码后，服务器收到该请求，就要寻找 B 端的地址。A 端到 B 端可能存在多条路径，根据相关算法，服务器会找到其中一条合适路径用于 A 端和 B 端建立连接，然后就可以进行数据交互。当双方有任意一方结束通信时，该连接被释放。

电路交换网络的优点：

（1）因为电路为用户独占，所以数据基本可以无障碍直达，时延极低。

（2）因为电路是物理链路，所以一旦连接建立，实时性强。

（3）因为电路交换都是按顺序发送数据的，所以不存在乱序问题。

（4）电路交换对模拟信号和数字信号都适用。

（5）因为电路中间交换处理很少，所以对路由设备、交换器等的要求较为简单。

电路交换网络的缺点：

（1）相对计算机通信，其建立连接耗时较大。

（2）因为电路为用户独占，所以两端不发送数据或数据较少时，链路利用率低。

（3）在通信过程中，难以进行差错控制，不支持不同规格终端间的通信。

（4）可靠性不高，若某端的交换连接出现问题，则无法动态改变路由。

5.2.2 分组交换网络

现在的宽带综合业务网络采用的就是分组交换网络，它是报文交换的一种特殊方式。分组交换也叫作包交换，其功能主要是将长报文数据进行分段，形成等长的数据段。每个数据段包含源地址、目的地址、序列号等报文头信息，采用数据存储转发的传输方式逐个发送出去。

分组交换网络的优点：

（1）分组交换加快了报文的发送速度。因为分组发送是可以并行的，所以这种并行方式大大缩短了传输时间。

（2）分组交换降低了缓存区的大小要求。因为数据段很小，所以对同样的报文数据，其缓存区要求也变小了，并且其数据段大小一致，缓存处理也更为简单。

（3）分级交换降低了数据出错概率。因为分组交换将将报文分成了多个数据段，所以数据出错的概率也就大大降低，进而也会降低出错后重新传输数据的数量。

（4）分组交换更适用于优先级策略。在有应急数据需要优先传输时，因其分组的性质，可以让优先级更高的数据段先传输。

分组交换网络的缺点：

（1）因为分组交换可以动态改变路由，并且存在优先级策略，所以其对路由要求会更高，需要处理很多相对复杂的情况。

（2）由于每个数据段都加上了源地址、目的地址、序列号等报文头信息，增加了一定比例的数据量，因此降低了数据使用效率。发送和接收数据都需要对报文头信息进行处理，增加了复杂度和处理时间。

（3）分组发送容易出现乱序、失序、重复等现象，增加了处理难度，每个节点都需要对序列进行编排，增加了耗时。

对于大数据量发送，以及传输数据所用时间远大于呼叫连接时间的情况，电路交换网络更有优势；对于通信路段由多链路组成，发送数据较小，单用户链路会存在空闲等情况，分组交换网络优势更加明显。两种交换网络对比图如图 5.1 所示。

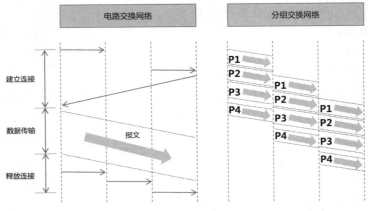

图 5.1   两种交换网络对比图

5.2.3   下一代网络 IMS

在 2G/3G 时代，移动语音通话业务的唯一实现方式是电路交换（Circuit Switch，CS）技术，由于该技术具有商业级的 QoS 保证，能提供非常优秀的语音通话质量，因此该技术也叫 CS 语音通话业务。在进入 4G 时代后，基于 IMS 的 VoLTE 诞生了，这是移动话音通话业务的新实现方式，并在 2G/3G 逐步淘汰后，成为主流的移动语音通话业务实现方式。

IMS 是新一代网络标准，即 IP 多媒体子系统，该标准兼容原有基于电路交换的 CS 域，并能将相关业务转移到基于分组交换的 PS 域中。IMS 中有众多网元，各自功能不同。IMS 网络系统架构图如图 5.2 所示。

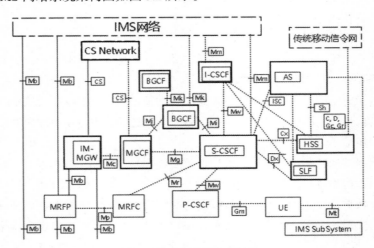

图 5.2   IMS 网络系统架构图

下面介绍 IMS 中核心网元的功能。

1）HSS 和 SLF

归属签约用户服务器（Home Subscriber Server，HSS）用来存储用户相关数据，包括位置、鉴权、授权、用户资料及分配的 S-CSCF。签约位置功能服务器（Subscriber Location Function，SLF）与 HSS 一起工作，用于网络中有多个 HSS 的情况。

2）I-CSCF、P-CSCF、S-CSCF

CSCF（Call Session Control Function，呼叫会话控制服务器）是控制层实体，其基本功能是负责多媒体呼叫控制，根据不同网络中的特点和细分功能，进一步划分为代理、查询和会话服务 CSCF。代理 CSCF（Proxy-CSCF，P-CSCF）是拜访网络的入口，用户在 IMS 中首先遇到的网元就是 P-CSCF，其主要负责寻找用户归属网络、协议转换、安全防护、认证等功能，该网元将用户的 SIP 请求转到用户的归属网络，相当于代理的 SIP 服务，其他功能还包括执行拜访网络的 QoS 策略等。查询 CSCF（Interrogating-CSCF，I-CSCF）是归属网络的入口，当拜访网络进入归属网络时，第一个遇到的网元就是 I-CSCF。它的主要任务是通过 HSS 查询用户所属的 S-CSCF 位置，再向 S-CSCF 转发用户请求。I-CSCF 在 IMS 中是可选网元，用户请求也可以由 P-CSCF 直接向 S-CSCF 转发。I-CSCF 还要负责多个 S-CSCF 的负载均衡，支持防火墙功能，也可以为计费业务完成一些功能。S-CSCF（Server-CSCF，会话服务控制功能）是 IMS 的核心所在，负责最主要的会话控制和注册请求。在归属网络中，一般会设置多个 S-CSCF 网元以负责所有的会话控制功能，这样设计的好处是会话可以统一处理，不会受限于拜访网络。

3）AS

业务平台或应用服务器（Application Server，AS）部署在归属网络中，它主要负责不同的业务逻辑存储，对应不同的业务触发以便提供相应的服务，S-CSCF 会根据不同的规则选择不同的 AS。

电信运营商一直将电话服务视为与数据传输服务（主要是互联网接入服务）并列的两大服务之一。事实上，电信网起始阶段就是一个电话网络，其唯一提供的服务就是电话服务。后来，电信网进入了综合业务时代，也可以提供数据承载业务。然而，在技术实现方面，其有两个相对独立的网络分别提供语音和数据服务。

在 4G 时代，IMS 开启了将电信运营商电话服务与数据宽带服务共享 IP 承载网络的先河。但是，这并不代表电话服务将在互联网上与无数 OTT 应用程序（如 OTT 语音）竞争网络资源。

虽然同一网络（IP 承载网络）在接入时是共享的，但服务网络是完全独立的。OTT 应用程序在互联网上运行（移动终端对应互联网的 APN，如 CMNET），而承载 VoLTE 的 IP 网络完全独立于互联网（对应移动终端上的不同 APN，如 IMS），这种网络通常被称为 IMS 网络。IMS 网络与互联网完全独立，是一种专用网络，但全球移动运营商的 IMS 网络是互联的，所以 IMS 网络也是一种全球性网络。同样作为全球性网络，IMS 网络的路由优化和可靠性保障比互联网要好得多。

当前人们已进入 5G 时代，5G 中非常重要的部分就是新空口（New Radio，NR）技术，即一种新的 5G 无线接入技术。尽管 LTE 是一项很强大的技术，但是 5G 的一些需求是 LTE 无法满足的。LTE 的发展起始于十几年前，在这十几年间又出现了很多更加先进的技术，为了满足这些技术需求，3GPP 开始指定一种新的无线接入技术，即新空口技术。VoNR（Voice over NR）将是 IMS 网络下一代无线技术的实现者。

IMS 网络是发展成熟的 IP 网络，可以支持控制面信令及媒体面的视频媒体传输，且具有电信级的 QoS 保障，网络覆盖范围广，也适合作为视频物联网的承载网络。基于 IMS 的视频物联网架构可以分为视频物联设备感知层、网络接入层、IMS 承载层、视频物联应用层。第一层视频物联设备感知层由各类视频感知设备组成，是视频物联网的"眼睛"和"触手"，可实现对视频、音频、地理位置、温度等系列环境信息的采集，同时可通过控制信令远程控制设备，如播放告警提示、消防喷淋、开锁等操作。第二层网络接入层为视频物联设备感知层提供网络接入及网络管理，实现控制信令和视频媒体的实时高效传输，其接入网络有很多种，如 WLAN、VoLTE、VoNR、卫星等无线接入，以及宽带光纤、电话线等有线接入。第三层 IMS 承载层是视频物联网的核心，其通过呼叫会话控制服务器（I-CSCF，P-CSCF，S-CSCF）、归属签约用户服务器（HSS）、多媒体资源网元（MRF）、媒体控制服务器（MGCF）提供鉴权、业务交换、QoS 保障等功能，可支持多种接入网络的对接，并向上对接视频物联应用层。第四层视频物联应用层为视频物联网业务提供功能服务，包括 AS、数据库、超大规模存储系统、终端管理系统、组织关系管理系统等。

5.2.4 4G 与 VoLTE

4G 是一种移动网络通信技术，其发展开始时间是 2013 年 12 月 4 日。它是继 GSM、GPRS 和 3G 之后的第四代移动网络通信技术，其提升了移动通信宽带速度和流量，出现了量变达到质变的效果，可以将很多以前不可能的事情化为可能，如移动直播，只需要一部智能手机就能随时随地进行直播、短视频制作等，这都是 4G 带来的变化。

4G 之所以能成为全球支持度最高的通信技术之一，是因为其宽带具有高负载、传输速度快、时延很低的特点，且其频谱在高频率时利用率高。在全球的共同建设下，4G 已经覆盖全球大部分通信网络。与 3G 相比，4G 具有技术先进、传输速率高、频率使用经济的特点。这种演进关系也反映在从 3G 到 4G 的升级模式中，3G 基站可以通过简单的设备顺利过渡并升级到 4G，客户很难感受到升级过程。

VoLTE 是一种基于 4G 的音视频通话业务，即 Voice over LTE。提起 VoLTE，很多人第一反应就是打电话的时候不断网，其实这只是 VoLTE 的功能之一。VoLTE 能提供更短的接通时间、更高的 QoS 质量和更好的语音通话保证，可支持高清视频通话业务。VoLTE 是由 3GPP、GSMA 和其他国际标准组织在 LTE（长期演进）阶段提出的语音解决方案。用户通过 LTE 接入 IMS 网络，IMS 网络提供语音服务，这是一种 IP 数据传输技术，它不需要 2G/3G 网络，所有业务均在 4G 网络上进行，可在同一网络下实现数据和语音业务的统一。VoLTE 基于 IMS 网络可以集成多个现有的固定移动网络，其具有语音传输时延小、传输带宽高、视频多媒体业务集成等特点。

之所以 VoLTE 会成为运营商的选择，是因为运营商承担着普及社会服务的义务、互联互通的责任，以及为政府和企业客户提供安全、有 QoS 保障的语音服务的重要任务。运营商语音传输模式的选择往往取决于需要互联的其他运营商的选择，他们需要遵循统一的国际标准。中国移动是国内 VoLTE 商用步伐最快的运营商，在 VoLTE 业务的基础上还推出 RCS（Rich Communication Suite）属性，增加群聊、文件共享、个人配置等功能，带来"新三网"的用户体验。VoLTE 通过 LTE 网络作为业务接入，业务控制通过 IMS 网络实现。

5.2.5　5G 与 VoNR

关于第五代移动通信技术（5G）的讨论在 2012 年就已经开始。这个术语最早是指特定的、新的无线接入技术。后来 5G 也常被描述为未来移动通信技术的应用场景。5G 的特点是超高的频率和频宽，比 4G 速率快 10～100 倍，非常适用于物联网，是万物互联的基石，具有更低的时延，满足如远程手术、智能交通管理、远程驾驶、虚拟现实等一些高实时性要求的操作。

5G 的三类服务：增强移动宽带通信（eMBB）、海量机器类通信（mMTC）、超可靠低时延通信（URLLC）。

eMBB 就是在现有的移动宽带通信服务基础上，进一步提升终端用户的数据传输速率和流量。

mMTC 是指支持海量终端的服务，如一些数量大的小型探测器、记录仪、机械手、设备监控等。这类服务非常适用于工业化应用场景，可使大型工业智能化成为可能，提高生产效率。

URLLC 是指要求时延极低和可靠性极高的服务，如远程手术、远程驾驶、智能交通管理、工业自动化等。

这三类服务并未囊括 5G 所有的服务方向，只是规范技术规范和需求定义，给 5G

的应用提供样例。

尽管 LTE 技术非常强大，但其并不能完全满足 5G 的需求，所以 3GPP 制定了一种新的空口技术，即 NR，并在 2015 年秋天的一次研讨会中确定了 NR 的范围，其第一版标准于 2017 年完成。NR 借用了 LTE 的架构和功能，但是作为新的空口技术，NR 不需要考虑前后兼容问题，并且使用范围更大，解决方案也大有不同。5G 的架构其实承袭自 4G，只支持分组交换，不支持电路交换，即 5G 核心网本身无法提供语音业务服务，而必须依赖 IMS 网络。VoNR 基于 5G 新空口 NR 技术和 5G 核心网（5GC），并和 4G 一样使用 IP 分组网络承载音视频通信业务，4G 在 IMS 支持下的语音业务是 VoLTE。目前国内已经广泛支持 VoLTE。如果 5G 不支持 VoNR，那就只能依靠 4G 支持的 VoLTE，甚至依靠 3G 和 2G 支持的电路交换语音业务进行兜底。根据网络部署模式，5G 可分为非独立组网（Non-Standalone Access，NSA）和独立组网（Standalone Access，SA）两类。根据 5G 是否支持 VoNR，以及 4G 是否支持 VoLTE，语音业务分为以下多种方案。

NSA 模式下的语音业务：

在 NSA 模式下，5G 被称作辅节点，作为 4G 的流量补充，并不直接参与语音功能，由于所有语音功能都能由 4G 完成，因此 5G 就都不支持 VoNR。

若 4G 支持 VoLTE 功能，则直接进行语音，在信号不好的时候通过单无线语音呼叫连续性（Single Radio Voice Call Continuity，SRVCC）切换到 3G 或 2G。

若 4G 不支持 VoLTE 功能，则在拨打电话的时候就会直接回落到 3G 或 2G，这个功能称作 CS Fallback，即电路交换回落。

SA 模式下的语音业务：

在 SA 模式下，5G 的语音方案比较复杂。总体流程是，优先使用 5G 支持的 VoNR。若 5G 不支持 VoNR，则回落到到 4G 支持的 VoLTE；若 4G 也不支持 VoLTE，则由 3G 或 2G 进行兜底，总共有以下 4 种场景。

场景 1：5G 支持 VoNR，直接在 5G 上接通电话。在 5G 信号不好的时候切换到 4G 支持的 VoLTE。如果用户在 4G 信号不好的地方，那么还可以通过 SRVCC 切换到 3G 或 2G。

场景 2：5G 支持 VoNR，直接在 5G 上接通电话。在 5G 信号不好的时候，若 4G 信号也不好，则直接由 5G 通过 SRVCC 切换到 3G，5G 到 3G 的 SRVCC 在 3GPP R16 版本中进行标准化。既然能从 5G 切换到 3G，那么是否需要支持 5G 切换到 2G 呢？答案是否定的。一般情况下，3G 的覆盖面已经足够广泛，用于兜底已经足够，而且距离 2G 退网也不远了，2G 已经不值得再花钱投资。

场景 3：5G 不支持 VoNR，则在打电话的时候先通过 EPSFB（EPS Fallback）回落到 4G 支持的 VoLTE，在 4G 信号不好的时候再通过 SRVCC 切换到 3G 或 2G。

场景 4：5G 不支持 VoNR，则在打电话的时候先通过 EPSFB 回落到 4G，如果 4G 也不支持 VoLTE，那么只能再次通过 CSFB 回落到 3G 或 2G 来打电话。

在以上 4 个场景中，手机在通话时其网络状态有一定概率会从 5G 转化为 4G，还有一定概率会从 4G 转化为 3G 或 2G。在通话结束之后，如果手机网络状态继续保持在 3G 或 2G，对于习惯了 5G 和 4G 的高速率的用户，3G 和 2G 的"龟速"是不可接受的，因此需要尽快让手机返回能力最强的网络，这个过程就叫作快速返回。

VoNR 是继 VoLTE 之后新一代基于 IMS 网络的通信技术，与 VoLTE 相比其通话体验有极大提升。首先是接通时延降低，VoNR 可以大大缩短等待回铃音的时间，"拨打即秒通"的超低接通时延使用户的拨打体验更佳；其次是音质提升，VoNR 全面支持 EVS（Enhance Voice Services）编码格式，带来超高清语音，EVS 编码最高可支持 48KHz 采样，可完全覆盖人耳听觉的频率范围，真正实现无损级语音和音乐音频信号传输；最后是画质提升，VoNR 分辨率可达 720P，比 VoLTE 的 480P 提升一个等级，即使在大屏设备上也可进行清晰呈现。在全球移动通信产业发展浪潮的推动下，5G 和 VoNR 正在快速普及，可为用户提供更加优质的通信服务。

5.2.6　6G 传输网络

当前 6G 正处于孕育初期，预计于 2030 年左右投入商用，其愿景还在规划确定中，全球各国和各类通信联盟组织都在积极地进行 6G 前沿技术的研究和探索。下面仅介绍两种目前较为被认可的 6G 技术——确定性网络和触觉互联网。

5.2.6.1　确定性网络

1. 确定性网络的概念和基本特征

以太网诞生于 20 世纪 70 年代，虽然与日新月异的 IT 技术相比显得有些久远，但由于其网络连接机制简单、带宽可不断扩展提高并且具有可扩展性和兼容性，因此被广泛使用。目前，以太网能支撑各行各业多样的应用。

全球移动数据流量评价报告显示，截至 2020 年，全球 IP 网络接入设备量达 263 亿台，其中工业和机器设备量达 122 亿台，约占总接入设备量的一半。高清和超高清互联网视频流量约占全球互联网流量的 60%。传统以太网"尽力而为"（Best-Effort）的传输数据方式在视频传输、机器通信、移动终端访问等业务激增的情况下，带来大量的拥塞崩溃、数据分组时延、远程传输抖动，只能将端到端时延减少到几十毫秒。但许多新兴业务，如智能驾驶、无人驾驶、车联网、智慧交通、工业控制、智慧农业、智能服务、远程手术、VR 游戏等，需要将端到端时延控制在几微秒到几毫秒，若将端对端时延控制在微秒级，则可靠性控制为 99.9999%以上。因此，迫切需要建立一种可提供"准时、准确"数据传输服务质量的新一代网络。

确定性网络（Deterministic Networking，DetNet）是在以太网的基础上为多种业务提供端到端确定性服务质量保障的一种新技术。确定性 QoS 可以提供"准时、准确"数据传输服务质量，其通过低时延（上限确定）、低抖动（上限确定）、低丢包率（上限确定）、高带宽（上下限确定）、高可靠（下限确定）等 QoS 特性确保数据传输服务质量。

确定性网络是由网络提供的一种特性，这里的网络指的是主要由网桥、路由器和 MPLS 标签交换机组成的"尽力而为"的分组网络。确定性网络有以下几个基本特征。

1）时钟同步

确定性网络可以使用 IEEE 1588 精确时间协议，将所有网络设备和主机内部时钟同步到 10ns～1μs 的精度。

2）零拥塞丢失

拥塞丢失是网络节点中输出缓冲区的统计溢出，是"尽力而为"网络中丢包的主要原因，而确定性网络可以实现零拥塞丢失。

3）超可靠的数据包交付

"尽力而为"网络中丢包的另外一个重要原因是设备故障。确定性网络可以增加路径，复制序列数据流，通过多个路径发送序列数据流的多个副本，在目的地或附近处消除副本，从而实现超可靠的数据包交付。

4）与"尽力而为"服务共存

确定性网络中优先级调度、分层 QoS、加权公平队列等现有"尽力而为"服务仍然按照其惯常的方式运行。

2．确定性网络技术

确定性网络技术目前主要包括灵活以太网（Flexible Ethernet，FlexE）、确定性网络、确定性 Wi-Fi（Deterministic Wi-Fi，DetWi-Fi）、5G 确定性网络（5G Deterministic Networking，5GDN）、时间敏感网(Time-Sensitive Networking，TSN)、DIP（Deterministic IP）等技术。

在确定性带宽保障方面，确定性网络通过 FlexE 技术实现业务速率和物理通道速率的解耦，提供比传统以太网更加灵活的带宽颗粒度，支撑高速大端口 400GE、1TE 等演进，通过灵活的网络切片，支持带宽资源弹性灵活的分配和保障。

在保证确定性时延方面，确定性网络在链路层的确定性技术上采用全网时钟/频率同步机制，通过门控优先级队列将时延敏感流和"尽力而为"流隔开；在网络层的确定性技术方面，采用基于时隙的门控优先级队列调度机制，从时间或空间上将时延敏感流隔开。通过这两项技术，网络端口可不发生排队或具有有界的排队时延。

在无线确定性方面，确定性网络通过 5G 子载波、特殊帧结构等高可靠通信技术、网络切片技术、低时延技术和边缘计算技术等，实现 6 个 9（99.9999%）以上的确定性连接可靠性、确定性连接带宽保证、端到端确定性连接控制。

3．确定性网络的未来展望

确定性网络还处于新兴阶段，需要技术与产业渐进式发展与融合。依托 DIP、DetNet、TSN、DetWi-Fi、5GDN 构建人、物、应用的确定性连接；依托 DIP、FlexE、DetNet、TSN 构建确定性的承载网；依托 DIP、DetNet 构建确定性的骨干网与城域核心网络，实现局域、广域、有线、无线确定性网络深度集成，带来产业变革式发展，助力产业和服务业网络化和智能化升级，大幅提升产品质量、服务质量，实现产品和服务定制化，形成"确定性网络+"的发展新篇章。

5.2.6.2　触觉互联网

1．触觉互联网的概念和基本特征

触觉互联网（Tactile Internet，TI）的概念由德国德累斯顿技术大学的 Fettweis 教授提出。2014 年 3 月，Fettweis 教授在 *IEEE Vehicular Technology Magazine* 独立发表的论文 "The Tactile Internet：Applications and Challenges" 中，阐述了触觉互联网的动因、概念、应用和挑战。2014 年 8 月，国际电信联盟的技术观察报告概述了触觉互联网的潜力，探讨了其在工业自动化和运输系统、医疗保健、教育和游戏等应用领域的前景。

下一代移动网络（NGMN）联盟将触觉互联网定义为通过互联网远程提供对真实或虚拟对象以及物理触觉体验的实时控制的能力。国际电信联盟将触觉互联网定义为一种超低时延与极高可用性、可靠性、安全性相结合的网络基础设施。

相较于传统网络信息传输，触觉互联网还具有动作控制和技能传输功能，通过传输和反馈触觉控制信息实现精细的动作控制，通过与实际或虚拟的操控对象进行远程实时交互实现技能传输。

"实时感知"和"同步动作（或控制）"是触觉互联网的基本特征。通过以触觉捕捉、触觉信息编码、触觉传递和触觉重现为主的传输路径，可实现毫秒级响应的触觉交互，完成对物体的远程控制、诊断和服务。

2．触觉互联网的特点

触觉是人类对外界的一种感觉，是使用触摸和本体感觉的感知和操纵。本体感觉是指身体各部位的相对位置和运动中使用的力量的感觉。从原则上讲，人类所有感官都可以与机器互动，而实现和增强互动的技术将支持触觉互联网。触觉互联网可以通过触觉反馈实现触觉交互。触觉反馈不仅包括视听交互，还包括可以实时控制的机器人系统。

触觉互联网的特点：超低时延、高可用性、高可靠性和高安全性。这里对其超低

时延和高可靠性进行简述。

超低时延：触觉互联网技术系统的响应时间必然需要和人类自然反应时间相匹配。一般情况下，触觉互联网需要满足 1ms 以内的端到端时延。当然，不同的应用有不同的时延要求。

高可靠性：在触觉互联网系统中，许多关键任务将被远程执行，需要 5G 作为底层网络基础设施，通过现行网络的高可靠性，以及廉价的边缘基础设施来实现扩展。

在网络边缘，物联网和机器人将启用触觉互联网，内容和数据将通过 5G 传输，通过移动边缘计算实现用户触觉体验。触觉互联网在自动化、机器人、远程执行、AR、VR 和 AI 等应用领域都将发挥重要作用。

5.3 视频物联网传输关键技术

除了为视频信号的传输提供网络载体，视频物联网传输还需要很多的关键技术，本节将介绍以信令协议、视频媒体传输协议为代表的视频物联网传输关键技术。信令协议用于会话协商等呼叫控制，媒体传输协议用于音视频媒体实时传输，一个音视频通信会话的实现，通常需要先使用信令协议协商会话、约定传输通道及媒体类型，然后再使用媒体传输协议进行流媒体传输。视频物联网组成的传输网络包含许多网元，如用户代理、注册服务器、代理服务器等网元，每个网元都有各自的功能和任务，如会话通信的两端一般为用户代理，一个会话从主叫用户代理客户端发起，经过代理服务器发送给被叫用户代理服务器，代理服务器充当信息传递的中转站。

5.3.1 信令协议

信令协议一般用于视频信号传输的协商会话、约定传输通道、媒体类型等，常见的视频信号传输信令协议有早期的 H.323 和当前核心网中使用的 SIP，以及支持自定义的协议，如 XMPP、RPC、WebTransport 等。

5.3.1.1 SIP

SIP 是应用层控制协议，在多媒体通信中使用，用来建立、修改和终止多媒体会话，可用于双方（单播）或多方（多播）。在设计上，SIP 借鉴互联网基于文本的协议，更强调灵活性、可扩展性，其每一个会话的内容可以是不同的媒体类型。

SIP 中包含的实体概念如下。

（1）用户代理（User Agent，UA）：SIP 的端点，即软电话、手机等 SIP 终端，用于发起和接收会话。根据主叫或被叫定位，用户代理可分为用户代理客户端（User Agent Client，UAC）和用户代理服务器（User Agent Server，UAS）。主叫方充当发起呼叫的用户代理客户端，被叫方充当响应呼叫的用户代理服务器。

（2）代理服务器（Proxy Server）：用于用户代理客户端和用户代理服务器之间传递信息的中转，如会话请求及相关响应等。

（3）重定向服务器（Redirect Server）：用于指示用户代理客户端连接的新地址。

（4）位置服务器（Location Server）：为代理服务器和重定向服务器等提供用户代理信息。

（5）注册服务器（Registrar Server）：接受用户的注册请求，并在位置服务器中保存相应注册信息。

SIP 消息大致可分为请求类消息和响应类消息，往往由用户代理客户端发出请求类消息，用户代理服务器接收该消息后，回送响应类消息。SIP 消息结构与 HTTP 结构类似，由三部分组成，即请求行（请求）/状态行（响应）、消息头、正文。

请求行包含 SIP 定义的方法信息，常见的基本方法有以下 6 种。

（1）REGISTER：注册联系信息。

（2）INVITE：发起请求。

（3）ACK：对 INVITE 的最终响应。

（4）CANCEL：取消请求。

（5）BYE：终止请求。

（6）OPTIONS：查询服务器和能力。

状态行包含状态码信息，表示对请求的响应状态，状态码可分为以下 6 种。

（1）1xx：临时响应，表明呼叫进展。

（2）2xx：成功响应，表明请求已被成功接收。

（3）3xx：重定向响应，表明请求需要转到另一个用户代理服务器处理。

（4）4xx：客户机错误，由于客户端或网络而引起的请求失败。

（5）5xx：服务器错误，表示服务器出现错误。

（6）6xx：全局性错误，表示任何服务器都无法完成该请求。

所有 SIP 消息都包含消息头，这里仅简单列举 6 个消息头中必须包括的头域。

（1）Call-ID：区分不同会话的唯一标识。

（2）CSeq：区分同一会话下的不同事务。

（3）From：表明请求的发起者。

（4）To：表明请求的接收者。

（5）Max-Forwards：用于表示该请求最多可以传送多少跳，默认跳数为 70。

（6）Via：用于描述请求经过的路径。

为了能使会话建立，通信双方需要协商确定统一的媒体能力以交换数据，这个过程称为媒体协商。协商时使用的媒体能力由会话描述协议（Session Description Protocol，SDP）来描述。

结合上述内容，SIP 基本呼叫流程如图 5.3 所示。

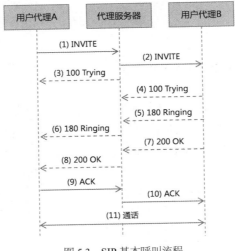

图 5.3　SIP 基本呼叫流程

（1）用户发起呼叫，用户代理 A 向代理服务器发送 INVITE 信息。

（2）代理服务器在 INVITE 消息中的 Via 字段插入自身地址，并向用户代理 B 传递此 INVITE 消息。

（3）代理服务器向用户代理 A 回送 100 Trying，表明正在处理呼叫。

（4）用户代理 B 向代理服务器回送 100 Trying。

（5）用户代理 B 振铃，并向代理服务器发送 180 Ringing。

（6）代理服务器向用户代理 A 转发 180 Ringing。

（7）呼叫接听后，用户代理 B 向代理服务器回送 200 OK，表示连接成功。

（8）代理服务器向用户代理 A 转发 200 OK。

（9）用户代理 A 向代理服务器发送 ACK，表示确认。

（10）代理服务器向用户代理 B 转发 ACK。

（11）双方完成通信建立，开始通话。

5.3.1.2　XMPP

可扩展消息与存在协议（Extensible Messaging and Presence Protocol，XMPP）用于传递小型结构化数据。由于 XMPP 基于可扩展标记语言（XML），因此其相比其他即时消息（IM）更为灵活且易于扩展，常用于即时通信、视频会议等系统。

XMPP 中的 XML 数据流包括开始元素、XMPP 节和其他顶级元素、结束元素等，其中，XMPP 节构成了该协议的核心部分。

XMPP 网络是 C/S 架构，即在两个客户端通信时，消息通过服务器进行传递，其组成实体包括 XMPP 客户端、XMPP 服务器及网关。其中，XMPP 服务器是 XMPP 网络的通信系统，大部分的任务，如客户端信息记录、连接管理、XMPP 节的路由，均在 XMPP 服务器上完成。为能够与其他即时通信系统互联互通，提高网络的灵活性和可扩展性，XMPP 增加了网关来进行相关协议的转换。XMPP 客户端与 XMPP 服务器通过 TCP 进行通信、解析 XML 信息包。

标识符（Jabber Identifier，JID）用于标识 XMPP 网络结构中的实体，不同实体的标识符具有唯一性。一个有效的标识符由三个部分组成：域、节点和资源。其中，域是可解析的 DNS，服务器的标识符通常仅由域组成；资源部分会标识一个特定客户端的 XMPP 连接，每个连接均被指派一个资源。

核心 XMPP 工具集由三个 XMPP 节组成，分别是<presence>、<message>和<iq>，下面分别对其进行介绍。

<presence>用于表示用户的状态，包含网络实体的可访问性信息，如 online、away、dnd（请勿打扰）等。该状态只有用户的订阅者可以获取，由 XMPP 服务器完成状态获取等相关工作。当用户改变自身状态时，XMPP 中插入一个<presence>元素，来表明当前状态。

<message>用于承载两个通信实体之间传递的信息，该信息可以是任何类型的结构化信息。

<iq>为 XMPP 提供请求及响应机制。相对于<message>来说，请求-响应机制由于要求收到请求后回应，因此具有更好的通信可靠性，<iq>的主要属性是 type，包括：①get，用于请求信息；②set，用于设置或替换 get 查询的值；③result，请求的响应；④error，错误信息。

5.3.1.3　RPC

远程过程调用协议（Remote Procedure Call Protocol，RPC）用于分散在不同计算机上的程序或进程之间的通信及调用，即以透明的方式通过网络从远端计算机程序上请求服务。

RPC 采用的是客户端-服务器模式，其完整架构由客户端、客户端存根、服务器及服务器存根四个核心组件构成。客户端进行服务调用，服务器进行服务提供。另外，服务器的地址信息保存在客户端存根处，客户端存根还负责打包客户端请求参数并发送。客户端传递消息的接收及解析在服务端存根处进行，之后会调用本地服务进行处理。RPC 工作流程图如图 5.4 所示。

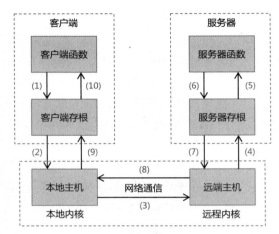

图 5.4　RPC 工作流程图

（1）客户端通过本地调用方式发送调用请求。

（2）客户端存根收到调用请求后将方法、参数等信息序列化，调用本地内核发送消息。

（3）消息发送到远端主机。

（4）服务器存根收到消息并进行解码。

（5）服务器存根根据解码结果调用相关服务。

（6）执行结果返回给服务器存根。

（7）服务器存根将结果序列化，调用远程内核发送网络消息。

（8）消息发传到本地主机。

（9）客户端存根接收消息并进行解码。

（10）客户端得到需要的相关结果。

RPC 广泛应用于分布式系统相关的程序设计、环境搭建，如远程数据库服务、进程间通信等。目前开源的 RPC 框架比较多，如 Google 的 gRPC、Facebook 的 Thrift 及阿里集团的 Dubbo 等。

5.3.1.4　WebTransport

在介绍 WebTransport 框架之前，为了便于理解，先对 HTTP/2、HTTP/3、QUIC 等相关传输协议的概念进行梳理。

HTTP/2 于 2015 年发布，其基于 SPDY，致力于提升网络传输性能。相比于 HTTP/1，HTTP/2 放弃了纯文本形式的报文，转而采用二进制格式传输数据，便于接收方进行高效的解析。为了不再对相同的数据进行重复请求和响应，HTTP/2 会对之前发送的必要数据进行存储，以便提高效率。另外，由于有了二进制分帧，在 HTTP/2 中多个帧之间可以乱序发送，因此在单个连接之上，数据流双向传输且数量任意，实现了多路复用，对性能有很大提升。

　　虽然解决了很多之前旧版本的问题，但 HTTP/2 的底层是 TCP，在发生丢包时仍然存在队头阻塞问题，而且若使用 HTTP，则在 TLS 进行安全传输时存在两个握手时延，影响更加严重。考虑到这些问题，Google 开发了基于 UDP 的 QUIC，让 HTTP 运行在 QUIC 之上的 HTTP over QUIC，即 HTTP/3，该协议真正解决了队头阻塞问题。

　　基于 UDP 的 QUIC 大大提升了发送和接收数据的速度。另外，QUIC 在 UDP 基础上增加了数据包重传、拥塞控制等 TCP 中存在的特性，来保证数据传输的可靠性。和 TCP 不同，QUIC 在同一物理连接上拥有多个独立的逻辑数据流，实现了数据流的独立传输，解决了 TCP 中队头阻塞的问题。

　　WebSocket 于 2008 年诞生，于 2011 年成为国际标准，该协议与 HTTP 最大的不同是，WebSocket 实现了客户端与服务器的双向通信，即服务器可以主动向客户端推送信息，避免了效率低下、浪费资源的轮询方式。HTTP/2 虽然引入了 Server Push（服务器推送），但它并不允许将数据推送到客户端应用程序本身，而仅能推送到客户端缓存，由浏览器处理。在需要客户端和服务器之间低时延甚至接近零时延的连接时（如需要确保所有玩家同步的大型多人在线游戏场景），WebSocket 负载较少，具有天然的双向能力，优势较为明显。

　　WebRTC 是 Web 实时通信技术，支持两个浏览器之间进行实时语音对话或视频通话等数据传输。WebSocket 可为 WebRTC 负责信令通道相关内容的传输。

　　在一些如云游戏等对实时性有极高要求的应用场景中，客户端需要与服务器进行双向的数据传输。现有的 WebRTC 由于最初被构建为 p2p 通信协议，在建立连接之前需要进行 SDP 信息的协商，会话启动难度较高，通信过程过于复杂，因此不适用于这些场景。而像之前提到的队头阻塞问题，WebSocket 也难以解决，WebTransport 就是针对这样的情况而提出的。WebTransport 协议栈如图 5.5 所示。

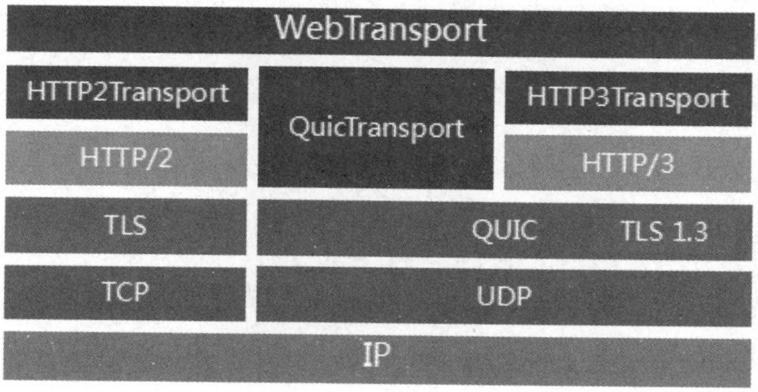

图 5.5　WebTransport 协议栈

可以看出，WebTransport 主要建立在 UDP 和 QUIC 之上，可以提供低时延的、客户端与服务器端之间的双向通信能力。由于其基于 QUIC 和 HTTP/3，因此自动获得了两者本身的特性，可以避免队头阻塞，是 WebSocket 很好的替代。

目前 Google 已经在 WebTransport 方面做了很多工作，不过相关代码功能还在测试当中。

5.3.1.5　H.323

H.323 是比 SIP 更早的多媒体通信的应用层控制协议，用于实现音视频及数据通信。H.323 是一组协议栈，能控制多个参与者在 IP 分组交换网络上参加的多媒体会话的建立及结束。在设计上，H.323 依托传统电话信令模式，侧重兼容性。另外，H.323 也能对数据传输中的带宽、传输媒体类型、媒体编解码格式等进行修改。

H.323 协议栈如图 5.6 所示，其主要由媒体传输模块、数据会议模块和信令控制模块组成。媒体传输模块由包含 G.711、G.729 等编解码协议的音频及包含 H.261、H.263 等编解码协议的视频两部分构成，为保证数据传输的实时性，该模块还包含了在 UDP 之上的实时传输协议（RTP），以及它的控制协议（RTCP）。数据会议模块主要由建立在 TCP 上的 T.120 和 T.38 协议族构成。信令控制模块包含 H.245 媒体控制信令、H.225.0 呼叫信令等。

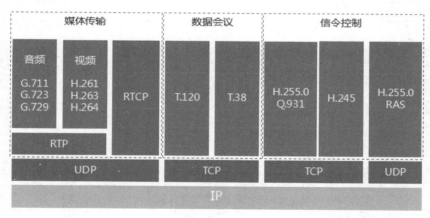

图 5.6　H.323 协议栈

H.323 网络组件由网关、网守、多点控制单元（Multipoint Control Unit，MCU）及终端等设备组成。终端是通信的端点，可产生、接收媒体流及信令。网关主要用于不同协议之间的转换。网守向 H.323 终端提供地址解析、接入控制、带宽控制、域管理等服务，当网络中存在网守时，两个终端必须经过网守的认证才能进行通信。MCU 支持三个或三个以上的终端之间的多点会议，主要负责多方会话。

典型的 H.323 通信过程可分为呼叫建立、呼叫控制建立、媒体信息传输及呼叫释放四个步骤，在呼叫控制建立过程中完成通信双方的能力协商，并在呼叫释放时断开双方的呼叫连接，从网守中退出。

由于 H.323 是基于电信网信令和协议制定的 IP 多媒体标准，其与传统 PSTN 电话网兼容较为容易，比 SIP 更适合构建电信级的大型网络，因此在企业级应用中已占有大部分市场。

5.3.2　流媒体传输协议

在音视频通信领域，音视频数据的网络传输一般采用流媒体技术。流媒体技术是一种多媒体数据网络传输和处理的新技术，是指将音视频及三维媒体等多媒体数据经过特定的处理算法压缩成 IP 数据包，从流媒体服务器向用户终端设备按照一定的顺序进行实时传输。流媒体技术采用流媒体传输协议实现，流媒体传输协议用来管理传输会话并负责音视频帧数据的打包、拆包及接收和发送。目前流媒体技术包含众多的协议，既存在传统流媒体传输类型协议，又存在流媒体循序渐进下载、自适应流媒体传输类型协议，主要包括 RTP/RTCP、RTSP、RTMP、SRT、HTTP-TS、HTTP-FLV、HLS/LL-HLS、MPEG-DASH 等。流媒体传输协议栈如图 5.7 所示。

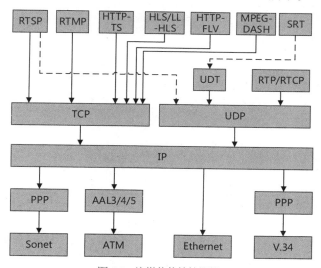

图 5.7　流媒体传输协议栈

5.3.2.1　RTP

实时传输协议（Real-Time Transport Protocol，RTP）是一种广泛应用于多媒体数据（音视频数据）实时传输的互联网多媒体传输协议，由 Internet 工程任务组（The Internet Engineering Task Force，IETF）作为 RFC1889、RFC3550 发布。RTP 运行于

TCP、UDP 之上，对数据传输的实时性要求比较高的数据传输应用场景宜采用 RTP，如音视频通信、视频监控、视频直播等实时数据传输应用场景。作为应用层的 RTP 一般采用 UDP 作为其下一层传输层协议来传输数据，同时，在同一个媒体会话内，多个不同类型的媒体数据流（音频数据、视频数据、文件数据等）在不同的 UDP 端口上进行区分传输，这样可以保持每个媒体流传输过程的独立性，能够提高数据传输的可靠性。RTP 其实是一种非可靠的传输协议，其提供了时间戳、数据包序列号及其他的数据字段用于控制适时数据的流放，本身只保证实时数据的传输，并不能为数据包按照传输顺序提供可靠的传送机制，也不能提供流量控制或拥塞控制的功能，在实际应用中需要配合 RTCP 一起使用。

　　RTP 虽然是传输层协议，但它在 OSI 体系结构中没有作为单独的一个协议层来实现。RTP 通常基于具体的应用来提供服务，如 SIP 通信服务、RTSP 实时点播服务等具体应用服务。RTP 只提供协议框架，开发者可以根据具体的应用服务要求对协议进行适当的扩展。RTP 的报文结构如图 5.8 所示。

```
 0                   1                   2                   3
 0 1 2 3 4 5 6 7 8 9 0 1 2 3 4 5 6 7 8 9 0 1 2 3 4 5 6 7 8 9 0 1
+-+-+-+-+-+-+-+-+-+-+-+-+-+-+-+-+-+-+-+-+-+-+-+-+-+-+-+-+-+-+-+-+
|V=2|P|X|  CC   |M|     PT      |       sequence number         |
+-+-+-+-+-+-+-+-+-+-+-+-+-+-+-+-+-+-+-+-+-+-+-+-+-+-+-+-+-+-+-+-+
|                           timestamp                           |
+-+-+-+-+-+-+-+-+-+-+-+-+-+-+-+-+-+-+-+-+-+-+-+-+-+-+-+-+-+-+-+-+
|           synchronization source (SSRC) identifier            |
+=+=+=+=+=+=+=+=+=+=+=+=+=+=+=+=+=+=+=+=+=+=+=+=+=+=+=+=+=+=+=+=+
|            contributing source (CSRC) identifiers             |
|                             ....                              |
+-+-+-+-+-+-+-+-+-+-+-+-+-+-+-+-+-+-+-+-+-+-+-+-+-+-+-+-+-+-+-+-+
```

图 5.8　RTP 的报文结构

RTP 的报文字段含义表如表 5.2 所示。

表 5.2　RTP 的报文字段含义表

字　　段	长度/bit	含　　义
版本（V）	2	RTP 版本，当前版本为 2
补齐位（P）	1	补齐标志位，若该位置为 1，则在该报文尾部填充一个或多个额外的数据补齐八位组（长度为 8bit），填充的额外八位组非有效载荷；若该位置为 0，则该报文尾部不进行额外填充
扩展位（X）	1	若该位置为 1，则在 RTP 报头后跟有扩展报头；若该位置为 0，则无扩展报头
CSRC 源数（CC）	4	定义本报文包含的 CSRC 源的数目
标志（M）	1	标记位，在不同的协议中有不同的用途，具体用途由具体协议规定

续表

字　段	长度/bit	含　义
负较类型（PT）	7	RTP 数据包的有效载荷值，不同编码的有效载荷值不同，如 PCMA 编码的音频数据有效载荷值为 8
序列号（SEQ）	16	RTP 数据包序列号。序列号的初始值是随机的，每发送 1 个 RTP 数据包，序列号加 1，主要用于检测丢包和重建 RTP 数据包序列
时间戳（Timestamp）	32	RTP 数据包采样的时间戳。时间戳的起始值是随机的，后续值随发送的 RTP 数据包序号递增
SSRC	32	RTP 报文发送者的唯一标识，用于识别 RTP 报文发送者。标识符随机生成，若 RTP 报文发送者要改变本身的源传输地址，则必须选择新的 SSRC
CSRC 列表	0~480	0~15 段，每段为 32bit，定义包中的 CSRC 列表个数由前面的 CSRC 源数决定，最多有 15 个 CSRC 列表可定义，由混合器用多个 CSRC 定义符插入

当 RTP 应用程序开启一个 RTP 会话时，使用两个端口：一个端口为 RTP 端口，一个端口为 RTCP 端口。RTP 被定义为在一对一或一对多的传输应用场景下工作，提供数据流时间数据和支持实现数据流的同步，但 RTP 不支持保证及时可靠的交付机制，该机制必须由底层系统来保证。RTP 通常使用 UDP 来传送数据，虽然 TCP 比 UDP 可靠，但 TCP 的数据重传机制很容易导致数据报文的传输时延，并且数据重传会导致网络拥塞，影响实时流媒体的实时性。RTP 以固定的数据率在网络上发送数据流，客户端也是按照这种速度播放数据流的。当数据流播放后，就不能再重复播放，除非客户端重新向服务器端要求发送数据。

通过 RTP 发送的数据包在数据发送端的发送过程中，按照数据包生成顺序，从数据报文的底层到顶层，依次添加 IP 报文头数据、UDP 报文头数据、RTP 报文头数据、应用层负载数据，被添加封装的完整的数据包通过 IP 网络发送到接收端。接收端按照相反的顺序依次获取各层报文数据，获取 RTP 报文数据后，分析 RTP 报文数据，依次获取 RTP 报文中各协议字段的值，如 RTP 版本、RTP 媒体数据的负载编号（负载类型，如 8 代表 PCMA 等）、RTP 媒体数据时间戳和包序列号、RTP 媒体数据等。接收端根据这些数据重构 RTP 媒体数据的完整音视频数据帧，再调用相应的音视频解码器解码播放。同时，接收端利用 RTCP 反馈控制分析接收数据包的时延、丢包率等音视频传输 QoS 数据，RTCP 根据这些数据周期性地向发送端返回 RTCP 控制包，以检验接收数据的正确性，并使发送端根据当前网络拥塞状况，对输出码率做出自适应控制。

5.3.2.2　RTCP

实时传输控制协议（Real-Time Transport Control Protocol，RTCP）定义在 RFC3550

中，RTCP 与 RTP 同时使用，RTCP 是 RTP 的完善部分，为 RTP 提供流量控制和拥塞控制服务。

为保证多媒体数据传输的可靠性，在 RTP 会话期间，各会话参与者向会话中的其他参与者周期性地发送 RTCP 包，RTCP 包中包含 QoS 数据，主要包括其接收到的 RTP 流的传输的字节数、传输分组数目、最大序列号、丢包数目、媒体流的抖动情况、单向和双向网络时延等数据。会话中的参与者根据 RTCP 数据对服务质量进行实时控制，以及对网络状况进行相应的诊断。为保障多媒体数据传输的质量，会话中的参与者利用这些 QoS 数据动态地改变数据的输出速率和传输速率，甚至改变有效载荷类型，来提高 QoS 质量。

RTCP 报文字段含义表如表 5.3 所示。

表 5.3　RTCP 报文字段含义表

字　段	长度/bit	含　义
版本（V）	2	RTCP 版本号，当前版本为 2
补齐位（P）	1	8bit 位倍数补齐标识，若该位置为 1，则在单一报文中尾部填充额外数据补齐八位组
报告统计数（RC）	5	指明包含在包内的接收报告块的个数
报文类型（PT）	8	RTCP 报文类型
长度（Length）	16	长度值为 RTCP 报文长度减 1，以 32bit 为单位

RTCP 报文类型表如表 5.4 所示。

表 5.4　RTCP 报文类型表

报文编码	报文类型	含　义
192	FIR	Full INTRA-frame Request，关键帧请求
193	NACK	Negative Acknowledgement，否定认可
195	IJ	Extended Inter-Arrival Jitter Report，Jitter 报告
200	SR	Sender Report，发送者报告
201	RR	Receiver Report，接收者报告
202	SDES	Source Description，源描述项
203	BYE	Goodbye，参与者结束会话
204	APP	Application-Defined，应用自定义
205	RTPFB	Transport Layer FB Message，传输层反馈
206	PSFB	Payload-Specific FeedBack，Payload 反馈

RTCP 报文 205、206 详细说明表如表 5.5 所示。

表 5.5　RTCP 报文 205、206 详细说明表

报文编码	子编码	类型	含义
205	1	NACK	Negative Acknowledgement，否定认可
205	3	TMMBR	Temporary Maximum Media Stream Bit Rate Request，临时最大媒体流码率请求
205	15	TW	Transport-Wide RTCP Feedback Message，输带宽反馈消息
206	1	PLI	Picture Loss Indication，图像丢失指示
206	2	SLI	Slice Lost Indication，片丢失指示
206	3	RPSI	Reference Picture Selection Indication，参考帧丢失指示
206	4	FIR	Full Intra Request Command，完整帧请求
206	5	TSTR	Temporal-Spatial Trade-off Request，时空交换请求
206	6	TSTN	Temporal-Spatial Trade-off Notification，时空交换响应
206	7	VBCM	Video Back Channel Message，视频后向信道消息
206	15	AFB	Application layer FB Message，应用层反馈消息

　　RTCP 报文由公共头报文和结构化的报文内容构成，报文内容的长度根据 RTCP 报文类型（RTCP 公共头部中的 Payload 值）的不同而有所不同。SR 和 RR 报文在配合对 RTP 的数据传输拥塞控制和音视频同步中较为常用。现以 SR 报文为例，分析 RTCP 报文的具体格式内容。

　　SR 报文由三部分组成，分别是 RTCP 公共报文头、RTP 发送报告信息和 RTP 接收报告信息。SR 报文格式说明表如表 5.6 所示。

表 5.6　SR 报文格式说明表

V	P	RC	PT	Length	公共报文头 8Byte
SSRC 同步源 32bit					
NTP 时间戳高位 16bit					发送报告信息 20Byte
NTP 时间戳低位 16bit					
RTP 时间戳 32bit					
RTP 已发送报文数据包总计数 32bit					
RTP 已发送报文字节总计数 32bit					
SSRC_1（第 1 个 RTP 发送源标识符号）32bit					接收报告信息块 1
RTP 数据包丢失率 8bit		RTP 数据包丢失累积数 24bit			
接收报告的扩展最高 RTP 序列号 32bit					
间隔抖动 32bit					
最近发送的 SR 时间（LSR）32bit					
LSR 时间差（DLSR）32bit					
……					……
SSRC_n（第 n 个 RTP 发送源标识符号）32bit					接收报告信息块 n
……					

SR 报文开始的 8Byte 即 RTCP 公共报文头部分，第 2 个字节开始即 SR 报文的详细信息。

发送报告信息包括以下内容：SSRC 为 32bit，是 RTP 发送者的同步源标识；NTP 时间戳为 64bit，指明该 SR 报文发送时的绝对网络时间；RTP 时间戳为 32bit，与 NTP 时间戳时间一致，但必须与 RTP 报文中的时间戳有着相同的时间单位和相同的随机偏移；RTP 已发送报文数据包总计数为 32bit，是从 RTP 会话开始至该 SR 报文产生过程中 RTP 发送源端发送的 RTP 数据包的总数目，若改变 SSRC，则该段重置，从 0 开始重新计数；RTP 已发送报文字节总计数为 32bit，是从 RTP 会话开始至产生该 SR 报文过程中 RTP 发送源端在 RTP 数据包中发送的有效载荷字节数总数目。

接收报告信息块 SSRC_n（源标识）为 32bit，是接收报告信息块中所属源的 SSRC 标识；RTP 数据包丢失率为 8bit，是从此次 RTP 会话传输开始，在整个过程中，前一个 SR 或 RR 报文发送以来所丢失的 RTP 数据包占源 SSRC_n 所发送的 RTP 数据包总量的比例；RTP 数据包丢失累积数为 24bit，是从此次 RTP 会话传输开始，在整个过程中所丢失的源 SSRC_n 发送的 RTP 数据包总数；接收块的扩展 RTP 最高序列号为 32bit，是从 RTP 数据源 SSRC_n 接收到的 RTP 最高序列号；间隔抖动为 32bit，是 RTP 数据包间隔时间内抖动的统计评价，以时间戳为单位；最近发送的 SR 时间（LSR）为 32bit，是上一个 SR 报文 NTP 时间戳的中间 32 位。LSR 时间差（DLSR）为 32bit，表示源 SSRC_n 收到的最后一个 SR 包与发送该接收报告信息块之间的时间，若还没有收到 SR 报文，则此段设为零。

RTCP 的 RR 报文格式与 SR 报文格式基本相同，RR 报文类型为 201，二者的区别是 RR 报文不包括 SR 报文中的发送报告信息部分内容，RR 报文由 RTP 数据包的接收端发出，主要的作用是为了向 RTP 数据包的发送端反馈 RTP 数据包的接收质量，从而使 RTP 数据包发送者能及时地进行服务质量调整。

5.3.2.3　RTSP

实时流协议（Real Time Streaming Protocol，RTSP）是一种控制流媒体数据在 IP 网络上的发送，同时提供用于对音视频流的"VOD 模式"远程控制的功能流媒体控制协议，如对实时播放的音视频数据进行暂停、播放、快进、快退和进度定位等控制操作，由 IETF（Internet 工程任务组）作为 RFC 23260 发布。RTSP 作为应用层协议，依靠底层 TCP 进行数据传输，其体系结构位于 RTP 和 RTCP 之上。

RTSP 结构类似于 HTTP，采用纯文本信息标识协议内容。与 HTTP 不同的是，RTSP 是有状态的协议，支持 RTSP 的服务端和客户端都需要维护状态一致的状态机。RTSP 的默认端口号为 554，用户可以自定义 RTSP 服务端口。RTSP 报文由请求行、头域行和消息主体三部分组成，其分为两大类：请求报文和响应报文。

1）请求报文

请求报文是指 RTSP 客户端向 RTSP 服务端发送的请求报文消息。RTSP 请求消息报文的语法结构如图 5.9 所示。

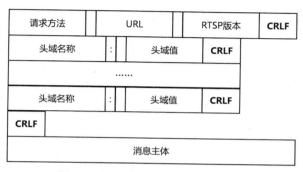

图 5.9　RTSP 请求消息报文的语法结构

请求行包括请求方法、URL、RTSP 版本和回车换行符（CRLF）。其中，RTSP 报文请求方法一般包括 ANNOUNCE、OPTIONS、DESCRIBE、SETUP、TEARDOWN、PLAY、PAUSE、RECORD 和 REDIRECT 等；URL 是指提供 RTSP 服务的地址，类似 HTTP 服务的 URL 地址，如"rtsp://192.168.1.100/live"的 RTSP 版本为"RTSP/1.0"；CRLF 表示回车换行，位于每个消息行的后面，用于分割每行消息，头域行与消息主体之间需要两个 CRLF，即最后一个头域行后面有两个 CRLF。RTSP 请求报文的常用请求方法详细说明表如表 5.7 所示。

表 5.7　RTSP 请求报文的常用请求方法详细说明表

控 制 命 令	方　　向	必 要 程 度	说　　明
ANNOUNCE	C->S/S->C	可选	S->C 表示对媒体会话描述信息进行更新；C->S 表示将媒体会话描述信息发送到服务器
DESCRIBE	C->S	可选	客户端从服务器查询媒体会话描述信息，一般采用 SDP 描述媒体会话信息
OPTIONS	C->S	必要	客户端询问服务器所支持的请求方法，查询服务器的服务能力
SETUP	C->S	必要	请求服务器分配资源，开启 RTSP 会话，协商媒体流的发送采用的协议（UDP 或 TCP），以及媒体流的发送地址
PLAY	C->S	必要	在 SETUP 响应成功后，客户端发送 PLAY 请求传输媒体流数据
PAUSE	C->S	可选	暂停媒体流数据的传输

续表

控 制 命 令	方 向	必 要 程 度	说 明
RECORD	C->S	可选	依据 SETUP 的响应,对指定的媒体流数据在服务器端进行录制存储
TREARDOWN	C->S	必要	终止 RTSP 会话,服务器释放资源
REDIRECT	S->C	可选	要求客户端重定向,重新请求到新的 RTSP 服务器上

2)响应报文

响应报文是指服务器返回给客户端的应答消息。图 5.10 所示为 RTSP 响应报文的语法结构。

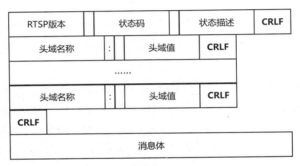

图 5.10　RTSP 响应报文的语法结构

响应报文的状态行包括 RTSP 版本、状态码、状态描述和 CRLF。和请求报文一样,RTSP 版本为"RTSP/1.0";状态码表示请求消息的执行结果,通常用一个数值表示,该数值为 200 时表示成功;状态描述是指与状态码对应的文本解释原因,描述此次请求执行的结果成功或失败的初步原因。当请求执行的结果成功时,状态描述内容为"OK"。

与请求命令对应,表示请求命令的执行状态也有多种类型,状态码通常用一个数值表示请求消息的执行结果,大体上可以分为 5 类,如表 5.8 所示。

表 5.8　RTSP 状态码说明表

状 态 码	说 明
1XX	请求处理中:已收到请求,正在处理中
2XX	请求被成功处理:请求被成功接收和理解,并被接受
3XX	请求被重定向:要完成请求必须进行进一步操作,请求被要求重定向到其他服务器上处理
4XX	客户端请求有误:客户端发送的请求有语法错误或无法实现
5XX	服务器端不能处理请求,服务器内部出错:服务器无法满足请求

RTSP 客户端与 RTSP 服务端采用 RTSP 交互流程,如图 5.11 所示。

图 5.11　RTSP 交互流程

（1）RTSP 客户端发起 OPTION 请求，可在任意时刻发起，目的是为了查询 RTSP 服务端能支持的请求方法。

（2）RTSP 服务端对 OPTION 请求做出响应，回复服务端能支持的请求方法，一般有 OPTION、DESCRIBE、SETUP、PLAY、PAUSE、TEARDOWN 等方法。

（3）RTSP 客户端发起 DESCRIBE 请求，主要是为了获取请求的 RTSP 资源的 SDP 信息（会话描述信息），主要包括媒体类型（Video、Audio）、媒体协议（RTP/UDP、RTP/TCP）、媒体编码类型格式（RTP For H.264、PCMA、OPUS）等信息。

（4）RTSP 服务端对 DESCRIBE 请求做出响应，即回复 SDP 信息，包含媒体类型、媒体协议、媒体编码类型格式等信息。

（5）RTSP 客户端发起 SETUP 请求，设置会话属性，包括客户端接收端口、传输方式(组播、单播)、传输协议。

（6）RTSP 服务端对 SETUP 请求做出回应，包含协商后的传输方式、服务端的 IP、客户端接收端口、服务端的端口及唯一的会话标识号（Session ID）。

（7）RTSP 客户端发起 PLAY 请求，该请求中包含播放开始时间。

（8）RTSP 服务端对 PLAY 请求做出回应，包含 RTP 包信息、序列号（Seq No）及时间戳（TS）等，然后向 RTSP 客户端发送 RTP 包（H.264 视频的 RTP 负载或音频数据负载）。

（9）RTSP 客户端发起 TEARDOWN 请求，该请求的作用为结束会话，释放会话中使用的资源。

（10）RTSP 服务端对 TEARDOWN 请求做出回应，结束该会话，释放会话中使用的资源。

5.3.2.4 RTMP

实时消息传送协议（Real Time Messaging Protocol，RTMP）是 Adobe 公司开发的用于 Flash 播放器和服务器之间音视频数据传输的实时媒体协议，其为工作在 TCP 之上的明文协议，默认使用端口 1935。RTMP 的主要功能是对需要传输的数据进行切分、打包和传输，可支持的数据类型有视频、音频和脚本数据等。RTMP 对不同数据类型规定了不同的优先级，在实时通信领域方面，音频数据流比视频数据流在通信环境方面要求更高。由于 RTPM 对不同类型的数据流采取不同的优先级传输，RTMP 规定音频数据流的优先级比视频数据流的优先级高，而脚本数据流的优先级处于音频数据流和视频数据流之间，因此 RTMP 广泛应用于实时音视频领域，如视频直播等场景。

RTMP 采用 C/S 模式，客户端与服务端之间音视频的播放过程主要经过四个阶段：握手阶段、连接阶段、创建流阶段、音视频播放阶段，如图 5.12 所示。

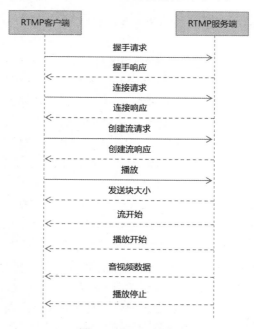

图 5.12·RTMP 模式

（1）RTMP 客户端与 RTMP 服务端建立 TCP 连接后，双方进入握手阶段，RTMP

客户端与 RTMP 服务端分别发送大小固定的三个数据块，如图 5.13 所示。

a）握手阶段开始，RTMP 客户端发送 C0 和 C1 数据块到 RTMP 服务端。RTMP 服务端收到 C0 数据块后，向 RTMP 客户端发送 S0 和 S1 数据块。

b）RTMP 客户端收到来自 RTMP 服务端的 S0 和 S1 数据块后，开始发送 C2 数据块到 RTMP 服务端。RTMP 服务器端收到来自 RTMP 客户端的 C1 数据块后，开始向 RTMP 客户端发送 S2 数据块。

c）当 RTMP 客户端和 RTMP 服务端分别都收到 S2 和 C2 数据块后，双方的握手正式完成。

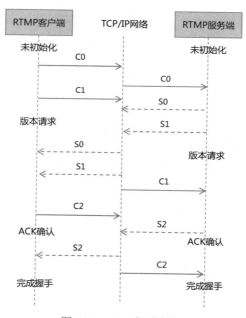

图 5.13 RTMP 握手阶段

（2）RTMP 客户端与 RTMP 服务端完成握手后，进入连接阶段，建立网络连接（NetConnection），如图 5.14 所示。

a）RTMP 客户端与 RTMP 服务端完成握手后，RTMP 客户端发送连接请求消息"连接"（connect）到 RTMP 服务端，请求与 RTMP 服务端的一个应用程序建立连接。

b）RTMP 服务端接收到连接请求消息后，向 RTMP 客户端发送确认窗口大小（Window Acknowledgement Size）协议响应消息，同时连接到"连接"请求中指定的应用程序。

c）RTMP 服务端发送带宽设置响应消息到 RTMP 客户端。

d）RTMP 客户端处理带宽设置响应消息后，发送确认窗口大小（Window

Acknowledgement Size）响应消息到 RTMP 服务端。

e）服务端发送用户控制消息中的"流开始"（Stream Begin）请求消息到 RTMP 客户端。

f）RTMP 服务端发送响应消息中的"结果"（_result），通知 RTMP 客户端连接的状态是否成功。

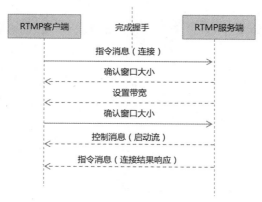

图 5.14　RTMP 连接阶段

（3）RTMP 客户端与 RTMP 服务端完成连接后，进入创建流阶段，建立网络流（NetStream），如图 5.15 所示。

a）RTMP 客户端与 RTMP 服务端完成连接后，RTMP 客户端发送命令消息中的"创建流"（createStream）命令到 RTMP 服务端。

b）RTMP 服务端接收到"创建流"（createStream）命令后，发送命令消息中的"结果"（_result），通知 RTMP 客户端流的创建结果状态。

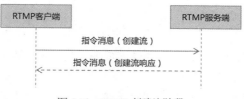

图 5.15　RTMP 创建流阶段

（4）RTMP 客户端与 RTMP 服务端完成创建流后，进入音视频播放阶段，如图 5.16 所示。

a）RTMP 客户端与 RTMP 服务端完成创建流后，RTMP 客户端发送命令消息中的"播放"（play）命令到 RTMP 服务端。

b）RTMP 服务端接收到 RTMP 客户端的播放命令后，向 RTMP 客户端发送"设置块大小"（ChunkSize）消息。RTMP 客户端接收到"设置块大小"（ChunkSize）消息后，按照该设置块大小处理 RTMP 服务端发送的音视频数据。

　　c）RTMP 服务端向 RTMP 客户端发送用户控制消息中的"streambegin"，告知 RTMP 客户端音视频的流 ID。

　　d）若播放命令执行成功，则 RTMP 服务端向 RTMP 客户端发送命令消息中的"响应状态"（NetStream.Play.Start & NetStream.Play.Reset），告知 RTMP 客户端播放命令执行成功的结果。

　　e）RTMP 服务端发送音频和视频数据到 RTMP 客户端，RTMP 客户端按照上述协商中提供的参数，对接收到的音视频数据进行处理播放。

　　RTMP 客户端与 RTMP 服务端交互的报文消息主要为 C0/S0、C1/S1、S2/C2 握手报文消息，其他三个阶段交互的报文消息为 RTMP 消息。

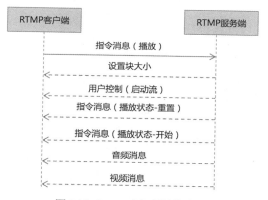

图 5.16　RTMP 音视频播放阶段

1）握手报文消息

C0/S0 由 1byte 数据组成，图 5.17 所示为 C0/S0 报文格式。

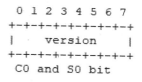

图 5.17　C0/S0 报文格式

　　version（1Byte）：版本信息。在 C0 报文中，该字段标识 RTMP 客户端当前采用的 RTMP 版本号。在 S0 报文中，该字段标识 RTMP 服务端采用的 RTMP 版本号。现阶段广泛采用的 RTMP 版本号是 3。RTMP 客户端与 RTMP 服务端在协商通信过程中需要确认双方采用的协议版本信息，如果 RTMP 服务端无法识别 RTMP 客户端采用的 RTMP 版本号，那么应该回复版本号 3，RTMP 客户端可以选择降低到版本号 3，或者选择终止握手过程。

C1/S1 报文长度为 1536Byte，其报文格式如图 5.18 所示。

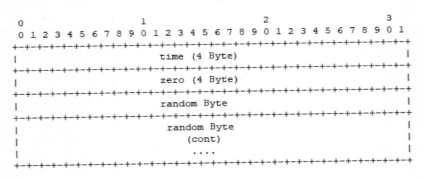

图 5.18　C1/S1 报文格式

time（4Byte）：时间戳，RTMP 客户端标识所有数据流块的时刻值。时刻值（时间戳）的取值可以为零或任意值。为了同步多个数据流块，RTMP 客户端一般设置多个数据流块采用相同的时刻值。

zero（4Byte）：该字段默认必须为零。

random（1528Byte）：该字段为随机任意数据。为了在握手过程中区分另一端，防止与其他握手端混淆，该字段填充的数据值必须足够随机。

C2/S2 报文长度为 1536Byte，作为 C1/S1 报文的响应数据报文，其报文格式如图 5.19 所示。

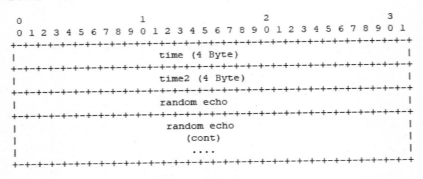

图 5.19　C2/S2 报文格式

time（4Byte）：该字段为对端发送的 C1 和 S1 中的时间戳。

time2（4Byte）：该字段为时间戳，其含义为 RTMP 接收端接收到对端发送过来的 C1/S1 报文的时刻。

random（1528Byte）：该字段为对端 C1/S1 报文中发送过来的随机数据。握手的双方可以使用 RTMP 发送端时间戳与 RTMP 接收端时间戳的时间戳差值来粗略估算网络连接的带宽时延。

2）RTMP 消息

RTMP 中基本的数据单元为消息（Message）。RTMP 消息由消息头部和消息块两部分组成。

（1）消息头部。消息头部由消息类型号（Message Type ID）、消息长度（Payload Length）、消息所属媒体流编号（Stream ID）和消息的时间戳（Time Stamp）四部分组成。消息头部结构如图 5.20 所示。

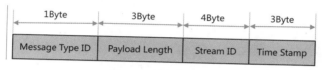

图 5.20　消息头部结构

消息类型号用于标识不同种类的消息。不同的号码标识代表不同的消息功能。目前 RTMP 中规定了十几种消息类型。其中，消息类型号为 1～7 的消息为 RTMP 本身的协议控制类型消息，通常情况下用户无须关心该类消息。消息类型号为 8 的消息表示当前消息传输的数据为音频数据，消息类型号为 9 的消息表示当前消息传输的数据为视频数据。消息类型号为 15～20 的消息用于发送经过 AMF 编码的控制命令，其提供 RTMP 服务端与 RTMP 客户端之间的播放、暂停等交互控制功能。

（2）消息块。在 RTMP 中，数据在网络上传输时，由于单个消息长度过长，整个消息会被拆成等长的更小数据单元，即消息块。消息块头部（Chunk Header）由标记本数据块头部（Chunk Basic Header）、标记本数据块所属消息（Chunk Message Header）和消息时间戳（Extended Timestamp）三部分组成。消息块所属的消息类型不同，消息块头部的长度也不同。消息块结构如图 5.21 所示。

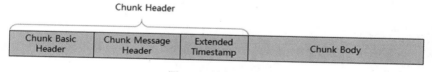

图 5.21　消息块结构

分块是指将整个消息的负载部分（Message Body）分割成固定长度的数据块和剩余数据长度的数据块（默认长度为 128Byte，最后的数据块存放剩下的不够 128Byte 长度的数据），与消息头部组成单个消息分块。消息分块的过程如图 5.22 所示，长度为 330Byte 的消息被分割为 3 个消息块，其中前 2 个消息块的数据长度为固定的 128Byte，最后 1 个剩余消息块的数据长度为 74Byte。

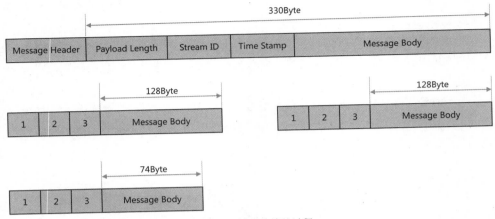

图 5.22　消息分块的过程

5.3.2.5　HTTP 流式协议

HTTP 流式协议主要包括 HTTP-FLV 协议。HTTP-FLV 协议通过应用层的 HTTP 传输 FLV 格式的流媒体数据，HTTP 的 Body 中携带的字段即为 FLV 格式的媒体数据包的 HTTP 响应消息的头部中通过的 Content-Length 字段，该字段表示 HTTP 响应消息中消息体（Body）中的长度。若 HTTP 响应消息头部中带有 Content-Length 字段，则客户端接收这个消息体的数据后，就认为传输完成。若 HTTP 响应消息头部中不带有 Content-Length 字段，则客户端就会一直接收数据，直到服务端关闭连接。HTTP-FLV 协议利用该原理，使服务器在发送 HTTP 响应消息时不设置 Content-Length 字段，服务器发送 HTTP 响应消息后就可以一直向客户端发送 FLV 数据，直到这个 FLV 文件发送完成。FLV 流媒体格式封装简单，适合在网络中传输流媒体数据并在浏览器中播放。当浏览器接收到 FLV 数据后，将 FLV 数据转换成 MP4 格式数据，输入 MSE 接口，即可实现音视频数据的播放。

5.3.2.6　SRT 协议

安全可靠传输（Secure Reliable Transport，SRT）协议是一种新兴的音视频传输协议，在音视频的点对点实时传输方面应用效果突出，在视频远程制作、视频远距离传输、视频直播、视频上行推流等方面都有普遍应用。

SRT 协议是由 UDT（UDP-Based Data Transfer Protocol）改进而得，相关的 RFC 草案是在 2020 年 3 月 10 日由 IETF 提交的。SRT 协议的工作流程包括呼叫者与监听者的握手、建立连接、参数交换、数据传输、关闭连接等步骤。在传输有效数据时，呼叫者与监听者双方通过发送控制数据来完成丢包恢复、连接保持等功能。SRT 协议的工作流程如图 5.23 所示。

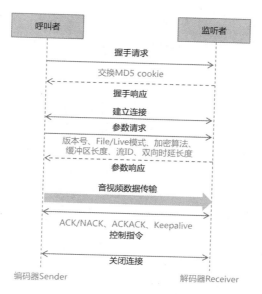

图 5.23　SRT 协议的工作流程

SRT 协议中包含两类数据包：有效载荷信息数据包（Data Packet）和控制数据包（Control Packet），通过 SRT 协议头部的最高位（标志位）来区分，0 代表有效载荷信息数据包，1 代表控制数据包。控制数据包分为握手（Handshake）、肯定应答（ACK）、否定认可（NACK）、对肯定应答的应答（ACKACK）、保持连接（Keepalive）、关闭连接（Shutdown）等多种类型控制数据包。

SRT 协议中的有效载荷信息数据包的结构包含了需要传输的有效数据。SRT 协议头部长度为 16Byte，最高位为标志位，有效载荷信息数据包头部包含 4 个区域：数据包序列号、报文序号、时间戳、目的地端套接字 ID，如图 5.24 所示。

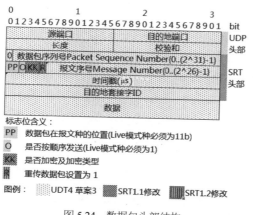

图 5.24　数据包头部结构

有效载荷信息数据包各字段的具体含义如下。

数据包序列号：基于序列号的数据包发送机制，发送端每发送 1 个数据包，数据包序列号加 1。

报文序号：报文序号独立计数，在它之前设置了 4 个标志位。

时间戳：以建立连接后开始的时间点为基准的相对时间戳。

目的地套接字 ID：当多路复用传输数据时，用来区分不同的 SRT 流。

控制数据包的类型众多，以下以 ACK 数据包结构为例说明其结构。

ACK 数据包是由接收端反馈给发送端的肯定应答，发送端收到 ACK 数据包后便会认为相应数据已经成功送达。ACK 数据包中还包含了接收端估算的链路数据，可以作为发送端拥塞控制的参考。图 5.25 所示为 ACK 数据包结构，图 5.25 中还包含了几个比较重要的字段。

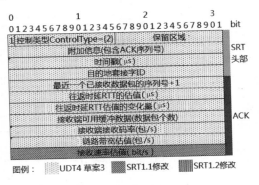

图 5.25　ACK 数据包结构

控制类型：该字段等于 2 时表示 ACK 数据包。

附加信息：其中包含了独立计数的 ACK 序列号，该序列号主要用于 ACK 数据包和 ACKACK 数据包的一一对应。

最近一个已接收数据包的序列号+1：该字段的值等于最近一个已接收的数据包的序列号加 1。例如，ACK 数据包中该字段为 6，则表示前 5 个数据包均已收到，发送端可以将它们从缓冲区中踢出。需要注意的是，本字段和数据包序列号有关，与 ACK 序列号无关。

往返时延 RTT 的估值：通过 ACK 数据包和 ACKACK 数据包估算出的链路往返时延。

往返时延 RTT 估值的变化量：该变化量能够衡量 RTT 估值的波动程度，该数值越大表示链路 RTT 越不稳定。

接收端可用缓冲数据：表示目前接收端缓冲区有多少缓冲数据可供解码，该数值越大越好，其最大值由时延量参数（Latency）决定。

链路带宽估值：对本次链路带宽的估算值。

接收速率估值：接收端下行网络带宽的估算值。

5.3.2.7　HLS 协议与 LL-HLS 协议

HLS（HTTP Live Streaming）协议是由苹果公司于 2009 年提出的流媒体实时网络传输协议。该协议是基于 HTTP 之上的应用层协议。由于该协议基于 HTTP，因此协议简单、易于实现、交互便捷，能与现有的互联网架构无缝兼容，实现成本低，同时能解决不同网络环境下提供不同码率视频的优质服务问题，在播放视频的时候可以根据实际的网络环境，自适应动态选择不同质量的视频源进行播放。HLS 协议广泛应用于实现流媒体的直播和点播场景。

HLS 协议的工作原理如图 5.26 所示，基于 HLS 协议的流媒体系统一般包含三部分：HLS 服务器、Web 服务器、HLS 客户端。

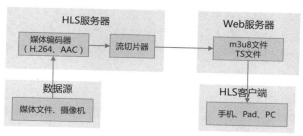

图 5.26　HLS 协议的工作原理

（1）HLS 服务器上的音视频数据源为 H.264 视频编码和 AAC 音频编码。音视频数据源为在磁盘上的媒体文件或网络中的直播音视频数流。

（2）HLS 服务器的数据采集器负责对输入的数据源进行编码封装，将其压缩成 Web 服务器支持的 MPEG2-TS 格式的媒体流。

（3）HLS 服务器的流切片器将整个 MPEG2-TS 媒体流分割成等时长的 TS 流媒体文件片段。

（4）HLS 服务器将等时长的 TS 流媒体文件片段输入 Web 服务器，由 Web 服务器负责分发这些片段。TS 流媒体文件片段部署在 Web 服务器站点上以供 HLS 客户端浏览播放。

（5）Web 服务器将 TS 流媒体文件片段部署在 Web 服务器下的资源目录内，同时 Web 服务器为 TS 流媒体文件片段生成一个格式为 m3u8 的文件，该文件描述获取这些 TS 流媒体文件片段的网络地址（URL 地址）。

（6）HLS 客户端通过访问 Web 服务器网址，获取 Web 服务器中对应 TS 流媒体文件片段的 m3u8 文件，之后对其进行解析，获取 TS 流媒体文件片段的 URL 地址，通过 URL 地址将每一个 TS 流媒体文件片段（MPEG2-TS 文件）下载并保存，TS 流媒体文件片段下载完成后，就可以对 TS 流媒体文件片段进行播放。

m3u8 文件为文本格式的文件，图 5.27 所示为 m3u8 文件示例。

```
#EXTM3U
#EXT-X-VERSION:6
#EXT-X-MEDIA-SEQQENCE:30
#EXTINF:10
http://server01.myvideo.com/hls/seg01.ts
##EXTINF:10
http:// server01.myvideo.com/hls/seg02.ts
##EXTINF:10
http:// server01.myvideo.com/hls/seg03.ts
```

图 5.27　m3u8 文件示例

第 1 行的 "#EXTM3U" 表示该文件是一个扩展的 m3u8 文件，第 2 行定义了当前 HLS 协议采用的版本为 6，第 3 行定义了每个 TS 流媒体文件段的最大时长，第 4 行定义了开始 TS 流媒体文件的文件序列号，每个文件的文件序列号都是唯一的。接下来的几行文本为 3 个 TS 流媒体文件的 URL 地址，视频片段的时长均为 10s，用户通过该地址下载视频片段数据。

TS 全称为 MPEG2-TS，TS 是 Transport Stream 的缩写，是一种音视频数据的封装格式，视频、音频和自定义的信息都可以封装到 TS 中。TS 格式包结构为 4Byte 包头部和 184Byte 有效负载，这 184Byte 有效负载不一定都是有效的数据，可能包含一些填充数据。

和 TS 相关的流式结构有 3 种，分别为 ES、PES、PS。其中，ES 为基本码流，是不分段的音视频或其他自定义信息的连续码流。PES 是将 ES 切割分片后加上必要的头部信息封装而成的码流。PS 为节目流，是具有共同时间基准的一个或多个 PES 复合而成的单一数据流。TS 就是传输流，是具有共同时间基准或独立时间基准的一个或多个 PES 组合而成的单一数据流。

TS 的每个包大小为 188Byte（或 204Byte，区别为在原有的 188byte 后面加了 16Byte 的 CRC 校验数据，其他格式无变化）。TS 的格式如图 5.28 所示。

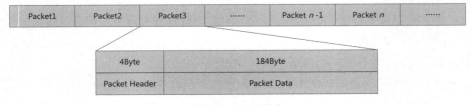

图 5.28　TS 的格式

其中，包头（Packet Header）信息说明如表 5.9 所示。

表 5.9　包头（Packet Header）信息说明

字　　段	长　度	说　　明
sync_byte	8 bit	TS 包同步字节，固定值为 0x47
transport_error_indicator	1 bit	TS 包错误指示器，若该字段被设置为 1，则说明该包负载数据有错误，负载数据不可用
payload_unit_start_indicator	1 bit	TS 包负载数据单元开始标志器，若该字段被设置为 1，则说明该包为完整数据单元的首包
transport_priority	1 bit	TS 包负载数据传输优先级标志，若该字段被设置为 1，则表示该包负载数据重要，优先传输该类数据
PID	13 bit	PID 值用于区分不同类型的负载数据包（音频、视频、业务数据）
transport_scrambling_control	2 bit	TS 包负载数据加密标志，若该字段被设置为 0，则表示数据未加密
adaptation_field_control	2 bit	适配域控制，表示 TS 包是否有调整字段存在
continuity_counter	4 bit	TS 包循环数器，用于接收端对 TS 包进行传输误码检测。发送端对发送的 TS 包通过该字段做 0~15 的循环计数，接收终端收到 TS 包，若发现该字段的循环计数器的值有中断，则表明数据在传输过程中有部分 TS 数据包丢失

PID 值说明如表 5.10 所示。

表 5.10　PID 值说明

表　　名	PAT	CAT	TSDT	EIT,ST	RST,ST	TDT,TOT,ST
PID 值	0x0000	0x0001	0x0002	0x0012	0x0013	0x0014

PID 是 TS 包的重要参数之一，是 TS 中唯一识别的负载数据类型的标识，用于识别 TS 包所承载的负载数据类型。在 TS 产生时，不同种类的业务数据（音视频数据、业务应用数据）的基本码流被赋予不同的 PID 值，解码器通过 TS 包中的 PID 值判断该 TS 包属于哪一种业务的基本码流。例如，如果一个 TS 包头中的 PID 值是 0x0000，那么该 TS 中负载的数据内容就是 PAT 表。表 5.10 所列的部分 PID 值是固定的，必须按对应值装填。

PAT 表定义了当前 TS 中所有的节目，其 PID 值为 0x0000，它是 PSI 的根节点，要查找节目必须从 PAT 表开始。PAT 表携带信息如表 5.11 所示。

表 5.11　PAT 表携带信息

信　息	字　段	说　明
TS 的 ID	transport_stream_id	TS 唯一标识编号
节目频道号	program_number	TS 中的节目频道编号，频道可以包含多个节目，通过 PID 值区分节目
PMT 的 PID 值	program_map_PID	该频道的 PID 值作为 PMT 的 PID 值

　　HLS 协议规定，在直播时，客户端不应该选择从开始到最后一个 segment 结束时的间隔小于最后一个 segment 时长加两倍目标时长的 segment 作为首个 segment 进行播放。也就是说，客户端应该从 m3u8 文件中倒数第 3 个或倒数第 4 个 segment 开始播放。HLS 协议播放过程如图 5.29 所示，客户端应该选择标号为 3 的 segment 作为起始的 segment 播放。由此可见，HLS 直播系统至少会产生 3 个 segment 时长之和的时延，假设每个 segment 时长为 6s，再加上客户端会有缓存（假设为 1s）和传输时延，总时延可能会达到 20s。

　　LL-HLS 协议就是为了降低 HLS 的时延而提出的。上述带来时延的 3 个 segment，在第 1 个 segment 封装完成，第 2 个 segment 正在封装，第 3 个 segment 还没开始封装的时候，LL-HLS 协议就把 3 个 segment 的 url 都写入 m3u8 文件，如图 5.30 所示。这时候客户端发现 m3u8 文件里已经有 3 个 segment 的 url，就开始播放第 1 个 segment 了。这样，就减少了接近第 2 个和第 3 个 segment 时长之和（12s）的时延。

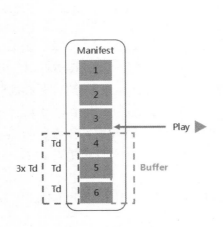

图 5.29　HLS 协议播放过程

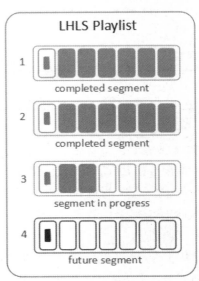

图 5.30　LL-HLS 协议播放过程

5.3.2.8 MPEG-DASH 协议

MPEG-DASH 协议作为一种基于 HTTP 的流媒体传输协议,其运动图像由专家组制定,该技术被推动发展为业界统一标准,最终作为 ISO/IEC 23009-1 标准于 2012 年 4 月发布。

MPEG-DASH 协议的目的是在视频播放时,快速初始化自适应网络带宽切换视频码率,充分利用网络带宽,提高带宽的利用率。在数据传输领域,MPEG-DASH 协议能够利用现已成熟的 HTTP 服务器的缓存技术和 CDN 技术特性,在整个技术系统架构上具有成熟的 WEB 系统架构技术,可以利用现有的媒体播放机制,支持视频点播和直播。

MPEG-DASH 协议播放原理如图 5.31 所示,媒体文件被存储到 HTTP 服务器中并利用 HTTP 进行访问获得。HTTP 服务器中的媒体文件由两部分组成:一部分是 MPD 文件,包含媒体内容描述文件、URL 地址,以及其他特性描述;另一部分是媒体数据文件,即视频切片(Segment)文件,该文件存储实际的媒体码流数据,并以文件切片的方式存储在 HTTP 服务器中。不同的视频文件代表不同码率的视频数据,每个视频文件被分割成多个文件切片,而 MPD 文件就用来描述这些文件切片。MPEG-DASH 协议文件主要就是由 HTTP 服务器中的 MPD 文件和切片文件组成的。

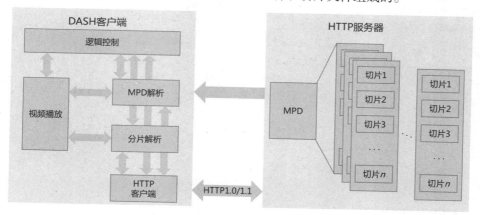

图 5.31 MPEG-DASH 协议播放原理

在视频开始播放时,DASH 客户端首先通过 HTTP 获取 MPD 文件,解析 MPD 文件,从中获取媒体格式、媒体内容、视频最大和最小码率、视频分辨率等基本信息,以及码率的类型、每种类型的码率的视频文件切片的 URL 地址、DRM 信息和其他媒体信息。通过这些信息,DASH 客户端按照当前网络带宽的预测自适应地选择下载播放合适码率的视频切片文件,通过 HTTP 获取该码率的视频切片。

在播放过程中,DASH 客户端通过实时监测网络带宽变化状况,对网络带宽进行预测，动态地选择与当前带宽相适应的视频码率，以维持足够的客户端缓存来保证播放流畅，有效利用网络带宽，提高带宽利用率。

MPEG-DASH 协议中主要包含两种类型的文件：MPD 文件和流媒切片文件。

MPD 文件就是用来描述媒体内容的，它是一个 XML 文件。MPD 文件格式说明如图 5.32 所示，MPD 文件结构从外向内，内容分别是媒体周期、自适应子集、媒体呈现表示、媒体切片。因此，一个 MPD 文件中包含一个或多个媒体周期，每个媒体周期都有一个起始时间和持续时长，并且包含一个或多个自适应子集。每个自适应子集由多个媒体呈现表示组成。每个媒体呈现表示就是同一视频的不同版本的分辨率、码率的视频。由于每个视频都要被切成固定长度的媒体切片，因此每个媒体呈现表示现包括多个媒体切片，每个媒体切片都对应一个 URL 地址，客户端就可以通过这个 URL 地址向服务器发送 HTTP 请求，下载获取该媒体切片数据。

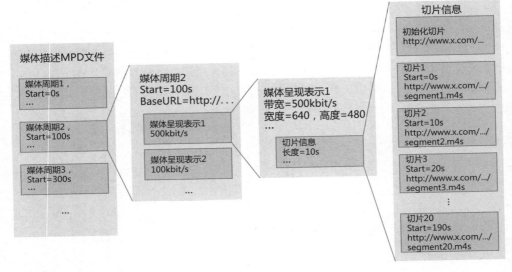

图 5.32　MPD 文件格式说明

MEPG-DASH 协议支持以下两种流媒体文件格式：

（1）ISO 基本多媒体文件格式。

（2）MPEG-2 TS 流媒体文件格式。

此外，MEPG-DASH 协议标准还保留了支持其他类型流媒体文件格式的能力。

流媒体切片文件至少要包含以下两种类型的切片：

（1）流媒体初始化数据切片。

（2）流媒体数据切片。

流媒体初始化数据切片位于每个流媒体切片文件的起始部分，其作用是提供访问该流媒体切片文件的必要信息,如流媒体数据的类型(音频、视频)、媒体采样频率、视频的分辨率等,流媒体初始化数据切片并不包含有效的流媒体数据。流媒体初始化数据切片需要包含媒体封装的 ftype 的 Box 和媒体封装的 moov 的 Box,流媒体播放客户端将利用 moov 的 Box 中的信息获取流媒体的内容和特征(如媒体采样频率、视频的分辨率等),不同格式的流媒体数据文件对应的流媒体初始化切片一般不同。流媒体数据切片位于流媒体初始化切片之后,该数据就是真实有效的流媒体数据(如音视频数据等)。

5.3.3 新型网络计算架构

网络的普及对计算模式的发展产生了重大影响,实现了从提供科学计算能力到提供网络服务的重大转变。近年来,网络计算架构的发展可以大致总结出三种典型模式,分别是客户端-服务器模式、网格计算模式和云计算模式。随着万物互联时代的到来,网络连接设备产生的数据量快速增加,带来了更高的数据传输带宽需求。与此同时,新型应用也对海量数据处理的实时性提出了更高要求,从而催生出了多样化的新型网络计算架构,如云计算、雾计算和边缘计算等。

网络计算(In-Network Computing)架构是当前高性能计算和 AI 领域的前沿课题,网络计算单元利用网卡、交换机等网络设备和物联网设备,在数据传输过程中,同时进行数据的在线计算,以达到降低通信时延、提升整体计算效率等效果,成为和 GPU 和 CPU 同等重要的计算单元。

当前,云计算基础设施和互联网正在逐渐演变为云网融合系统,并承载面向各行各业的按需动态构建的复杂信息系统,连接云上租赁资源、云下遗留资源、业务系统及各地用户和终端。近年来,云网融合基础设施向更靠近用户终端的网络边缘进一步延伸,孕育出了雾计算和边缘计算,推动了云边融合系统的发展。

5.3.3.1 云计算

云计算(Cloud Computing)早期的简单定位就是分布式计算,随着技术的演进,其发展成一种利用网络实现可以随时随地、按需、便捷地使用共享资源的网络计算模式。云计算也可以称为网络单元计算,通过这项技术,可以在很短的时间内完成对海量数据的处理,提供强大的计算服务,其目的是通过基于网络的计算方式,将共享的软件/硬件资源和信息进行组织整合。

云计算最大的优点在于部署简单、接入灵活和性价比高,与传统的网络应用模式相比,其具有技术虚拟化、动态可扩展、灵活性高、可靠性高、性价比高等优势与特点。云计算的服务类型分为三种:平台即服务(PaaS)、基础设施即服务(IaaS)和软件即服务(SaaS)。

云计算主要包括虚拟化和分布式两个关键的技术点。其中，虚拟化技术主要包括网络虚拟化技术、计算虚拟化技术和存储虚拟化技术。网络虚拟化技术解决的是网络资源利用率不高、配置策略过于复杂的问题，采用的策略是把所有的网络资源抽象成一个资源池，然后在分配的时候动态调度；计算虚拟化技术通常做的工作是"一虚多"，即将一台物理机虚拟出多台虚拟机，包括全虚拟化、超虚拟化、硬件辅助虚拟化、半虚拟化和操作系统虚拟化五种形式；存储虚拟化技术采用的策略和网络虚拟化技术类似，其把所有的存储资源抽象成一个资源池，并动态地为每个存储任务分配一个存储接入单元。类似于虚拟化技术，分布式技术按照业务功能可分为一个个独立的子系统，在分布式结构中，每个子系统就被称为服务。虚拟化技术和分布式技术在共同解决一个问题时就是将物理资源重新配置，形成逻辑资源，即解耦。其中，虚拟化技术做的工作是抽象出一个资源池，而分布式技术做的工作是调度使用资源池。

在如今的互联网服务中，云计算技术已经越来越普遍，较为常见的就是网络搜索引擎技术、网络社交技术和各种通信服务技术。通过搜索引擎技术，在任何时刻、任何地点，只要使用终端就可以通过网络检索到任何自己想要的资源，并在云端共享数据资源；网络社交技术主要使用了云计算的软件即服务技术，通过社交软件，用户可以随时找到自己认识或不认识的人；通信服务技术主要使用基础设施即服务技术来构建云通信，如电子邮箱、电子日历等。目前云计算技术已经应用于存储云、医疗云、金融云和教育云等场景。

5.3.3.2 雾计算

雾计算（Fog Computing）最早是由思科（Cisco）提出的，在雾计算中，数据、数据处理和应用程序等可以直接部署在边缘的物理设备上，不需要全部保存和运行在云中，它是云计算的延伸。雾计算主要有以下优点：①在很多情况下数据直接在边缘节点中相互传输，不通过云端，所以时延比云计算要低很多；②雾计算分布范围更广阔，任何边缘设备都可以组成雾计算的网络节点；③雾计算路由选择更灵活，数据可以在终端之间直接进行通信，不必到云端甚至基站去绕一圈。

雾计算采用分布式架构，比云计算的集中模式更接近边缘设备。在雾计算中，数据的计算、存储及处理大部分都放在本地设备和雾节点中实现，较少使用云服务器。云计算可以形象地理解成一朵大云，雾计算则是很多小雾气，大云高高在上，小雾气更接近地面用户。

当前，在国家相关政策的大力推动下，物联网行业正迎来新一轮的发展机遇。物联网发展的最终目的就是将所有的具有通信能力的设备实现互联互通。这些设备不仅数量巨大，而且分布广泛，既对雾计算提出了更高的性能要求，也为雾计算提供了高速发展机会。雾计算不但能解决物联网设备自动化的问题，也能降低端对端的通信时延，正推动着万物互联时代的到来。

5.3.3.3 边缘计算

边缘计算（Edge Computing）是指在靠近设备或数据源的一侧进行计算，相比雾计算，边缘计算没有完全将数据的处理交给物理设备，而是在靠近设备的边缘，通过架构开放平台，就近提供近端服务。边缘计算的目的是使计算尽可能靠近数据源以降低时延和带宽消耗。边缘计算处于设备和应用连接之间，是架构在设备上端的服务。

随着 5G 和互联网等业务和场景的飞速发展，物联网中的智能终端设备和其产生的数据也越来越多，对计算能力下沉到数据源边缘的需求越来越迫切。边缘计算将一部分存储和计算资源移出数据中心，让其更接近数据源本身，使原始数据在实际生成的地方就能进行部分处理和分析，而不必传输到中央数据中心，从而降低时延和带宽消耗，提供靠近数据源的实时处理。

边缘计算具有低时延、安全、节约成本、高可靠性、可扩展性五大优势。目前，边缘计算已经成熟地运用于自动驾驶、安防监控、智能电网、智慧医疗、智能家居和娱乐等多种场景。

5.3.3.4 新架构下的视频数据压缩及分析

如果直接采用像素形式来表示动态图像的数据，那么其数据量将极为巨大，相应的存储和传输所需的空间和带宽也是巨大的。而视频信息本身就存在大量的数据冗余，其主要类型有四种：时间冗余，即相邻视频的两帧图像之间必然存在大量相似的内容，同时存在着运动向量关系；空间冗余，单张视频帧内部的相邻像素也存在相关性；编码冗余，当采用二进制数来表示一幅图像的像素时，必然引入信息熵的冗余；视觉冗余，人类的视觉系统对视频中不同部分的敏感度不同。针对这些不同类型的冗余信息，在各种视频编码的标准算法中采用了不同的技术分别应对，以通过不同的角度提高压缩的比例。因此，对于视频数据而言，视频编码的主要目的就是数据压缩。

新架构下的视频数据压缩不但需要在视频压缩时尽量采用先进、高效的编码格式（如 H266/VVC、AV1），而且需要充分利用边缘终端的算力和存储能力提供分布式的压缩和存储能力。视频数据在压缩时，若采用先进高效的编码格式，则复杂度会成倍提高，普通的终端算力可能不足以实现，这时候可以融合其他边缘终端的软硬件算力，实现高清低码的数据压缩。

另外，将 AI 技术引入视频数据压缩也是新架构下的一大趋势。尽管受制于准确度，AI 技术在视频压缩的标准中迟迟未出现，但是随着 AI 技术的发展越来越成熟，其各种模型也越来越完善，将 AI 技术应用于视频数据压缩在未来可能会得到广泛应用。相比普通算法级别的视频压缩，AI 技术的引入不但可以提高压缩率，而且能大大降低编码的复杂度，使各类终端都可以实现高清低码的数据压缩。

5.3.4　SDN 传输加速技术

软件定义网络（Software Defined Network，SDN）的本质是一种框架、一种网络设计思想。基于 SDN 构建的网络，其转发面和控制面必须是分离的，管理员可以在控制面非常灵活自由地控制转发行为。此外，SDN 还要求转发面是标准化的，包括对硬件转发面配置接口的标准化，以及更进一步的内部逻辑实现的标准化。目前 SDN 的标准组织和公司在具体的实现上可能存在差异，但总体来说，以下几个 SDN 的核心属性是被广泛认可的。

（1）转发面与控制面分离。

（2）网络控制集中化。

（3）控制接口标准化。

符合这几个核心属性的网络设计都可以归为广义上的 SDN。这里要介绍的 SDN 传输加速技术就是符合 SDN 的这种核心属性，但又与传统 SDN 产品有所区别的端到端的实时视频传输加速技术。

传统的视频媒体在运营商核心网中进行实时传输时，媒体包可以通过带上包头标记或 VLAN 表示，得到设备硬件传输层面的带宽、时延和抖动等方面的保障。由于当实时视频媒体广泛在互联网中传输时，会面对不同的运营商网络，甚至有跨国跨域的宽带网络，此时传统的传输加速手段已很难保障视频媒体传输的实时性，因此有必要引入 SDN 传输加速技术，在现有硬件设备上，通过抽象虚拟网络通道，构建基于 Overlay 的互联网第二平面；通过全局视野的拓扑路径发现优化网络路径；通过部署区域及边缘服务节点，实现设备就近接入，降低最后 1km 通信时延；通过边缘节点与核心网联通，实现 OTT/IMS 语音对接落地。

SDN 传输加速技术框架如图 5.33 所示，其总体实现方案分为以下几个部分。

（1）边缘侧：通过边缘服务节点下沉，覆盖主要国家和地区，缩短用户接入距离；通过 DNS 地址探测，分配边缘服务节点，就近接入。

（2）承载网：通过部署或租用公有云厂商的多线 BGP 网络，实现跨运营商多方调度；通过全路径的计算与规划，实现路径优化。

（3）网络保障：实时探测节点间 QoS，监控各节点状态，保障路径有效性，实现智能路由。

（4）标准接口：外部应用通过访问标准化接口，获得入网地址，实现加速。

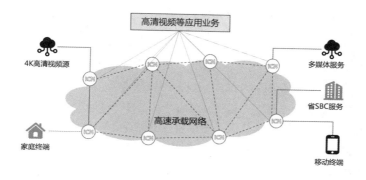

图 5.33 SDN 传输加速技术框架

这种基于 SDN 的传输加速技术目前在各大实时音视频云厂商中得到广泛应用，本书仅选取三个应用作为示例介绍。

1. SD-GRN

SD-GRN 是中国移动基于传统的多媒体传输技术创新研发的分布式实时流媒体边缘调度网络，全称是 Software Defined Global Real-Time Network，该技术克服了传统媒体传输与播放中存在时效性差、播放卡顿等弊端，满足了用户对网络多媒体超清化传输的需要。

分布式实时流媒体边缘调度技术如图 5.34 所示，其通过 SDK 算法及控制平台能力在现有硬件设备上搭建抽象虚拟网络通道，首先通过地址发现、路径策略创建下发、路径创建、路径销毁实现全局视野的拓扑路径规划，基于虚拟通道监控数据动态创建及虚拟通道销毁实现网络传输路径优化；然后通过部署区域及边缘服务节点，实现设备就近接入，降低最后 1km 通信时延；最后通过在边缘节点部署标准化接口，提供应用统一接入和用户权限校验等接入服务，根据业务需求快速实现加速能力开放。

图 5.34 分布式实时流媒体边缘调度技术

分布式实时流媒体边缘调度技术利用公共互联网的共享带宽资源，实行多节点实时动态质量监控，以低成本提供专线级流媒体传输，实现高清视频数据边缘交换，保障业务稳定，可满足远程医疗、智慧教育、亲情沟通等应用场景对低时延的需求。

2. SD-RTN

SD-RTN 是由声网（Agora）打造的覆盖全球的媒体传输加速网络，全称为 Software Defined Real-Time Network，可提供以 UDP/TCP 为主的端到端网络时延为毫秒级的实时数据传输云服务。只要调用其开放的 API，即可实现任何端到端的实时数据传输业务。例如，会议、课程、直播、社交、监控、VR 等实时视频，短视频、办公文件传输，以及游戏、AI、IoT 的高速数据同步都可以基于 SD-RTN 进行传输。

SD-RTN 作为一个通用的点到点实时数据传输网络，具备以下技术特点。

（1）共享节点。

（2）协议优化。

（3）就近接入。

（4）动态路由。

（5）云端 QoE。

（6）通用架构。

（7）媒体加速 API。

其中，共享节点是指可以以非独占方式租用 PoP 节点和购买托管服务器，在虚化的网络和服务器中以共享的方式搭建 SD-RTN。这种可以弹性伸缩的中转加速网络可以较好地平衡网络节点资源投入和业务发展速度的关系。协议优化指的是 SD-RTN 对 UDP 和 TCP 都能支持，并且在 TCP 接入时可以在网络内部转换为 QUIC 传输，以降低网络内部传输时延。就近接入就是利用 IP 经验库及网络实时监控数据来分配最佳的中转接入点，实现最优接入。动态路由则可以做到业务无感知的端到端传输路径动态切换。云端 QoE 提供了可靠传输的保障，是共享节点组网的基础，可支持动态配置，基于丢包、时延、抖动的要求自动编排传输路径质量权重。通用架构是指采用 S2S（Server to Server）、C2S（Client to Server）、C2C（Client to Client）三种 API，可涵盖各类实时数据传输业务场景。媒体加速 API 是供第三方调用的开放 API 接口，可以支持开发者传输自定义的任意视频编码码流，包括特殊编码及自定义加密的编码。

3. SD-ARC

SD-ARC 是由菊风打造的实时传输网络和可编程平台，全称为 Software Defined-Advanced Real-Time Cloud，即可编程的实时网络云。SD-ARC 通过软件定义网络算法，采用分布式部署的节点，支持智能优化传输路径，通过动态实时检测每条通路上的网络质量，选择最优路径进行传输。其具备以下技术特点。

（1）就近接入。

（2）动态路由。

（3）可靠传输。

（4）P2P。

（5）推送通知。

（6）网络感应。

（7）NAT 高速穿透。

SD-ARC 具备超低时延、高可用、兼容各类硬件设备等特性，可实现通话过程中的无感切换，在网络变化频繁的情况下，能有效保障移动端应用的音视频通话服务质量，提供优质的用户体验。同时，开发者可以基于 SD-ARC 的 RPC 及高级 API 开发实时或非实时的互联网通信应用及服务，如音视频通话、音视频会议、文件传输、即时消息等。

5.3.5　软件定义通信模组

传统物联网终端通信需要内置通信模组，依靠 SIM 卡或 eSIM 实现通话功能，这样不仅会增加硬件成本，还难以快速移植使用。软件定义通信模组如图 5.35 所示。以全软件方式定义通信模组是一种在降低成本的同时提升易用性的关键技术，通过优化 SIP 适配物联网终端，融合 SIM 认证机制，实现无需通信模组或芯片即可提供电信级认证服务。另外，利用软件定义通信模组技术，还能让通信设备免受运营商通信基础架构变化影响，保证通信服务长期稳定可靠，使多媒体通信真正实现智能化飞跃。

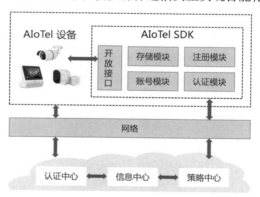

图 5.35　软件定义通信模组

5.3.6　交互式媒体控制

交互式媒体控制是指在实时音视频通信中对通信对端设备进行实时的交互控制，控制指令可通过按键、语音、手势等进行触发，可以提供优质的交互控制体验。

交互式媒体控制采用轻量化控制技术，提供交互式媒体控制的解决方案。针对物联网终端多样化、操作系统碎片化、互通壁垒化等情况，交互式媒体控制通过充分利用电信级语音通信协议全球标准统一、接口规范等特点，复用现有通信技术和协议标准，基于音视频通信控制 SIP 及媒体控制通道，定制了一套轻量级控制协议 And-SIP，如图 5.36 所示，这项技术是一种全新低门槛的软件控制技术。

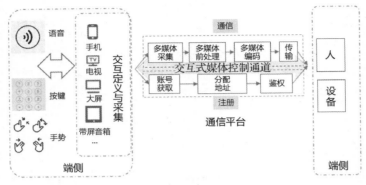

图 5.36　And-SIP 示意图

And-SIP 能低成本、高效率地实现跨物联网终端品牌和操作系统的远程控制和交互，使大、中、小屏及无屏的各类终端实现互联互通，助力提升和丰富智能家居控制体验，目前已在智能家居产业中规模化应用。

5.3.7　传输安全保障

为保障视频通信数据在传输过程中的安全性，通常在传输过程中增加各种安全保障措施，如加密、认证等。依据国际标准化组织（International Organization for Standardization，ISO）的开放系统互联（Open System Interconnection，OSI）模型的七层网络分层，安全保障机制可以在模型的各层中分别实施，在各层制定了特定的安全协议来实现。这些安全协议可以单独使用，也可以叠加使用，图 5.37 所示为 OSI 网络分层对应的安全协议。

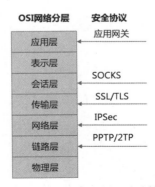

图 5.37　OSI 网络分层对应的安全协议

　　虽然各层都有安全协议的定义，但一般人们接触和使用较多的是应用层和传输层的安全协议。应用层的安全协议有 S-HTTP、安全 Shell（SSH）协议、安全电子交易（SET）协议、电子邮件 PGP、S/MIME 协议等。传输层的安全协议有传输层安全（TLS）协议、安全套接字层（SSL）协议、数据包传输层安全性（DTLS）协议、私密通信技术（PCT）协议等。此外，在网络层也有保护 IP 数据的安全协议，如 IP 验证头（AH）协议、IP 封装安全载荷（ESP）协议、Internet 密钥交换（IKE）协议。

　　下面以应用层的安全超文本传输协议（Secure Hyper Text Transfer Protocol，S-HTTP）和传输层的超文本传输安全协议（Hyper Text Transfer Protocol over Secure Socket Layer，HTTPS）为例简单说明。从英文名称就可以看出，S-HTTP 是针对应用层协议 HTTP 本身进行安全化的，而 HTTPS 是在传输层使用 SSL 加密的 HTTP。S-HTTP 仅提供应用层数据的加密，如服务页面的数据、用户提交的数据、POST 请求中的数据，其余协议部分和 HTTP 是一样的。至于 HTTPS，其整个通信传输过程都是基于 SSL 的，即加密是在 HTTP 开始传输前就进行了的，应用层的 HTTP 全部内容在传输过程中都是加密的。若使用抓包分析工具 Wireshark 等进行抓包分析，则在 HTTPS 的抓包中，只能看到 SSL 握手协商和数据包传输及 TCP 的 ACK 信息。

　　另外，这里需要注意的是，因为传输层安全协议中的 SSL/TLS 使用特别广泛，SSL 协议历史较为久远，公开版本的 SSL2.0 和 SSL3.0 都已被弃用，所以建议使用 TLS 协议。图 5.38 所示为 SSL/TLS 协议发展时间线，表 5.12 所示为 SSL/TLS 协议使用情况。

图 5.38　SSL/TLS 协议发展时间线

表 5.12　SSL/TLS 协议使用情况

协　议	使　用　情　况
SSL3.0 以下	已被弃用，存在安全问题，不建议使用
TLS1.0/1.1	过渡版本，不建议使用
TLS1.2	目前使用较广泛的版本
TLS1.3	最新版本，更快更安全的协议，建议使用

　　各种安全协议的本质是对其所传输数据进行加密，这里简要介绍加密技术的基本原理。

　　加密是对可读的明文信息进行算法处理并形成密文的过程，其逆过程就是解密，即将编码后的密文转化为可读明文形式的过程。这里的加密算法通常是公开的，常用的加密算法有以下两种。

　　（1）对称性加密算法，包括 AES、DES、3DES 等。

　　（2）非对称加密算法，包括 RSA、DSA、ECC 等。

　　对称性加密算法指的是加密和解密使用同一个密钥。信息接收双方都需要事先知道密钥和加密、解密算法，且其密钥是相同的，对称加密算法数据传输流程如图 5.39 所示。

图 5.39　对称加密算法数据传输流程

　　对称性加密算法存在密钥分发的问题，即双方如何约定加密和解密的密钥，为解决这一问题，出现了非对称加密算法。图 5.40 所示为非对称加密算法数据传输流程，其加密和解密使用不同的密钥，一般有两个密钥，分别为私钥（Pr）和公钥（Pu），两个密钥必需配合起来使用，才能实现加密传输和解密接收。发送双方事先均生成一对公钥和私钥，服务端将自己的公钥发送给客户端，公钥一般可明文传输。如果客户端要给服务端发送消息，那么需要先用服务端的公钥进行消息加密，然后发送给服务端，此时服务端再用自己的私钥进行消息解密，服务端向客户端发送消息时采用同样的流程。

图 5.40 非对称加密算法数据传输流程

虽然非对称加密算法解决了密钥分发的问题，但是其复杂度高、运算量大、耗时长，所以单纯的非对称加密算法在实际商用中并不成熟。以 HTTPS 为例，传输层的 TLS 协议加密算法就是"非对称加密算法+对称加密算法"的形式，即用非对称加密算法的方式分发用于对称加密算法的密钥，解决对称加密密钥算法分发问题，然后采用对称加密算法方式进行信息传输，解决对称加密算法耗时长问题，其数据传输流程如图 5.41 所示。

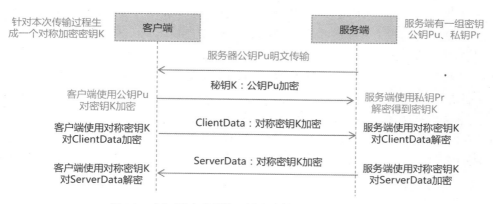

图 5.41 "非对称加密算法+对称加密算法"数据传输流程

以上为加密技术和传输安全协议的介绍，数据加密是保障数据传输安全的基础。下面分别介绍视频通信过程中的信令传输和媒体传输两种网络传输加密。

5.3.7.1 信令传输加密

当用户需要建立视频通信时，首先需要利用信令进行通信协商，协商的内容主要包括发起方是谁、要与谁进行通信、采用什么媒体类型（如音频或"音频+视频"等）、使用哪个端口收发媒体，以及具体的媒体编码方式、采样率、分辨率等。在通信协商过程中常用的信令有 SIP、WebSocket、XMPP，以及自定义的私有信令协议等。这些协议是应用层的协议，通常为约定好格式的字符串，如果不对其进行加密，那么传输在网络上的明文信令将很容易被截取和分析，导致用户信息及通信媒体协商信息的泄露。

以电信核心网音视频通信常用的应用层协议 SIP 信令为例，其底层传输层可以使用以下两种协议。

（1）SIP over UDP。为保障在 UDP 中传输的 SIP 信令的信息安全，可以使用为 UDP 设计的传输层安全协议（DTLS）。

（2）SIP over TCP。为保障在 TCP 中传输 SIP 信令的信息安全，可以使用为 TCP 设计的传输层安全协议（TLS）。

使用 DTLS 或 TLS 传输 SIP 信令数据属于传输层的加密，即 SIP 信令数据在整个传输过程中是完全被加密的，传输层加密可以最大限度地保护数据在传输过程中不被非法窃取，能提高视频通信的信令传输安全性。

基于网页的实时音视频传输框架 WebRTC 的信令协议是基于 WebSocket 协议进行传输的。WebSocket 协议是 HTML5 的一种通信协议，常用的 Chrome、Firefox、IE 等浏览器都兼容该协议。WebSocket 协议是基于 TCP 传输的协议，在与 TCP 握手后，可以保持连接，允许通信双方互相推送数据，是一种 Web 客户端和服务端进行双向数据传输的高效协议。未加密明文的 WebSocket 协议简称为 WS，其在传输层经 TLS 加密后称为 WebSocket Secure，即 WSS。WS 和 WSS 的关系就好比 HTTP 和 HTTPS。WS 一般默认使用 80 端口，而 WSS 默认使用 443 端口，大多数网站使用的端口就是 80 端口和 433 端口。

此外，视频通信开发者和企业在其自有系统中往往还自定义私有的信令协议，如基于 JSON、Protobuf、XMPP 等应用层协议定制的视频私有信令协议。这些私有信令协议可以在应用层进行加密，但更多的情况是在传输层使用 TLS 或 DTLS 进行加密传输，来保障信令传输安全。

5.3.7.2　媒体传输加密

在完成信令传输后，通信双方将依照通信协商结果通过媒体传输协议进行媒体的传输。媒体传输也是通过通信网络来完成的，通过对媒体进行加密，可以保证音视频通话的实际内容不被窃听、非法截取及录制。媒体加密也同样有很多种方式，其基本加密原理也是利用加密算法在应用层或传输层上对数据进行加密的。

音视频媒体传输协议有很多，这里以常用的音视频实时传输协议（RTP）为例进行介绍。RTP 加密有两种流行方式，即 SRTP 和 ZRTP。

安全实时传输协议（Secure Real-time Transport Protocol，SRTP）是由思科和爱立信共同成立的研发专家小组在 2004 年开发推出的媒体传输加密协议。SRTP 通过在 RTP 消息中携带身份验证和完整性验证信息，以及 RTP 数据的回放保护信息，重新定义了 RTP 的发送和接收方法。由于 SRTP 出身于 IP 电话硬件生产商，且出现较早，因此其影响非常广泛，大部分的 SIP 设备都采用 SRTP 作为媒体加密传输协议。SRTP 需要先在信令中协商成功，通信双方都支持并协商确定使用 SRTP 加密，并且在信令包中交换加密的密钥。SRTP 是一种对称加密算法，提供 AES 对称加密和 HMAC 算法认证，所以它对媒体数据包加密的开销较小。但因为需要在信令中发布密钥，所以 SRTP 对媒体加密的同时，也必须对信令进行加密，否则 SRTP 的密钥将在网络中"裸奔"，媒体加密也就形同虚设了。

基于 SRTP 的加密协议（Composed of Z and Real-time Transport Protocol，ZRTP）是 Phil Zimmermann 于 2006 年开发推出的，它采用了密钥自动化协商，不需要在信令中进行密钥交换，大大降低了流程的复杂度。因为 ZRTP 在 RTP 会话开始后才进行共享密钥协商，所以它不依赖于服务器端，即 ZRTP 加密可以在不知道 RTP 流内容的服务器之间进行，可以保证端到端的音视频媒体安全传输。但由于 ZRTP 出现较晚，因此目前市场上支持 ZRTP 的硬件数量比较有限。

5.3.8　传输质量保障

随着社会生产力的发展及技术的快速迭代，视频的分辨率不断提高，视频的码率也不断提高，对带宽和时延的要求也越来越高，对视频传输网络传输质量的要求也越来越高。经过多年的发展，在之前 QoS 概念的基础之上又出现了 QoE 的概念，下面将分别对其进行介绍。

5.3.8.1　QoS

QoS 的英文全称是 Quality of Service，即服务质量。传统概念上的 QoS 是对网络传输本身的质量保障，如保证传输带宽，降低传输时延，降低数据丢包率、时延、抖动等。QoS 技术包括数据流分类、拥塞管理、拥塞规避、流量监控、流量整形等。

（1）数据流分类就是对不同数据流报文的特征进行识别和分类，这是对不同服务提供对应的网络业务的前提条件。

（2）拥塞管理是一种拥塞时的调度管理策略，可以设置不同服务数据报文的转发优先级来决定转发的处理顺序，一般在流量出口方向使用。

（3）拥塞规避是指通过实时监测网络资源的使用情况，当出现拥塞并有加剧的趋势时，采用主动丢弃预设的低优先级报文的策略，同时调整队列长度以解决网络过载，一般用于流量出口方向。

（4）流量监控是指对流入和流出设备的指定流量进行监控，即对流量的大小进行预设或动态的控制，避免出现超过限定值的流量，这样可以平衡不同服务流量的带宽占用，以保护网络资源正常可用。

（5）流量整形是一种可以主动调整数据流输出速率的流量控制措施，通常用于下游设备接口流量资源受限的场景，避免传输到下游设备时出现丢包的情况。

QoS 有三种服务模型，分别为尽力而为服务模型（ Best-Effort Service，BE Service）、区分服务模型（ Differentiated Service，Diff-Serv）、综合服务模型（ Integrated Service，Int-Serv）。

（1）BE Service 是一种较简单的单一服务模型。在 BE Service 中，采用最大性能报文发送策略，对时延、丢包等不做任何保障，一般作为默认的网络服务模型，采用先入先出（ First In First Out，FIFO）队列实现，适用于绝大多数网络应用，如 E-Mail、FTP 等等。

（2）Int-Serv 是一种综合模型，它被设计用于满足多种 QoS 需求，其采用资源预留协议（ RSVP），令 RSVP 在源端到目的端的所有网络设备上运行，同时监测每个数据流，避免出现超限的资源消耗。Int-Serv 能精准区分不同业务的数据流，以保障每个业务数据流的传输质量，可以提供最细粒度的网络服务质量划分。高质量、细划分的特点导致 Inter-Serv 对设备有很高的要求，在处理大流量场景时，网络设备的处理及存储转发都会有很大压力，且 Inter-Serv 不易扩展，这就导致它难以用于 Internet 核心网络。

（3）Diff-Serv 是一种多服务模型，能满足不同的 QoS 需求，同时它还不需要网络设备为每个业务分配预留资源，区分服务实现简单，扩展性较好。

以上是传统的 QoS 内容，随着网络技术的发展及各种通信应用的出现，QoS 技术也在不断发展。广义的 QoS 涉及网络及传输保障技术的各个方面，只要是对网络应用有帮助的措施和技术，本质上都是提高服务质量。所以，从广义角度上说，防火墙、策略路由、快速转发及网络应用层面的传输保障技术等也是提升 QoS 的措施。在音视频通信的应用层中也有很多提升 QoS 的技术，如基于带宽估计的动态码率调整、错误隐蔽算法、冗余编码、丢包重传、流控算法等。

（1）基于带宽估计的动态码率调整是指在带宽受限的情况下，按照带宽检测算法得到网络带宽，动态地对视频码率进行调整，以保证视频传输的流畅性。其核心思想是当带宽不足时，以降低码率，牺牲画面清晰度为代价来保证视频的流畅度，当带宽恢复时，再提升码率，恢复画面清晰度。

（2）错误隐蔽算法是指在接收解码端通过当前帧已接收宏块或已接收的前序视频序列的相关性，对丢失宏块进行恢复，隐蔽丢失或错误受损的视频数据，达到一个可接受的观看效果。错误隐蔽算法根据隐蔽的错误内容分为帧间（Intra Frame）隐蔽和帧内（Inter Frame）隐蔽。

（3）冗余编码是通过在传输的音视频数据中增加冗余信息的一种纠错编码方式，接收端可根据纠错码对收到的数据进行检测，若数据存在错误或丢失，则可利用纠错码进行恢复或矫正。音视频传输中常见的冗余编码是前向纠错码（FEC）。

（4）丢包重传是指在接收方对收到的带序列号标记的媒体包进行统计，遇到丢包时发送丢包反馈信息给发送方，请求对丢包数据进行重新发送。反馈丢包信息和重新发送丢包数据会增大时延，同时也会造成传输的码流增大。该技术在 RTT 很小且传输带宽不受限的情况下，有很好的效果；在 RTT 较大且带宽受限的情况下，则会造成时延过大和网络阻塞。

（5）流控算法又称限流算法，是为了避免流量峰值对系统造成冲击而采用的算法。在视频编码时，关键帧和非关键帧的大小差别很大，若直接传输，则在发送关键帧时会形成一个码流峰值，这对传输网络及接收方都会造成很大挑战，一旦码流峰值超出最大承受限制，就会造成传输异常。为了使码流大小相对平稳，流控算法就十分关键。例如，在 WebRTC 中，就使用 NetEQ 模块对发送的码流进行码流控制，实现平稳的码流传输。

5.3.8.2　体验质量 QoE

QoE 的英文全称为 Quality of Experience，即体验质量，其定义也存在一个发展变化过程。最初，QoE 被认为是用户对提供的网络 OSI 模型不同层次的 QoS 机制的整体质量感知的度量。后来，国际电信联盟扩展了 QoE 的定义范围，具体为用户对设备、网络和系统、应用或业务的质量及性能的综合主观感受。该定义范围从用户对 QoS 的评价推广变化到对整个应用或业务服务的评价。当前，行业对 QoE 的主流定义是面向用户的服务质量综合描述。

虽然以上对 QoE 的具体定义存在一定差别，但总结来说，QoE 就是一种用户在使用服务时的主观感受。在对 QoE 的具体定义中，可以提炼出其关键的两个因素是用户和服务。此外，用户需要在一个环境下进行服务体验，这个环境对用户体验服务的过程也存在较大的影响。因此，环境因素也应作为 QoE 的构成要素。这样就可以以用户、服务和环境来综合定义 QoE。

QoE 影响因素如图 5.42 所示，用户因素主要反映用户自身的特性，包含用户自身的背景情况、体验服务时的身心状态、期望，以及整体的体验经历。其中，背景情况主要指性别、年龄、国籍、学历、价值观等用户自身属性因素。

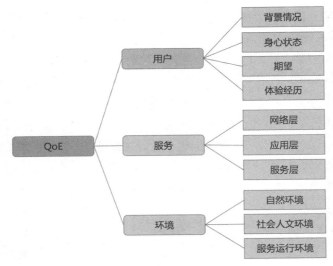

图 5.42 QoE 影响因素

服务因素可分为网络层、应用层及服务层三部分。网络层的具体参数反映网络传输的情况，如带宽、时延、抖动、丢包、误码率等。应用层的参数反映未经网络传输的服务质量，以视频服务为例，可包含分辨率、帧率、编解码等，同时也可包含 OSI 模型中会话层、表示层、应用层的影响。服务层的参数包含内容类型、应用等级、质量保证、定价等服务特点。

环境因素包含自然环境、社会人文环境、服务运行环境。其中，自然环境参数主要是指与物理环境相关的参数，包括位置、光线、噪声、时间等。社会人文环境包括社会观念、文化习俗等。服务运行环境主要是指技术及信息环境，包括硬件环境、软件环境等。

通过对以上影响因素进行分析，设立量化指标，就可形成系统性的 QoE 量化评价体系，具体的量化方法和评分机制在这里不做赘述。

第**6**章

视频物联网云平台

视频物联网三大要素分别是智能感知、智能联网、智能集成。智能感知主要是指智能化的视觉传感器，其具备视频获取功能并嵌入便携式的视频分析能力，同时适合进行人机交互。智能联网是指对视觉传感器的智能化的联网，该过程依赖于新一代的视频物联网平台，需要支持无处不在的无线接入系统，具备大规模的联网云计算平台，同时具备边缘计算和雾计算的能力。智能集成是指对视觉信息数据进行中心收集和集成，以具备对数据的高效结构化分析整合功能，从而有效地对数据进行搜索及整合调用。如何构建一个支持海量视频物联网设备接入、高并发业务数据传输、智能分析调度的视频物联网云平台是实现最终智能集成的关键问题。

为了突破超大规模视频物联网服务在感知、通信、存储、计算等方面的技术挑战，视频物联网的技术架构一般包括终端设备、基础设施、核心能力、平台服务、能力开放和场景应用。通过构建包括端、管、云、智、安等环节的核心能力，对感知技术、音视频编解码、多媒体传输、云原生、云边端协同、全链路安全保障等技术进行深度融合，向上为平台服务提供能力支撑。平台服务为客户提供全面、丰富的视频物联网服务，并通过能力开放对外输出视频物联网能力。视频物联网技术架构如图 6.1 所示。

为支撑超大规模视频物联网服务，视频物联网通常采用"2+N+31+X"的四级部署架构方式，如图 6.2 所示。第一级的双活业务中心用于运行核心的业务系统，承载重要用户数据，采用同城双活和异地热备的两级容灾模式，保障核心业务系统可靠运行；第二级的能力中心用于终端接入、用户接入的实时调度，采用分大区模式进行区域化管理；第三级的省级节点提供视频转发、直播、存储、计算等服务，将全网业务划分到每个省，实现数据不出省、降低跨省主干网带宽消耗，同时可满足视频物联网专业项目的数据安全性要求；第四级的边缘节点按需建设，将存储、算力下沉到地市、县区级别，提供边缘推流、存储、计算服务，能显著降低视频传输时延，提高存储和视频 AI 推理的效率。"2+N+31+X"部署架构具备就近接入、四级容灾、存智一体的特点，可为视频物联网提供低时延、高速率、强安全、强计算的使用体验。

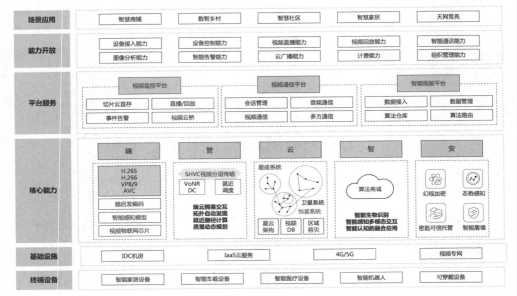

图 6.1　视频物联网技术架构

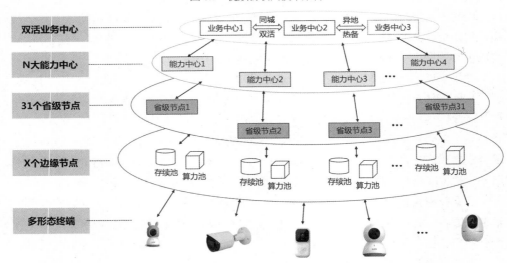

图 6.2　视频物联网的部署架构方式

　　视频物联网强调视频技术在物联网技术体系中的重要地位及其在物联网应用中的核心价值，拓展了传感器及智能装置的内涵与外延，强化了感知层的融合能力与智能采集能力、网络层的自适应性与兼容性、平台层的共性化和海量数据处理能力、应用层的定制化和智能处理能力。通过将传感器、智能手机、智能电视、智能音箱、智能门铃等各种智能终端接入视频物联网云平台，视频物联网云平台对接收到的数据进行智能化挖掘分析与加工处理,实现泛在终端、深度体验、自然交互、多维感知的智能通信模式。

视频物联网云平台是新一代的智能化物联网平台,依据平台融合视频监控(含对讲、云存等)、视频通信、视频智能分析等业务的功能特性,可将视频物联网平台分为三部分:视频监控平台、视频通信平台、智能视频平台。这三部分都遵循上述的平台架构特性,下面分别介绍这三部分。

6.1 视频监控平台

本节主要包括视频监控平台概述、视频监控平台的体系架构及关键技术、视频监控平台的功能。

6.1.1 视频监控平台概述

近年来,视频监控平台的应用在人们日常生活中随处可见,其在商业综合体、酒店、沿街店铺等公共场所,通过监控摄像头为这些公共场所提供人员、财产等方面的安防监控。监控摄像头在一些家庭场景中也越来越普遍,其结合手机 App 为家庭提供安防监控服务。这些应用背后都依赖于视频监控平台的支持,平台采集摄像头视频数据,经过传输、存储、分析、处理,在手机 App 中输出呈现。

视频监控平台的发展经历了模拟视频监控、模数混合视频监控和数字视频监控。随着"5G+AI"技术的发展,视频监控逐渐智能化并和物联网产生紧密联系,视频监控平台有了转向大集成化、云化、场景化的明显趋势。在此趋势下,互联网厂商纷纷加入了安防监控行业,提供大集成化、云化、场景化的视频监控平台基础设施,吸纳设备厂商接入平台,共同构建安防监控生态圈。

随着数字化转型的快速推进,视频监控的应用正加速推动数字城市、智慧出行、智能制造、健康医疗、智能教育等领域的应用发展,安防监控的应用已不局限于监控,正在更广泛的领域中催生大量新应用。

6.1.2 视频监控平台的体系架构及关键技术

视频监控平台是一个复杂的系统,本节从端到端的设计角度先对其体系架构进行整体介绍,然后通过接入技术、存储技术和视频云桥技术三个方面的关键技术描述,进一步介绍视频监控平台的关键技术。

6.1.2.1 体系架构

视频监控平台处于视频监控端到端链路的中间位置,其前端是泛智能终端,主要有智能猫眼、智能门铃、带摄像头门锁、监控摄像头等设备，后端是融合跨屏客户端，提供视频浓缩、视频回放、语音对讲、事件告警、场景联动等视频服务。

视频监控平台在体系架构上一般分为接入系统、存储系统、南北向云桥系统和建立在这些系统上的视频服务能力，其体系架构如图 6.3 所示。

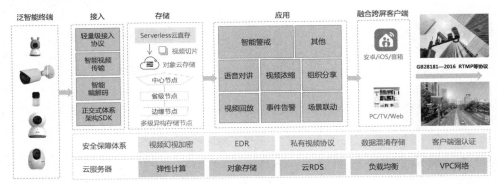

图 6.3　视频监控平台体系架构

在接入系统方面，视频监控平台支撑大规模终端设备与云平台间的信令控制和数据传输。在存储系统方面，视频监控平台支撑大规模视频数据高效、可靠存入和实时读取。视频监控平台通过南北向云桥系统可打通平台视频资源共享渠道。在平台视频服务能力方面，视频监控平台主要提供异常监控告警相关能力、视频输出呈现相关能力、联动控制相关能力和视频 AI 分析相关能力。

6.1.2.2　接入技术

接入系统处于终端设备与云平台的边界，接入技术体系的挑战是对大规模泛视频类设备的接入支持、高效低时延的视频传输和建立标准化协议的接入体系。下面从正交式体系架构 SDK 和轻量级接入协议两方面对接入技术体系中关键的接入技术进行介绍。

1. 正交式体系架构 SDK

正交式体系架构 SDK 是指将云平台能力进行封装，以最简化 API 接口对外提供基于 C/C++的软件包，该 SDK 内部将软件功能模块化，模块之间松耦合，平台新功能的引入不影响原模块，所有模块均可按需灵活裁剪、打包输出，支持终端设备以低代码、按需集成功能的方式集成云平台最新能力。

SDK 按正交式体系架构进行设计，正交即模块之间松耦合，模块与模块之间分离，整体与模块之间协同。SDK 由硬件抽象层、系统接口层、业务逻辑层、应用编排层四层构成，SDK 分层如图 6.4 所示。

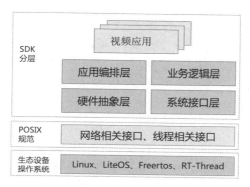

图 6.4　SDK 分层

1）硬件抽象层

在原生系统之上构建硬件抽象层，对设备硬件能力进行统一描述，隔离 SDK 与硬件的依赖关系，在 SDK 上建立硬件模型，将各类硬件能力按最小功能单元抽象描述并在硬件模型中注册，使 SDK 可以通过硬件模型调用底层硬件能力。

2）系统接口层

系统接口层基于 POSIX 规范，在设备系统中为 SDK 提供一套统一的 API 系统调用接口，SDK 仅使用 POSIX 规范里的网络和线程相关的函数，不对操作系统有过多的依赖。

3）业务逻辑层

业务逻辑层遵循高内聚、低耦合原则对业务进行分模块设计，将关联紧密的功能放在一起，各功能之间尽可能不相互影响。基于实时订阅发布协议（Real-Time Publish-Subscribe，RTPS）为模块提供分布式消息订阅与发布功能，解耦模块间异步通信依赖，使业务逻辑层设计正交化。

4）应用编排层

设备通过调用业务逻辑层能力表现为具体应用，如视频监控、区域告警、设备联动、人脸抓拍等。应用编排层基于服务发现和服务调度技术，对应用进行注册、卸载、调度等管理，使各应用间降低耦合，具有独立运行、灵活替换的特点。

2. 轻量级接入协议

轻量级接入协议是一种基于"WebSocket+JSON"构建的轻量级 IoT 双向信令协议，其采用互联网成熟的"WebSocket+JSON"作为基础信令协议，更加契合未来 5G 和物联网的发展趋势。其中，WebSocket 负责报文的底层传输，JSON 负责报文的序列化与反序列化，JSON 中承载的信令内容为私有协议，通过设计 RPC 和 EVENT 私有协议信令，实现服务和设备的信令实时交互。手机 App 通过调用云端 API 将指令下发至设备端，实现丰富的远程信令控制，包括摄像头画面实时预览、高清直播、云台控制、远程升级、录像回放等功能。设备与平台之间的心跳机制使平台能够实时获取设备工作状态，并结合手机 App 请求逻辑和平台套餐信息，准确地判断设备是否处于工作异常状态，并及时下发指令进行调整。

WebSocket 是一种基于 TCP 连接的全双工通信协议，区别于 HTTP 采用的短连接机制，WebSocket 采用长连接机制，服务器与客户端完成一次握手后，创建持久性连接，并在此连接上进行双向数据传输。此外，WebSocket 的协议开销较小，数据报文头部中的协议控制字段较小，在不包含扩展字段的情况下，服务端发往客户端的报文头部只有 2～10Byte，客户端发往服务端的报文额外再加 4Byte 的掩码，相比 HTTP 每次通信都需要携带完整的数据报文头部，这样能更好地节省服务器资源和带宽，并且能够更实时地进行通信。基于轻量级接入协议的设备与平台整体信令交互时延为 100ms 以内，可大大提升用户体验。

6.1.2.3　存储技术

视频监控技术相对其他信息行业技术有很大不同，因为其对大规模数据传输、存储及检索有更高的要求，所以在存储体系设计上，视频监控存储架构采用基于智能调度、边缘优先、级联容灾理念的立体式调度直存架构，通过视频切片云直存与多级异构存储节点结合，进行云边端协同，实现大规模立体调度。

1. 视频切片云直存

视频切片云直存是指直存能力下沉到边缘，在设备端加入视频切片、安全加密、重传机制，充分利用边缘计算，并加入分片缓存和长短连接的自适应机制，可提升网络抗抖动能力，突破原有转存方案媒体服务器资源占用过高的瓶颈。

云存与云直存示意图如图 6.5 所示。

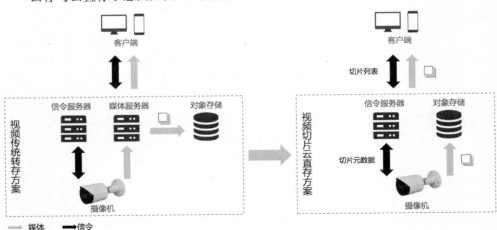

图 6.5　云存与云直存示意图

　　视频切片云直存的实现分为分片抗抖动队列、内容缓存预录机制、二阶段提交机制和合并确认机制。

　　1）分片抗抖动队列

　　云存数据以一定时间段（如10s）分片短连接传输，若出现网络抖动，则只需要将被影响分片重传即可。分片队列方式可抗网络抖动，同时录像回放加载指定分片可加快数据读取速度。

　　2）内容缓存预录机制

　　视频的预录分片缓存在设备内存中，当平台开始接收录像时，内容缓存预录机制将预录分片及后续分片发送给平台。预录机制可以确保告警信息的完整性，增强告警业务的可靠性。

　　3）二阶段提交机制

　　在准备阶段，设备向服务接口发送创建请求，若服务器已准备好，则返回分片上传URL；在提交阶段，设备向服务接口发送保存请求，确认分片上传成功。二阶段提交机制可确保数据一致，增强云直存功能的稳健性。

　　4）合并确认机制

　　合并确认机制是指本分片在云直存服务的创建请求中，对之前的分片进行保存确认，以减少保存请求。合并确认机制可降低提交开销，增强设备云直存功能的可靠性。

　　视频切片云直存技术将存储处理下沉到前端，释放大量云资源，同时降低运维难度，更适合存储业务快速增长的应用。

2. 多级异构存储节点

　　多级异构存储节点是中心智能调度、边缘优先、级联容灾的存储节点体系。中心智能调度是指根据"双中心+多边缘+N可用区"的负载量、健康度、业务QoS、出货渠道等因素综合评价，决定当前最佳设备接入节点。云存采用边缘优先策略，由于终端与边缘距离更近，因此能节约主干网带宽，传输稳定性更高，避免影响用户的其他网络使用。存储结构采用级联容灾，当节点出现网络故障时，自动纵横向寻址，完成组团式容灾，实现单节点业务恢复时间从小时级控制到分钟级控制。多级异构存储节点技术的核心是智能调度技术，其技术实现过程如下。

　　（1）当机房正常工作时无缝调度，即当调度的源和目的机房都正常工作的情况下，可以进行无缝调度，保证云存数据不丢失。无缝调度需要终端设备支持云直存的重定向功能。不支持重定向功能的终端设备会出现部分云存数据丢失。正常调度请求流程先从流媒体网关（StreamGW）发起机房调度请求，当设备终端侧在进行切片创建时，再返回重定向响应，如图6.6所示。

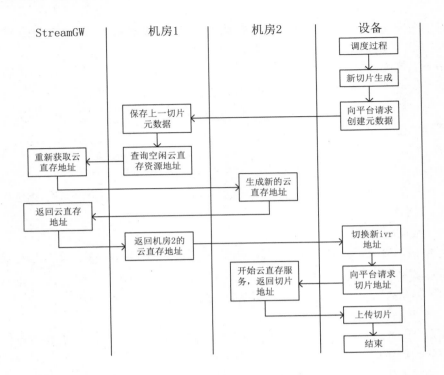

图 6.6　正常调度请求流程

（2）当机房出现故障时进行异常情景调度，即当机房出现故障时，需要及时将终端设备从故障机房迁出，但故障机房很有可能已经失联，无法正常通信或提供服务，终端设备的调度会进入调度中的中间状态，终端设备侧云直存会出现上传请求失败，通过心跳机制将云直存停止的情况反馈给信令平台。信令平台重新到流媒体平台获取新的云直存地址。如果此时还没有经过上一步的终端设备调度，流媒体平台返回失败，或者仍旧返回机房 1 的云直存地址，那么信令平台不会下发重启云直存指令到终端设备，或者仍旧下发机房 1 地址到终端设备。这样，终端设备仍旧会上报云直存停止的情况，信令重复刚才获取云直存地址下发云直存指令的操作，直到上一步设备调度完成，信令平台获取机房 2 的云直存地址并下发至终端设备后，终端设备调度到机房 2 正常开始云直存，如图 6.7 所示。

（3）上述调度完成后，终端设备状态为调度中，流媒体平台需要开启定时任务，定时获取设备调度状态，若设备已经从机房 1 迁出，或者已经调度到机房 2，则更新终端设备状态为调度完成，如图 6.8 所示。

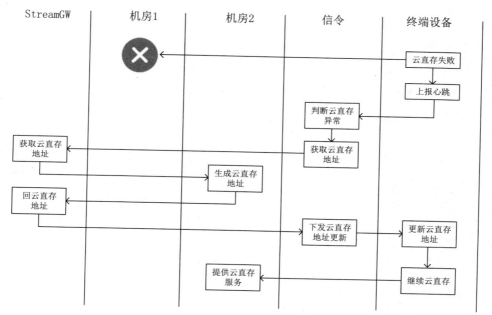

图 6.7　调度异常处理流程

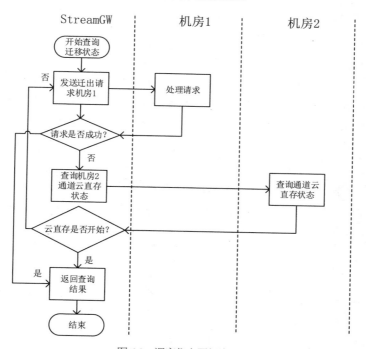

图 6.8　调度信息更新流程

目前，多级异构存储节点技术一般能支撑几千万台设备边缘的快速接入、7×24h连续云存储、分钟级容灾切换。

6.1.2.4 视频云桥技术

由于安防监控平台系统集成商之间的接入协议各不相同，因此平台之间存在数据互联互通障碍。视频云桥技术的主要作用就是减少重复建设，促进平台之间的数据互联互通。

视频云桥技术是基于混合云模式、多协议互通的视频网关技术，北向接口将视频流进行标准化输出，可对接全国性第三方统一平台，如公安天网、雪亮工程等，输出视频能打造智能追踪、数管乡村等智能场景化应用；南向接口可实现省侧零散视频监控平台的视频汇聚，面向用户统一入口，便于村委统一管理。

视频云桥主要由北向国标网关、南向国标网关组成。

（1）北向国标网关主要由管理服务、信令服务、媒体服务和编解码器等组成。

a）管理服务：对组织、业务逻辑、设备信息、状态等进行统一管理。

b）信令服务：支持 GB/T 28181—2016，通过该服务对接公安天网、雪亮工程，北向网关作为下级平台，将组织、设备推送给上级平台，并提供注册、心跳、订阅、组织查询、设备查询、告警、直播视频、录像查看等功能。

c）媒体服务和编解码器：将第三方平台的摄像头音视频流通过 H.265 转码为 H.264，以 PS（Program Stream）打包、RTP 打包的形式传输给公安天网、雪亮工程。

（2）南向国标网关主要由管理服务、信令服务、媒体服务和编解码器等组成。

a）管理服务：对下级平台进行注册管理、组织目录和摄像头的管理。

b）信令服务：支持 GB/T 28181—2016，能够作为服务端接收下级平台的信令注册，对下级平台进行组织查询、直播和录像的信令交互，将第三方平台的摄像头通过国标接入视频监控平台。

c）媒体服务和编解码器：将第三方平台发送的 RTP 音视频流进行 RTP 解包或 PS 媒体解包，并将 H.264/H.265 进行重新编解码处理，将处理后的音视频流传输至管理版进行页面输出。

6.1.3 视频监控平台的功能

视频监控平台通过"云端+客户端"模式为用户提供视频监控相关服务，本节主要介绍视频监控平台常见的一些功能。

6.1.3.1　智能警戒

智能警戒是运用"视频+AI"技术对安防摄像头进行异常场景检测预警的智能应用，其为用户提供区域入侵等智能告警，满足用户对安防多样化的安全需求。智能警戒功能可以分成图像/视频流人脸识别、厨房制服规范识别、车辆（车牌）识别、电梯非机动车识别等几类，其功能的实现具体可以分为通道协议、内容上报和智能分析三部分。

（1）通道协议部分主要基于 GA/T 1400.1—2017 进行设备连接保持。首先，需要进行智能设备注册；其次，需要定时进行时间校验及连接保活，设备与平台保持连接后，根据设备支持的 AI 能力（抓拍能力、人脸识别能力等）将采集的数据上报到平台；最后，当设备退出服务时需要进行注销操作。

（2）内容上报过程主要依靠设备事件告警。通过设备在日常多场景下采集的移动、人形、区域入侵等告警信息，提供智能分析所需的数据，通过 GB/T 1400.1—2017 通道上传图像至业务平台进行智能分析。由于该过程是整个智能警戒功能的分析依据来源，因此对智能设备安装要求较高，形成了一系列安装规范。

（3）智能分析主要通过 AI 算法对人脸、光学字符等进行识别，分析结果用于智能警戒判断。以光学字符识别场景为例，能够检测监控画面中的特定目标，如后厨场景中的厨师帽、口罩及厨师服，电梯场景中的电瓶车，道路场景中的车辆、车牌，并自动提取图像视频中的车牌信息（含汉字字符、英文字母、阿拉伯数字及车牌颜色）。通过 AI 图像识别算法，对视频序列进行目标识别、分析，得到用户需要的目标位置，从而完成识别过程。

6.1.3.2　视频回放

视频回放是在利用终端视频存储技术存储的历史视频数据中进行查询并在客户端进行播放的技术，包括视频存储和视频回放两个环节。

视频存储主要分为云直存及云转存两类，相较于云转存，云直存可以减少大量媒体服务器资源，有效降低平台建设维护成本。云直存由视频设备终端缓存并对视频数据进行切片，常用 TS 封装，每个切片时长为 10s，然后遵循云直存协议将切片文件直接上传至 OSS（Object Storage Service）等对象存储，视频数据不经过流媒体中台服务器。

视频回放通过 HLS 协议进行分发播放。设备收到云直存地址后，按照云直存协议和分片云直存（Cached Segment，CSEG）服务进行交互。其中，视频切片文件上传至 OSS 对象存储，视频元数据通过云直存服务写入 DB（数据库），视频元数据记录对应切片文件的 OSS 地址、时间戳数据和长度等参数，用于视频回放。手机 App 通过业务平台从流媒体中台请求 M3U8 数据。M3U8 数据记录了每个切片的请求地址，而这些地址实际为 Stream 接口地址。当手机 App 播放具体切片时，向 Stream 发送请求并从 Stream 中获得真实 OSS 中存储的切片地址，如图 6.9 所示。

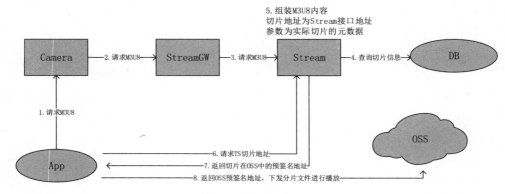

图 6.9　视频回放流程图

6.1.3.3　场景联动

场景联动是一种通过可视化方式设定设备之间协作规则的技术，场景表示一种特定条件下的状态，包括事件发生的时间、地点及可以联动的所有物联网设备，联动是指物联网设备按照一定规则自动执行一连串动作。用户通过简单的界面操作，设置特定场景下的触发条件、执行条件、执行动作，就可以完成一套复杂执行流程的编排，只要满足触发条件，就可以让多台物联网设备实现联动工作。

场景联动是智能家居领域中的重要应用方式，传统的物联网设备采取单独售卖的方式，各台设备之间没有交互且功能单一、使用成本大，难以被普通消费者接受。场景联动通过可视化编排降低了用户的操作难度，使物联网设备之间有了联系，无限拓展的场景设计丰富了产品功能，为真正实现万物互联做出贡献。

场景联动的实现主要基于以下几项关键技术。

1）流式规则引擎

流式规则引擎是场景联动的核心技术，通过流式规则引擎可实现触发条件及执行条件的判断。由于需要支持的触发器种类较多且并发量大，并且场景联动的业务表现对实时性要求较高，因此选择流式规则引擎 Flink 对触发数据流进行实时计算。Flink 具有高吞吐、低时延、操作简单的特点，并且基于 FlinkCEP，可以实现从界面编排语义到 FlinkSQL 的转换。用户通过界面配置的联动规则，由翻译器转译为 FlinkSQL，触发器产生的数据通过消息队列投递到 Flink 并利用 FlinkCEP 实现实时数据的过滤，最终执行相应的动作。

2）边缘场景联动

场景联动规则还可以通过下发的方式部署在边缘实例中，不仅可以实现本地的快速响应，还可以在断网的情况下继续使用。例如，用户可以设置当摄像头听到声音时自动移动云台并进行声光报警的边缘场景联动规则，平台对上报的规则数据进行转译，生成规则语句，规则语句通过信令下发到设备，设备集成的轻量化流式规则引擎会对规则语句进行解释，生成可执行代码，从而使联动规则生效。

3）智能场景设计

为了进一步降低用户的使用成本，平台为用户提供了丰富且定制化的智能场景设计方案。一方面，可以根据用户使用情况自动推荐符合用户使用习惯的场景设计，平台收集用户物联网设备的信息，包括设备的能力集、设备事件产生的时间及位置等数据，存入数据分析平台。数据分析平台会定期统计设备信息，一旦发现满足用户需求的特定的预设场景，就会自动推荐给用户。另一方面，平台面向用户提供不同场景的解决方案设计，可以按照用户特定场景的需要设计物联网设备及对应的联动规则，场景联动规则会在设备售卖前预设，与设备作为一个整体打包进行售卖，在设备安装完成后，用户不需要进行任何设置，就可以使用场景联动功能。

场景联动为物联网设备创造了更多的使用场景，拓展了智能家居市场，使用户可以快速地享受物联网带来的便利，有利于丰富安防产品类型，充实整个安防生态。

6.1.3.4　事件告警

事件告警是终端设备对检测到的声音告警、移动告警等各类异常事件上报、存储和呈现的管理方法，是场景联动应用的数据源头。

在一些大规模视频监控平台中，每 1 万台设备每分钟可产生近 1 万条事件告警，服务后台需要实时收集几千万台设备上报的事件告警，在对其进行存储的同时推送给不同的订阅用户。

为了提高单节点处理事件告警的并发和吞吐量，告警管理子系统采用"业务主机房+信令主机房+信令分机房"的分布式集群架构，将告警数据存储、告警数据管理和推送业务拆分成各自独立的微服务，可以动态地增加服务到集群，从而保障服务的可扩展性和高可用性。业务主机房主要负责订阅用户的个性化设置，信令系统主要负责智能监控设备的相关管理，包括设备的控制和设备上报告警的管理等。数据存储模块负责海量告警数据的落库和数据管理支持告警的查询与删除。业务层根据订阅者的设置进行告警推送。事件告警架构图如图 6.10 所示。

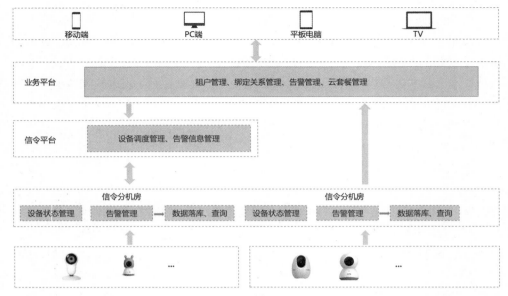

图 6.10　事件告警架构图

为了保障业务主机房告警数据与信令分机房落库告警数据的一致性，在告警管理子系统中加入了一些健康检查和数据打点。使用配置健康检查手段监测服务器开放的各种服务的可用状态，通过 Ping 检查服务器 IP 的连通性，通过 TCP/UDP 检查服务端口的 UP/DOWN。利用数据打点对账核查告警业务是否正常，实现实时预警。

信令系统分布式集群的设计，使得个别机房在出现故障时，可以快速将设备调度到其他可用机房，使新的业务数据读写不受影响，待故障机房问题修复后即可恢复查询历史数据。

以千万台设备规模为例，每 1 万台设备每天能产生大概 8TB 数据量，随着设备量的增大，数据量会越来越大，查询速率和网络带宽都可能出现瓶颈。为了解决大量事件告警的存储和查询、保障服务的高并发和高可用性，采用多分机房分库分表的设计。首先利用告警数据需要存储的天数不同，将表按存储天数拆分；其次根据告警数据呈现的时间特性，对表进行分区，将同一天的告警数据存储在同一个分区；最后通过对索引的优化，进一步提高查询效率。

根据存储天数分表和时间表分区的设计为定时清理过期数据提供了方便，通过定时任务可以快速获取过期的告警数据并进行清理，能大大降低数据库的存储压力。

6.1.3.5　组织分享

组织分享是指将用户账户中终端的查看、控制等操作权限开放给组织一级机构的管理方法。以分权分域方式细化管理权限，达到视频数据能灵活、便捷、可靠地被多方使用的目的。

组织分享及用户设备分权分域管理的核心为组织数据的构建，基于社会面场景下的组织方式构建出多叉树的数据结构，满足行政区划、政企组织、街道社区及自定义功能区划等各方面组织结构的管理需要。组织树结构如图6.11所示。

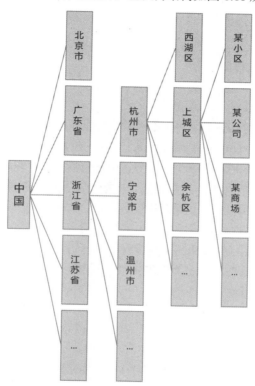

图6.11 组织树结构

组织树主要分为标准组织及自建组织，其结构通过不同来源方式构建生成。

标准组织以国家地理信息系统行政区划为依据构建，实现行政区划纬度业务管理，为数字乡村及安防业务在各行政区划的发展做好统一架构赋能。通过将国家地理信息系统数据导入组织管理系统，对各层级关键字模糊匹配算法进行处理实现组织架构同步更新；通过模糊匹配算法匹配当前组织树中的同义数据，有效避免歧义及冗余节点的大量生成。

自建组织由两部分组成，一部分由管理员在现有组织节点基础上手动创建，生成子节点数据；另一部分则由不同第三方平台将组织数据挂载至组织管理系统，第三方平台与组织管理系统约定挂载节点，通过同步三方平台组织树结构标识数据至挂载节点。待三方数据同步完毕后，以挂载节点为起点，通过深度遍历或层序遍历对节点下同步过来的所有数据进行梳理，生成组织管理系统的统一的树结构数据，完成组织树结构数据融合。

以树结构为核心数据结构，延伸设计出用户管理及设备管理业务。通过将用户数据与组织树结构节点建立关联，分化出用户的管理子树，实现用户分权分域管理。通过将设备分享到组织，挂载至具体组织树结构节点，将其纳入相应用户管理子树范围，实现用户对管理子树范围下设备的集中管理。

6.1.3.6　VoLTE 对讲

VoLTE 对讲是基于虚拟蜂窝跨域通信技术的、用户可以用手机 App 与终端设备直接进行实时视频对讲的一种应用。

目前，对讲是安防监控领域中比较常见的功能需求，常用的技术方案有基于 P2P 技术的对讲方案（以下简称 P2P 对讲方案）、基于 SRT 的对讲方案（以下简称 SRT 对讲方案）等。P2P 对讲方案和 SRT 对讲方案的底层通信协议是 UDP，通过 NAT 穿透方式在终端设备和用户手机 App 之间建立直接传输数据或服务器转发数据两种通信方式。NAT 的穿透效率很容易受到网络设备影响，如网关、防火墙策略等，所以 P2P 对讲方案和 SRT 对讲方案存在卡顿、断连等影响用户体验的短板，基于虚拟蜂窝跨域通信技术的 VoLTE 对讲则可以提供电信级对讲体验。

虚拟蜂窝跨域通信技术的优势是联网终端无需通信模组或芯片即可低成本获得电信级服务。

6.2　视频通信平台

视频通信平台顺应"高清化、智能化、多态化和泛在化"的通信发展趋势，结合 5G、千兆宽带、物联网、AI 等技术，基于物联网架构，通过建立分布式的云端综合视频通信服务能力，为各类终端设备提供超高清视频通话、会议协商、媒体录制、培训教育等多种服务。视频通信平台兼具 OTT 通话的超高清、灵活部署、低成本和电信级通话的必达、互通、可互动等优点。

6.2.1　视频通信平台概述

视频通信平台可提供超高清音视频通话能力，包括一对一、多对多音视频通话，支持高质量的多人会议。

视频通信平台支持 AI 环境噪声识别，可使通话远离噪声干扰，保证畅快沟通。

视频通信平台支持 AI 语音降噪，基于自研降噪算法，消除瞬态噪声，保留纯净语音，提升通话体验。

视频通信平台支持内嵌录制服务，将其与视频沟通过程整合，可自动完成视频沟通过程的录制工作，不需要人工操作。

为了顺应视频通信发展多态化和泛在化的发展趋势，视频通信平台通过采用SDK模块化的技术手段，支持包含桌面一体机、平板电脑、智能手机、电视机顶盒、可视电话、5G智能移动终端、智能音箱等多种终端的接入。

视频通信平台结合电信运营商业务基础，推出了特色通信业务，包括多终端VoLTE互通、增值服务等功能。多终端VoLTE互通打通了手机App终端、TV终端及VoLTE终端之间的音视频通信壁垒，可帮助电信运营商在无须改造核心网的情况下快速、灵活、经济地迭代部署各种新业务。

6.2.2　视频通信平台的体系架构及关键技术

视频通信平台采用先进的、层次化的网络架构设计模式，将平台服务、网络传输及终端接入进行分层关联，保证模块的独立性和架构的稳定性。同时，视频通信平台通过引入会话软控制、终端适配组件化、边缘调度、自适应高速媒体流传输、链路服务质量监控等关键技术，实现了一对一通话、多人多媒体会议等场景的高清音视频通话。下面对视频通信平台的体系架构及关键技术进行详细介绍。

6.2.2.1　体系架构

视频通信平台基于层次化结构设计和多样化、泛在化接入思想，采用层次化的网络架构设计，从下往上可分为设备接入层、传输服务层、平台服务层，视频通信平台的体系架构如图6.12所示。

图6.12　视频通信平台的体系架构

1）设备接入层

设备接入层起到终端接入的作用，是生态厂商终端设备与内部云平台的边界，接入体系的挑战是对大规模泛视频类设备的接入支持，以及高效、低时延的视频传输和建立标准化协议的接入体系。同时，设备接入层平台兼容 SIP、WebRTC 等标准协议的接入。

2）传输服务层

传输服务层提供数据传输的功能。传输服务层包括数据路由、网络加速、边缘调度、集群、链路等，能够把终端信息无障碍、高可靠性、高安全性地传送到视频通信平台。

3）平台服务层

平台服务层提供视频通信平台的核心能力。平台服务层向下连接传输服务层，支持随时暂停录制和恢复录制，只录制用户想要录制部分的视频，达到既能满足用户视频录制需要，又能节省资源的目的，其包括会话管理、音频通话、视频通话、多方通话、媒体录制、QoS、FEC 等。

6.2.2.2　会话软控制

针对物联网终端多样化、操作系统碎片化和互通壁垒化等情况，视频通信系统充分利用电信级语音通信协议全球标准统一和接口规范等特点，复用现有通信技术和协议标准，基于音视频通信会话控制信令协议（Session Initialization Protocol，SIP），定义了一套轻量级会话软控制协议，形成了全新低门槛的会话软控制接入技术。

会话软控制协议可以低成本、高效率地实现跨物联网终端品牌和操作系统的远程控制和交互，实现大、中、小、无屏各类终端互联互通，助力提升和丰富智能家居控制体验，从而推进智能家居的普及。信令控制示意图如图 6.13 所示。

图 6.13　信令控制示意图

6.2.2.3　终端适配组件化

智能终端形态多样、种类繁多，操作系统各有不同，要提供相应的应用与服务，存在开发周期长、成本高、重复性劳动多和资源浪费等问题。视频通信平台通过外围系统接入层、控制层和引擎层层级分离的方式，将终端接入 SDK 组件化架构。其中，引擎层基于音频 3A，即自动增益控制（Automatic Gain Control，AGC）、回声消除（Acoustic Echo Cancelling，AEC）、主动降噪（Active Noise Control，ANC），以及视频编码和弱网对抗等算法进行深度优化；控制层负责实现业务控制和通信控制分离；接入层则根据不同操作系统定义不同接口。当有物联网设备请求接入时，SDK可以仅针对接入层 API 改动，保持引擎层和控制层不变，即可快速适配不同的操作系统和物理芯片等。终端适配组件化架构示意图如图 6.14 所示。

图 6.14　终端适配组件化架构示意图

6.2.2.4　分布式实时流媒体边缘调度

基于传统的多媒体传输技术，视频通信平台提出分布式实时流媒体边缘调度技术，该技术克服了传统媒体传输与播放中存在的时效性差和播放卡顿等弊端，满足了用户对网络多媒体超清化传输的需求。

分布式实时流媒体边缘调度技术在现有硬件设备基础上搭建抽象虚拟网络通道。首先通过全局视野的拓扑路径发现并优化网络传输路径；其次通过部署区域及边缘服务节点实现设备就近接入，降低最后 1km 通信时延；最后通过在边缘节点部署标准化接口，根据业务需求快速实现加速能力开放。

分布式实时流媒体边缘调度技术利用公共互联网的共享带宽资源，多节点实时动态质量监控，以低成本提供专线级流媒体传输，实现高清视频数据边缘交换，保障业务稳定，可满足远程医疗、智慧教育和亲情沟通等应用场景对低时延的需求。边缘数据处理示意图如图 6.15 所示。

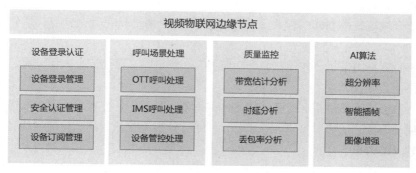

图 6.15　边缘数据处理示意图

1）设备登录认证

设备登录认证管理边缘节点登录设备的安全凭据，处理设备登录事件，管理维护设备订阅事件，用于被叫互通、智能设备控制场景。

2）呼叫场景处理

呼叫场景处理针对 OTT 场景，不涉及跨边缘节点的情况，可在边缘节点本地直接处理，包括 OTT 呼叫、设备管控处理等，其部分依赖中心节点数据的业务场景，需要将数据路由转发至中心节点，由中心节点处理具体业务，边缘节点起到路由转发作用，如 IMS 呼叫处理等。

3）质量监控

质量监控可实时采集边缘节点接入设备的音视频数据用于 QoS 分析，通过分析带宽估计、时延、丢包率等参数，选择合适的编解码方案、算法，提升用户体验。

4）AI 算法

AI 算法可在边缘节点部署 AI 模块，实现一些音视频增强效果，如 AI 智能降噪、回声消除、混响消除、自动增益、超分辨率、智能插帧、图像增强、人脸识别等。

6.2.2.5 自适应高速媒体流传输

自适应高速媒体流（Adaptive Quick Streaming，AQS）传输技术是通过智能编码降低码率、码流复用省带宽、双通道直播降时延的综合技术手段。区别于行业通用的音视频通信平台，视频通信平台基于家庭宽带、互联网环境运行，家庭宽带上行速率通常只有下行速率的 1/5，而高清摄像头码率高达 4～6Mbit/s，且 7×24h 占用上行带宽，同时用户手机 App 运行于 Wi-Fi、4G 等共享网络环境下，如何为用户提供高清、流畅、可靠的视频是该领域的一大挑战。

自适应高速媒体流传输技术包含智能编码、码流复用和双通道直播技术。

（1）智能编码是指对前后景进行分离，前端 AI 扫描视频画面，无运动的背景图像采用较低分辨率进行编码，人眼敏感的前景图像采用高分辨率编码，并结合智能 P 帧设计，升级传统长 GOP 方案，间断性插入智能 P 帧，降低冗余信息，达到降低码率的目的。

（2）码流复用是指合并预览流和存储流，在预览时，存储流合入预览流，起到省宽带的作用。

（3）双通道直播是指通过智能探测网络性能，从 P2P、转发双通道中选择优质通道，实现动态无感切换，保障可靠预览，并结合预加流技术，降低首屏加载时延，实现视频秒开的效果。

自适应高速媒体流传输技术是在 UDP 基础上做了一系列改进的自研多媒体高速传输协议，解决了传统流媒体传输时延高、稳定性差及安全性差等痛点。基于自适应高速媒体流传输技术，对直播、远程回放、语音对讲等业务处理做了框架重构，同时对设备端、媒体服务器及客户端做了针对性的优化，使用户体验有了极大提高，软件也具备了更好的扩展性及兼容性。

依托自适应高速媒体流传输技术在多媒体传输中的优势，视频通信平台按步骤对一对一视频通话、多对多视频通话、直播推流、语音对讲等核心功能展开以下技术革新。

（1）直播推流。项目前期直播使用 RTMP 推流有时延高、弱网下卡顿、花屏问题概率高、不支持 HEVC/VP9 编码格式等缺点。通过 RTMP 改为 AQS 协议推流，支持多种传输协议和多种编码格式，同时解决了高时延、卡顿及花屏等问题。

（2）高清视频通话。基于 AQS 双向通信特性，在设备端、客户端及服务器集成 AQS 协议，提高接入成功率，且通话质量得到保证。

（3）卡回放。项目前期的卡回放业务使用端到端 P2P 通信，类似语音通话，常有打洞失败问题发生，在播放过程中可能会出现花屏、卡顿现象，并且客户端播放器代码和 P2P 协议强相关，导致代码通用性、稳定性、扩展性都较差。视频通信平台通过在设备端集成 AQS 协议的数据发送，播放器集成 AQS 协议的媒体解析及解码显示，信令服务器添加录像控制等一系列处理，技术栈得到升级和简化，设备接入成功率和画面质量也得到提高。

6.2.2.6　链路服务质量监控

由于接入视频通信平台的终端设备种类繁多，网络比较复杂，接入终端的带宽参差不齐、时延高、不稳定，因此在 IP 网络上保证音视频数据传输的质量是一个非常重要的问题。针对这一问题，视频通信平台提供了完善的链路服务质量监控（QoS），保证音视频数据的低时延、超高清传输。QoS 是网络与终端之间及终端与平台媒体服务器之间关于音视频媒体数据传输与共享的质量相关的约定，如传输允许的时延、最小传输画面失真度、声像同步等。

QoS 目前可以分为集成服务和区分服务两种类型。

集成服务是通过在网络中为固定的业务流量保留部分带宽，为该服务提供端到端的透明通道服务。这种类型的服务可以对音视频媒体传输相关的业务应用提供非常可靠的 QoS 保证，但是这种保留带宽的方式会极大地占用网络带宽，造成网络带宽资源的浪费。

区分服务是一种基于每一跳的 QoS 策略，网络中的每台数据中继设备或流媒体服务通过检查每个数据报文的包头信息对流量进行分类，然后根据制定好的调度策略来确定数据的转发方式。该服务与集成服务相比，更加灵活且效率更高。区分服务包含拥塞管理与拥塞检测避免两种检测机制。

视频通信平台针对不同的应用场景采用前向纠错（Forward Error Correction，FEC）、关键帧请求（Picture Loss Indication/Full Intra Request，PLI/FIR）、接受信息反馈（FeedBack）、带宽探测等多种技术手段相结合的方式，保证视频画面的流畅度和清晰度，力求为用户提供最佳使用体验。

6.2.3　视频通信平台的功能

视频通信平台的功能主要包括高清视频通话、媒体录制、质量监测及会话控制等，下面分别对各功能进行说明。

6.2.3.1　高清视频通话

高清视频通话是一种交互式的多媒体数据业务，可以在多个不同的地点之间实现交互式通信。视频通信平台引入 VoIP/多媒体通信领域前沿算法和研究成果，实现智能终端之间的视频互联互通。另外，视频通信平台支持接入中国移动 CM-IMS 核心网，完成落地呼叫业务和跨域互通，包括呼叫的建立、修改和释放。

视频通信平台采用自研的优化后的视频编解码、AAC 音频编码标准、回声消除、降噪控制，以及对弱网对抗等算法进行深度优化，实现了视频媒体流高可靠、低时延传输。通过实现视频通话的低码率、高压缩率，视频可以更加流畅清晰。

另外，平台通过采用终端接入 SDK 架构组件化技术，支持根据不同操作系统定义不同接口，可快速适配不同的操作系统和物理芯片等，支持 Android、iOS、Linux、LiteOS 等多种操作系统的快速接入。

视频通信平台不仅有一对一音视频通话、多方音视频会议、CS-VOIP 混合会议等基础功能，还有音频的变声、会议录制、近场呼啸抑制、视频的美颜和特效、会议白板、远程桌面、人脸检测等特色功能。

6.2.3.2　媒体录制

媒体录制提供高清视频通话视频录制的功能，通过这个功能，能够帮助用户更好地实现录制整个高清视频通话的过程，包括一对一音视频通话的录制和多方音视频会议的录制。媒体录制生成的文件存储在平台侧并自动生成回放链接，用户即使切换设备也可以快速进行查看。平台支持断点续录功能，支持随时暂停录制和恢复录制，只录制用户想要录制部分的视频，达到既能满足用户视频录制需要，又能节省资源的目的。

6.2.3.3　质量监测

随着 5G 应用的普及，网络中传输的数据呈现爆发式增长，大量数据给网络传输带来巨大的挑战——网络服务提供商需要在技术层面做到对瞬息万变的网络环境有很强的适应能力，需要合理利用抗丢包、抗抖动、拥塞控制等手段应对变化的网络，需要在不同的网络特征和用户场景下充分发挥各项技术的优势，扬长避短，在有限的网络资源中，找到时延、画质、流畅三者之间的最佳平衡点，提供良好的音视频传输服务。

质量监测平台作为媒体信息的接收端，设计了多种 QoS 方案，实现了高可靠的媒体传输，其技术包括但不局限于前向纠错、丢包重传请求、带宽探测、关键帧请求、接受信息反馈等。

前向纠错是指在终端发起音视频流的同时，发送一些冗余数据，防止网络传输过程中的丢包。当平台检测到媒体数据出现丢包时，可以利用终端发送的冗余数据将媒体数据进行恢复。

丢包重传请求是指进行传输层媒体包序的连续性检查，当出现非连续包时，经过一定的超时，向客户端发送丢包信息，使客户端进行丢包数据的重传。这样做的优点是码率利用率高，缺点是会引入额外的丢包恢复抖动，从而增加时延。

带宽探测是指通过对参数采用某种计算方式，并根据参数的不同，主动调整媒体流发送速率，从而快速检测当前网络的可用带宽，达到有效利用网络资源的目的。

除了前向纠错、丢包重传请求、带宽探测等常规技术，平台还采用长期参考帧技术。不同于以往的向前一帧的参考规则，长期参考帧技术可以更加灵活地选择参考帧，在出现丢包的情况下，平台不用等待丢包也能修复流媒体数据，保留画面显示的流畅性。这样就能够大大降低时延，不需要等待重传恢复，但是这种做法同时也降低了压缩率，在相同码率下，图像质量会略有降低。这种情况适用于在带宽不足时，用户对流畅度的要求高于清晰度的场景。平台针对不同的使用场景，采用不同的技术手段，力求为用户提供最佳使用体验。

6.2.3.4　会话控制

通常情况下，会话是指多个通信设备之间或通信设备与用户之间的信息交换，在媒体协商完成后建立，在会话结束后销毁。

会话一般是有状态的，这意味着会话的历史状态必须保存到至少一个服务实体中，以便后续的会话控制可以继续进行，这与无状态的通信相反。

视频通信平台中的会话是指一次通信过程中所有参与者之间的关联及他们之间的媒体流的集合。会话一般需要建立和销毁多媒体，参与者之间还需要协商媒体的地址端口、编码格式等信息。SIP 带有会话建立、会话管理的功能，再配合 RTP 和 SDP 来进行媒体的传输和协商，是比较合适的选择。SIP 会话控制基本注册流程如图 6.16 所示。

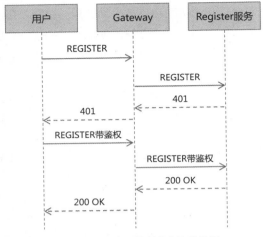

图 6.16　SIP 会话控制基本注册流程

SIP 会话控制基本呼叫流程如图 6.17 所示。

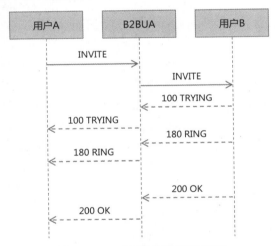

图 6.17　SIP 会话控制基本呼叫流程

　　SIP 会话控制服务应该包含注册服务，如 B2BU（背靠背用户代理服务）、Proxy 代理服务、重定向服务等。用户在会话开始前，要先登录注册服务进行鉴权，鉴权成功后通过 INVITE 消息向 B2BUA 发起通话请求，由此建立用户和 B2BUA 之间的信令会话和媒体会话。B2BUA 通过被叫号码，向下一跳（通过 Proxy 转发或直接到被叫用户）发起呼叫请求，用户收到消息后最终会发送 200 OK，通过反向的流程返回给主叫并协商媒体，由此两方或多方的信令和媒体会话就建立了。当一方用户要结束会话时，通过发送 BYE 消息来结束会话并销毁媒体。在会话过程中需要更新会话，如更新视频编码格式。音视频切换的情况可以通过 UPDATE 消息来实现。

6.3　智能视频平台

随着 AI 技术的发展，相应技术已逐步应用到视频的智能处理中，形成了相应的智能视频平台，本节包括智能视频平台概述、智能视频平台的体系架构及其功能。

6.3.1　智能视频平台概述

在物联网中，智能视频平台是提供视频检测和分析技术服务的平台，如图 6.18 所示，其前端是各类智能终端，后端是智能算法，上层是场景化应用，智能视频平台处于中心位置，提供了算法与终端到具体应用之间的桥梁。常见的智能视频平台可以提供人脸检测识别、车辆检测识别、视频结构化、手势识别、姿态识别等多种功能，覆盖安防、娱乐、教育、金融等多个领域。

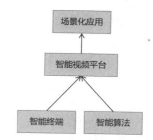

图 6.18　物联网中的智能视频平台

6.3.2　智能视频平台的体系架构

智能视频平台的体系架构如图 6.19 所示，通过数据接入模块获取智能终端采集的数据，并调用封装了海量智能算法的算法服务进行分析，将原始数据和业务数据集中管理，方便展示和优化算法。智能视频平台的底层是人脸检测识别、车辆检测识别、姿态识别等各类智能算法。立足于智能视频平台，上层可以搭建丰富多彩的应用，如人脸考勤、明厨亮灶、车牌识别等。

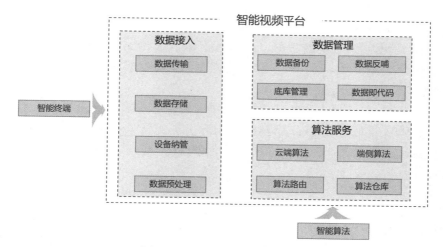

图 6.19　智能视频平台的体系架构

6.3.3 智能视频平台的功能

智能视频平台的功能包括数据接入、数据管理、算法服务三部分，下面分别对其进行介绍。

6.3.3.1 数据接入

数据接入是智能视频平台的基本功能，一般包含以下四个方面。

设备纳管：智能视频平台的数据一般来源于手机、安防摄像头、智能音箱、智能台灯等智能终端，多种智能终端对应复杂的上层业务，需要通过统一设备纳管体系进行业务权限管理和设备所属组织管理等。

数据传输：设备上的视频数据通过第5章提及的传输技术和第4章提及的编解码技术进行高速的数据传输，从而保证业务低时延、高质量运行。

数据存储：数据传输到平台侧以后，一般需要通过OSS（对象存储服务）对数据进行存储和备份，并传输到分析模块进行处理。

数据预处理：由于视频数据量庞大，无论带宽还是资源计算都需要较高的成本，因此大多业务仍以处理图片为主，需要在端侧进行截帧处理，部分应用若需要保存完整的视频，则可以在平台侧进行截帧处理。

6.3.3.2 数据管理

智能视频平台侧的数据主要分为两种，一种是设备端上传的原始数据，另一种是经过算法服务处理之后的业务数据。

原始数据主要用于日常的备份存储及提供反哺数据以优化模型。获取反哺数据的一种方法是人工筛选分析错误的数据，但此方法的人力成本较高；另一种方法是主动学习，通过算法筛选得到低置信度的数据，使用在线标注系统对这些反哺数据进行标注，作为算法调优的补充训练数据，上述操作均在线上平台进行处理，以保证数据安全。在智能系统中，数据即代码，有时训练数据的重要性甚至超过数据本身，因此对数据建立版本库是十分重要的。

业务数据多样性更高，有用于前端展示的，如利用车辆、人流统计的结果可以实时显示地图某个区域的堵车和人流拥挤程度情况，从而指导人们选择出行路线；也有支撑业务运行的，如人脸识别系统的底库数据量较大且访问频次较高，对数据库的性能要求较高。

6.3.3.3 算法服务

在物联网场景中，智能算法的一大特点是"端云结合"。端侧算法与云端算法服务对比如表6.1所示，端侧算法以SDK形式提供服务，主要成本为研发和硬件的一次性投入，后续运营成本较低，它的时延相对较低，但受限于端侧算力，算法精度不会太高。此外，端侧算法在部署时需要适配各类平台，其研发周期相对更长。云端算法以 API 的形式提供服务，除研发和硬件的一次性投入之外，还需要持续支付数据传输的带宽成本，需要较大的持续成本投入。由于数据传输存在网络时延，因此云端算法的时延相对较高，但在成本允许的条件下，云端充足的算力可以支撑更高精度的算法。由于云端算法部署流程相对成熟，因此其研发周期也会更短一些。综上所述，在选择算法服务部署形式的时候，应该从算法精度、时延、成本三个角度考虑。若对算法精度有更高的要求，则云端算法是一个不错的选择；若对算法的时延有较高的要求，则端侧算法更优；若服务处理的数据量较大，传输成本激增，则端侧算法更为经济。在实际项目中，往往多种指标各有优劣，需要分清主次指标，综合考虑。

表 6.1　端侧算法与云端算法服务对比

指　　标	服 务 形 式	成　　本	时　　延	算 法 精 度	研 发 周 期
端侧算法	SDK	一次性投入	低	低	较长
云端算法	API	持续投入	高	高	较短

由于物联网智能视频业务种类繁多，需求各异，呈现场景化、碎片化分布，因此背后需要海量的算法模型来支撑。每种算法都需要提供多种维度的模型，按部署硬件分，有 NPU、GPU、CPU、FPGA 等；按模型的精准和性能平衡分，有大、中、小模型。算法仓库不仅给用户提供了一个友好的交互界面，也为管理算法的使用提供了可靠的保障。在前端，用户只需要选择算法功能，就能够看到算法支持部署的硬件平台、算法的价格和精度介绍；在后端，算法路由根据用户的选择找到对应的算法模型和其 API 接口。算法仓库实时监控各路由算法的运行情况，方便在需要时进行扩容。

第7章

AI 技术在视频物联网中的应用

随着科技的发展，物联网也正在发生翻天覆地的变化，各种形态的传感器层出不穷，其中，以视觉传感器最为常见，其会产生海量的数据。自从 AI 技术得到广泛应用，视频物联网的发展日新月异且迅速落地到通信、安防、交通等领域。

7.1 AI 技术概述

AI 的概念早在 1956 年的达特茅斯会议中就提出了，即期望机器能够像人类大脑一样学习思考，并对周围环境做出反应。AI 的发展阶段可以分为弱 AI、强 AI 和超 AI。弱 AI 的目标是让机器完成某个特定的任务，如人脸识别、宠物识别、语音翻译等；强 AI 的目标是让机器完成通用任务，其关键因素在于认知和理解；超 AI 的目的则是让机器在各个领域都超过人类大脑，是强 AI 的升华。当前技术所达到的 AI 大多为弱 AI，但人类对强 AI 的探究从未停止。

7.1.1 机器学习基础

机器学习是 AI 领域中闪耀的明珠。不同于基于规则的专家系统，它将统计学习的思想应用到 AI 算法中。由于机器学习不需要复杂的规则设计，有更好的稳健性和泛化性等优点，因此成为 AI 算法的重要实现方法。机器学习的核心在于模型和数据。根据训练样本是否具有明确的标签，机器学习可以分为监督学习、无监督学习和弱监督学习。监督学习是最常见的机器学习方法，该方法通过训练带有标签的数据获取对应任务的模型，但通常需要人工标注数据，因此又被称为"人工"智能；无监督学习不需要训练带有标签的数据，这也是现实生活中较常见的情况；弱监督学习用以解决监督学习和无监督学习之间的断层，由于样本标签常常存在缺失、错误、粗粒度等问题，因此监督学习难以训练，而重新标注正确的标签的成本太高，此时常常使用弱监督学习方法。

7.1.1.1　监督学习

监督学习是目前应用较广泛的一种机器学习方法。监督学习分为训练和预测两个过程。在训练过程中，将包含标签的训练数据输入学习系统，建立输入数据与标签之间的联系，得到一个模型；在预测过程中，将测试数据输入模型，得到对应的标签，如图 7.1 所示。

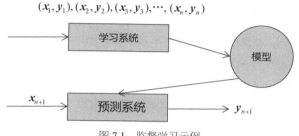

图 7.1　监督学习示例

监督学习主要包含回归和分类两种任务。回归任务的目标是建立一个最优拟合函数，其输出数据为连续数据。分类任务的目标是寻找决策边界，其输出数据为离散数据。目标和输出数据类型是区分回归任务和分类任务的重要标志。

回归任务对数据集进行分析，建立一个自变量作为输入数据 x，因变量作为输出结果，y 的回归函数 $y = F(x)$，并对函数进行求解，得到预测目标值 $\hat{y}$ 和实际标签值 y 总误差和最小的系数。此时，回归函数 $y = F(x)$ 就是建立的回归模型，其系数就是回归模型的参数，回归函数求解的过程也就是模型训练的过程。对于新输入数据 x_1，通过函数映射得到对应的预测标签 $y_1 = F(x_1)$。

分类任务通过训练，建立从输入空间 X 到输出空间 Y（离散值）的映射，即学习到各个类别之间的最佳分类边界。按输出类别标签数量，分类任务可分为二分类任务和多分类任务。

支持向量机（Support Vector Machine，SVM）是分类任务中的一个经典算法，其使用超平面对数据进行分割，如图 7.2 所示，存在多个超平面将数据划分为不同类别，超平面 A、B、C 均可将数据分为两类，算法训练即寻找最优超平面的过程。

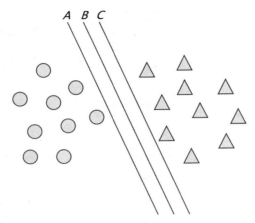

图 7.2　支持向量机分类

7.1.1.2　无监督学习

现实生活中拥有标注的数据极少，利用无标注数据进行机器学习的方式称为无监督学习。无监督学习的本质是学习数据中的统计规律和潜在结构。

无监督学习可以用于对已有数据的分析，也可以用于对未来数据结果的预测，其中应用较广的是聚类算法。聚类算法将无标注信息的数据集划分为若干个互斥的子集，称为样本簇，每个簇为一个类别。聚类训练的目标是使簇内数据差异尽量小，簇间数据差异尽量大。在监督学习中，所有类别的语义信息和概念都是人为定义的，是明确的；在无监督学习中，聚类算法得到的样本簇代表的语义信息和概念是未知的。聚类算法通过挖掘数据之间的内在联系对数据进行划分，但聚类算法训练后得到的样本簇对应的概念和语义需要人为进行定义。

K 均值算法是一种常用的聚类算法。K 均值算法利用样本间的相似度对模型进行训练，类似万有引力，K 均值算法中定义的相似度与距离为负相关关系，样本到原型之间的距离越小，两者之间的引力越大，相似度也会越高。但与天文学中的星系不同的是，K 均值算法中簇的中心是动态变化的。如果一个样本距离原型太远，那么引力就可能会减弱到使这个样本被另一个原型吸走，即转移到另一个簇中。簇内样本的流入和流出会让簇的中心发生改变，进而影响不同簇之间的动态结构。好在动态结构最终会达到平衡，当所有样本到其所属簇中心距离的平方误差最小时，模型就会稳定下来。

K 均值算法流程图如图 7.3 所示。

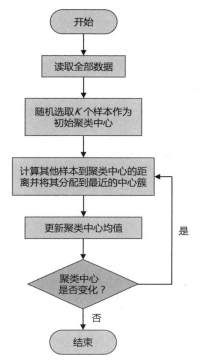

图 7.3　K 均值算法流程图

　　K 均值算法在训练过程中不需要任何标注信息，仅利用数据间的联系就可以进行模型迭代。先从数据中随机选取 K 个样本作为初始聚类中心；然后计算其他样本到聚类中心的距离并将其分配到最近的中心簇；当所有样本的聚类归属都确定后，再计算每个簇中所有样本的算术平均值，将结果作为更新的聚类中心；最后将所有样本按照 K 个新的中心重新聚类。这样"取平均-重新计算中心-重新聚类"的过程将不断迭代，直到聚类结果不再变化。当所有样本到其所属簇中心距离的平方误差最小时，模型就会稳定下来，模型训练完成。

7.1.1.3　弱监督学习

　　在机器学习领域，监督学习和无监督学习的训练数据有着根本区别，监督学习任务中的训练数据必须是标注后带有明确标签的，而无监督学习中的训练数据则无须标注。尽管目前的监督学习技术研究已经取得了巨大进展，但数据标注的人力成本较高，许多任务难以进行大规模数据标注。而无监督学习则因为学习过程较为困难，所以发展缓慢。监督学习的数据集如图 7.4 所示，其中，每个长方形为一个样本，椭圆形中的内容为样本标签信息。

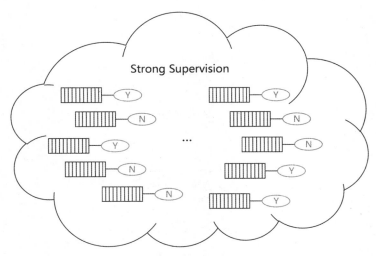

图 7.4　监督学习的数据集

在真实场景中，很多任务介于监督学习和无监督学习之间，即弱监督学习。不同于监督学习，弱监督学习使用有限的、有噪声的或不准确的数据训练模型参数。弱监督学习有三种典型类型：不完全监督、不确切监督和不精确监督。

不完全监督（Incomplete Supervision）是指在训练数据集中只有部分数据拥有标签，而另一部分数据缺失标签的机器学习方法，如图 7.5 所示。例如，在文本情感分类任务中，互联网拥有大量文本数据集，但其中大多数的数据集没有情感标签，只能从中筛选出一个子集来进行人工标注。

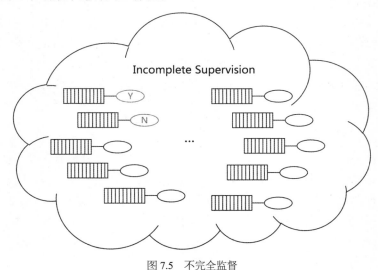

图 7.5　不完全监督

不确切监督（Inexact Supervision）是指训练数据的标签比实际需求的粒度更粗，如图7.6所示。例如，在违规图像分类任务中，不确切监督只知道图片是违规的，但并不知道其属于色情图片违规还是血腥图片违规，缺少细粒度标签。

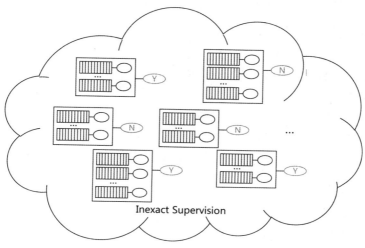

图7.6 不确切监督

不精确监督（Inaccurate Supervision）是指训练数据的标签存在错误的情况，如图7.7所示。例如，在图片分类中，某些样本标签应该是狗，却被错误标记成猫。这种情况出现的主要原因包括标注人员自身水平有限、标注过程粗心、标注难度较大等。

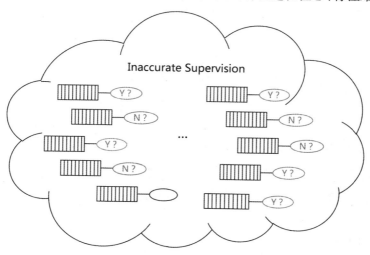

图7.7 不精确监督

7.1.2 BP 神经网络

BP（Back Propagation）神经网络是指利用误差反向传播算法对参数进行训练的前馈神经网络，是最早得到成功应用的神经网络模型之一。本节将分别针对前馈神经网络和误差反向传播算法进行介绍。

7.1.2.1 前馈神经网络

前馈神经网络（Feedforward Neural Network）是指在模型的输入经网络定义的计算得到输出的整个过程中，输出与模型之间不存在反馈连接的网络模型。一般而言，前馈神经网络特指多层感知机（Multilayer Perceptron，MLP），其标准结构是链式结构，反映了前馈神经网络中各层之间的关系。假设有一个三层的前馈神经网络，若各层的映射依次为 $f^{(1)}$、$f^{(2)}$、$f^{(3)}$，则依据链式结构的定义，整个网络模型可以表示为 $f(x) = f^{(3)}\left(f^{(2)}\left(f^{(1)}(x)\right)\right)$。

在通常的定义中，输出层不计入网络层数，而输入层计入网络层数。图 7.8 所示为单隐层前馈神经网络结构示意图，其总层数为 2。

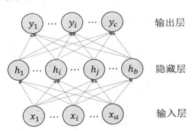

图 7.8　单隐层前馈神经网络结构示意图

图 7.8 中的圆形被称为神经元，神经元中记录着每次参与运算的值。若前馈神经网络各层之间使用线性函数进行连接，则图 7.8 中所描述的网络计算可定义为 $h = f^{(1)}(x)$，$y = f^{(2)}(h)$。其中，$f^{(1)}(x) = W_1^{\mathrm{T}} x + b_1$，$f^{(2)}(h) = W_2^{\mathrm{T}} h + b_2$，$W_1$ 和 W_2 分别为 $f^{(1)}(x)$ 和 $f^{(2)}(h)$ 的权重，b_1 和 b_2 分别为其截距项。当忽略截距项时，$y = f^{(2)}\left(f^{(1)}(x)\right) = W_2^{\mathrm{T}}\left(W_1^{\mathrm{T}} x\right) = \left(W_2^{\mathrm{T}} W_1^{\mathrm{T}}\right) x$，令 $W^{\mathrm{T}} = W_2^{\mathrm{T}} W_1^{\mathrm{T}}$，则 $y = W^{\mathrm{T}} x$。显然，隐藏层在此已经不起作用，整个模型相当于单层的网络。

为了避免上述情况的出现，神经网络模型要求各层之间的连接是非线性的。其中被广泛采用的策略是，在各层的线性映射变换之后添加一个固定的非线性函数，使得原有的线性连接转变为非线性连接，即对于 $h = W^{\mathrm{T}} x + b$，添加非线性函数 g 使得 $h = g\left(W^{\mathrm{T}} x + b\right)$，该非线性函数 g 被称为激活函数。激活函数是保证神经网络各层连接为非线性映射的重要工具，目前较广泛使用的激活函数是线性整流单元（Rectified Linear Unit，ReLU）函数及其变体。而在引入 ReLU 之前，较常使用的激活函数是 Logistic Sigmoid 函数及双曲正切函数。

7.1.2.2　误差反向传播算法

误差反向传播（Error Back Propagation）算法通常被简称为反向传播算法或 BP 算法，是迄今为止最成功的神经网络学习算法之一。借助 BP 算法可以使误差值所包含的信息由后往前进行传递，并更新网络的参数。

对于输入 x，经过真实函数 f^* 的映射得到输出 y，记为 $y = f^*(x)$。若将图 7.8 所示的前馈神经网络的映射记为 f，且经过 f 映射得到的输出为 $\hat{y}$，记为 $\hat{y} = f(x)$，其中，x 为 a 维实向量，表示包含 a 个特征，y 及 $\hat{y}$ 为 c 维实向量，则在该前馈网络中，输入层共包含 a 个神经元，与 x 的维数相对应；输出层共包含 c 个神经元，与 y 及 $\hat{y}$ 的维数相对应。假设隐藏层包含 b 个神经元，且隐藏层记为 h，此外，输入层与隐藏层之间、隐藏层与输出层之间都使用 Logistic Sigmoid 激活函数进行连接。

若 x_i 与 h_j 之间的连接权值为 w_{ij}，h_j 与 $\hat{y}_k$ 之间的连接权值为 v_{jk}，且 h_j 对应的偏置值为 δ_j，$\hat{y}_k$ 对应的偏置值为 μ_k，则 $h_j = g(\beta_j - \delta_j)$，$\hat{y}_k = g(\gamma_k - \mu_k)$，其中 g 为 Logistic Sigmoid 激活函数，$\beta_j = \sum_{i=1}^{a} w_{ij} x_i$，$\gamma_k = \sum_{j=1}^{b} v_{jk} h_j$。若代价函数使用均方误差函数，则误差为

$$E = \frac{1}{2} \sum_{k=1}^{c} (\hat{y}_k - y_k)^2 \tag{7-1}$$

利用梯度下降策略对参数 v_{jk} 进行更新，即 $v_{jk}^* = v_{jk} + \Delta v_{jk}$，其中 Δv_{jk} 为

$$\Delta v_{jk} = -\alpha \frac{\partial E}{\partial v_{jk}} \tag{7-2}$$

式中，α 为学习率，即控制参数变化的幅度。由微分运算的链式法则可知

$$\frac{\partial E}{\partial v_{jk}} = \frac{\partial E}{\partial \hat{y}_k} \frac{\partial \hat{y}_k}{\partial \gamma_k} \frac{\partial \gamma_k}{\partial v_{jk}} = \frac{\partial E}{\partial \hat{y}_k} \frac{\partial \hat{y}_k}{\partial \gamma_k} h_j \tag{7-3}$$

根据 Logistic Sigmoid 激活函数的性质，可得

$$g'(x) = g(x)(1 - g(x)) \tag{7-4}$$

根据式（7-4）可得

$$\frac{\partial E}{\partial \hat{y}_k} = \hat{y}_k - y_k \tag{7-5}$$

结合式（7-1）～（7-3），可得

$$\frac{\partial E}{\partial v_{jk}} = (\hat{y}_k - y_k)\hat{y}_k(1-\hat{y}_k)h_j \tag{7-6}$$

式（7-5）可转换为

$$\Delta v_{jk} = -\alpha\frac{\partial E}{\partial v_{jk}} = \alpha(y_k - \hat{y}_k)\hat{y}_k(1-\hat{y}_k)h_j \tag{7-7}$$

偏置 μ_k 的更新为 $\mu_k^* = \mu_k + \Delta\mu_k$，其中

$$\Delta\mu_k = -\alpha\frac{\partial E}{\partial\mu_k} = \alpha(\hat{y}_k - y_k)\hat{y}_k(1-\hat{y}_k) \tag{7-8}$$

同理，根据链式法则，可以得到 w_{ij} 及 δ_j 的更新公式，即

$$\Delta w_{ij} = \alpha h_j(1-h_j)\sum_{k=1}^{c}(v_{jk}(y_k-\hat{y}_k)\hat{y}_k(1-\hat{y}_k))x_i \tag{7-9}$$

$$\Delta\delta_j = \alpha h_j(1-h_j)\sum_{k=1}^{c}(v_{jk}(\hat{y}_k-y_k)\hat{y}_k(1-\hat{y}_k)) \tag{7-10}$$

7.1.3　卷积神经网络

一般认为卷积神经网络（Convolutional Neural Network，CNN）是受生物学启发而创造的，其设计原理源自对哺乳动物视觉系统的研究。卷积神经网络适用于处理具有网格结构的数据，如时间序列数据（一维网格结构）及图像数据（二维网格结构）等。最初结合了反向传播算法的卷积神经网络是 Lang 与 Hinton 于 1988 年所提出的时延神经网络，该网络用于处理时间序列数据。在此基础上，LeCun 等人提出用于处理图像数据的二维卷积神经网络。二维卷积技术的成功是深度学习得以发展的基石之一。

7.1.3.1　卷积运算

卷积神经网络中的基础运算通常是在两个多维数组之间进行的，这些多维数组常被称作张量。这里主要针对离散形式的卷积运算进行定义，并分别给出一维输入及二维输入所对应的卷积运算定义。若输入一维数据 x，卷积核为 ω，则一维卷积运算可由式（7-11）定义。

$$\text{conv}(x,\omega)(i) = (x*\omega)(i) = \sum_{p=1}^{m}x(i+p-1)\omega(m) \tag{7-11}$$

式中，$\text{conv}(x,\omega)$ 表示 x 与 ω 进行卷积运算的结果；* 为卷积运算符；$i=1,2,\cdots,i$；m 为卷积核 ω 的元素个数。一维卷积运算示意图如图 7.9 所示。在图 7.9 中，针对一维向量 (a_1,a_2,a_3,a_4,a_5) 进行卷积运算，卷积核为 $(\omega_1,\omega_2,\omega_3)$，运算结果为 (c_1,c_2,c_3)。其中，$c_i = a_i\omega_i + a_{i+1}\omega_{i+1} + a_{i+2}\omega_{i+2}$，图 7.9 中给出了 c_1 的计算示例。

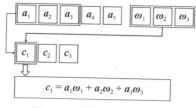

图 7.9 一维卷积运算示意图

若输入二维数据 x ，卷积核为 ω ，则二维卷积运算可由式（7-12）定义。

$$\mathrm{conv}(x,\omega)(i,j)=(x*\omega)(i,j)=\sum_{p}^{m}\sum_{q}^{n}x(i+p-1,i+q-1)\omega(i,j) \quad （7-12）$$

式中， $\mathrm{conv}(x,\omega)$ 表示 x 与 ω 进行卷积运算的结果； $*$ 为卷积运算符； $i=1,2,\cdots,$ i ； $j=1,2,\cdots,j$ ；卷积核 ω 为 $m\times n$ 的二维矩阵。二维卷积运算示意图如图 7.10 所示。在图 7.10 中，针对二维矩阵 $\left[(a_{11},a_{12},a_{13},a_{14}),(a_{21},a_{22},a_{23},a_{24}),(a_{31},a_{32},a_{33},a_{34})\right]$ 进行卷积运算，卷积核为 $\left[(\omega_{11},\omega_{12}),(\omega_{21},\omega_{22})\right]$ ，运算结果为 $\left[(c_{11},c_{12},c_{13}),(c_{21},c_{22},c_{23})\right]$ 。其中， $c_{ij}=a_{ij}\omega_{ij}+a_{ij+1}\omega_{ij+1}+a_{i+1j}\omega_{i+1j}+a_{i+1j+1}\omega_{i+1j+1}$ ，图 7.10 中给出了 c_{11} 的计算示例。

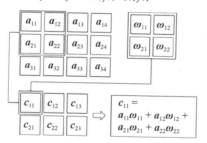

图 7.10 二维卷积运算示意图

式（7-11）及式（7-12）中所定义的卷积运算实际为互相关函数（Cross-Correlation），如今流行的机器学习库大多使用这两种定义进行卷积运算。此外，在卷积神经网络的具体运算中，还需要考虑步长、零填充方式、多通道处理等因素。这里仅对卷积运算的一般原理进行阐述。

在 7.1.2.1 节中，对前馈神经网络（多层感知机）的结构进行了描述。多层感知机各层之间的连接方式称为全连接，主要涉及矩阵乘法运算，输入与输出之间通过权值矩阵紧密连接。当输入为 $[1,N]$ ，输出为 $[1,M]$ 时，权值矩阵为 $[N,M]$ 。这意味着，输出中每个元素的值受到输入中每个元素的值的影响，且权值矩阵中的每个元素都只参与一次运算。因此，全连接的运算不仅缺乏效率，而且需要大量的空间来存储权值参数。而根据对卷积运算的描述可以发现，相较于全连接的运算，卷积运算具有两个重要特性：稀疏交互及权值共享。稀疏交互表现在输出中的每个元素仅受到输入中部分元素的影响。例如，在图 7.9 中，c_1 的值仅由 a_1、a_2、a_3 决定。权值共享则表现在卷积核中的每个元素（权值）都会被重复利用，参与多次计算。例如，在图 7.9 中，当计算 c_1、c_2、c_3 的值时，都需要用到 w_1、w_2、w_3。稀疏交互与权值共享使得卷积运算能够在仅学习一个相对较小的权值矩阵的情况下，实现输入与输出的交互，可以极大地提升卷积神经网络在参数存储及统计运算方面的效率。此外，权值共享还使得当输入中的某一部分发生平移变化时，输出中的对应结果也会相应地发生平移变化，而不会影响其具体的值，这种特性被称为平移不变性。

7.1.3.2 卷积神经网络的结构

这里只对卷积神经网络的一般结构进行介绍。现代卷积神经网络的基本结构由 LeCun 等人提出的 LeNet-5 网络所定义。在 LeNet-5 中，输入层为二维矩阵，此后依次为卷积层-1、池化层-1、卷积层-2、池化层-2、2 层全连接层及输出层。图 7.11 所示为简单卷积神经网络结构示意图，其为一个类似于 LeNet-5 的包含 2 层卷积层、2 层池化层及 1 层全连接层的简单卷积神经网络结构。

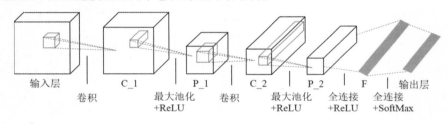

图 7.11　简单卷积神经网络结构示意图

在图 7.11 中，C_1 和 C_2 代表卷积层，P_1 和 P_2 代表池化层，F 代表全连接层。卷积神经网络的结构包含卷积层、池化层及全连接层。其中，卷积层与池化层交替使用，网络尾部使用全连接层进行组织，直至获得最终的输出。模型中除了最后的全连接层与输出层之间使用 Softmax 激活函数，其余各层使用的激活函数均为 ReLU 函数。Softmax 函数定义为

$$S_i = \frac{e^{x_i}}{\sum e^{x_i}} \tag{7-13}$$

式中，x_i 代表输入向量 x 的第 i 个值，S_i 代表经过 Softmax 函数处理后的值。

ReLU 函数定义为

$$\mathrm{ReLU}(x) = \max(x, 0) = \begin{cases} x, & x > 0 \\ 0, & x \leqslant 0 \end{cases} \tag{7-14}$$

根据图 7.11 可知，ReLU 激活函数添加在池化层之后而非之前，这是因为最大池化只会选取目标区域中的最大值，而 ReLU 激活函数会将负值置为 0。这意味着 ReLU

激活函数既可以添加在池化层之后，也可以添加在池化层之前，而添加在池化层之后则可以减少激活函数的计算量。池化层的作用一方面是减少网络的参数数量，另一方面则是保证输入在少量平移的情况下，其表示近似不变。

　　在现代卷积神经网络中，由 Alex Krizhevsky 等人提出的 AlexNet 运用了 ReLU 激活函数、Dropout 策略、最大池化等操作，将卷积神经网络在宽度及深度方面进行了拓展，并在当年的 ImageNet 竞赛中取得了优胜。AlexNet 的成功被广泛认为是深度学习在计算机视觉领域中占据统治地位的开端，且由此开始，更多的优秀卷积神经网络模型，如 VGG、GoogLeNet 等，被相继提出。由 Kaiming He 所提出的深度残差网络（ResNet）进一步延展了卷积神经网络模型的深度，解决了深度卷积模型难以有效训练的问题，对深度学习及计算机视觉产生了里程碑式的影响。

7.1.4　生成对抗网络

　　生成对抗网络（Generative Adversarial Networks，GAN）是由蒙特利尔大学 Ian Goodfellow 在 2014 年 NIPS 会议发表的同名论文 *Generative Adversarial Networks* 中提出的。截至本书出版日，已有许多 GAN 的变体网络相继被提出，涵盖图像自动生成、风格迁移、文本转图像等多个领域。

　　最原始的生成对抗网络包括两个部分，一部分是生成模型 G，另一部分是判别模型 D，如图 7.12 所示。生成模型的作用是捕捉真实数据的潜在分布，并基于该分布和随机噪声生成一个全新的样本；判别模型的作用是判断输入是真实样本还是虚假的生成样本。生成对抗网络通过生成模型和判别模型的相互博弈，两者交替训练，最终达到纳什均衡。

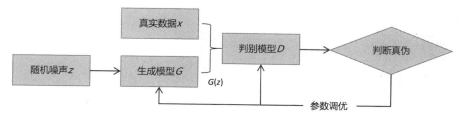

图 7.12　生成对抗网络结构示意图

　　假设数据集是人脸样本，任务是根据无标签的人脸数据集，使用生成对抗网络生成与人脸数据集几乎一致的图片。下面将具体介绍生成对抗网络在这一过程中发挥的作用。

　　判别模型需要判断输入图片是真实样本还是虚假的生成样本。如果是真实样本，判别模型的输出趋近于 1；反之则趋近于 0。而生成模型需要基于模型将输入的随机噪声生成一张无限接近真实样本的生成样本图片，该生成样本图片无限接近真实，以至于判别模型判断不出其真假。

生成模型和判别模型完成的是相互竞争博弈、对抗的过程，一个模型任务完成得好，另一个模型任务完成得就差一些。而由于本任务是生成与真实图片（人脸）几乎一致的图片，因此训练网络的目的是使生成模型赢得这场博弈，判别模型无法判断样本数据的真假，输出值接近于 0.5。注意，这是最终目的，而在训练网络的过程中，需要使两个模型互相博弈，即两个模型的训练方向都是实现自己的任务，并不意味着判别模型就不需要尽力准确判断了。

由于两个模型是互相对抗且互相独立的，无法同时训练，因此训练网络遵循的原则是单独交替迭代训练。

假设有一组真实的人脸数据集，没有任何标签。初始化一个生成模型，由生成模型生成假样本，就有了真假两种样本，即带真假标签的数据。将数据输入判别模型，由于希望判别模型能判断准确，因此在设计损失函数时，使判别模型将真实样本判断接近于 1，生成样本判断接近于 0。优化迭代训练公式为

$$\max_D V(D,G) = E_{x\sim \text{Pdata}(x)} \ln(D(x)) + E_{z\sim \text{Pz}(z)} \ln(1 - D(G(z)))　　　（7-15）$$

式中，$G(z)$ 为生成的假样本，优化的结果自然是希望假样本的判断结果 $D(G(z))$ 越小越好；而 x 为真实样本，优化的结果需要判断概率 $D(x)$ 越大越好，因此该公式在每次迭代时取最大值。判别网络的迭代优化过程是一个简单的二分类问题。

优化过程的损失函数如式（7-16）所示，此时希望 $G(z)$ 的判别结果接近于 1，即生成模型生成的样本很接近真实样本。通过"以假乱真"，达到生成模型的目的。

$$\min_G V(D,G) = E_{z\sim \text{Pz}(z)} \ln(1 - D(G(z)))　　　（7-16）$$

生成对抗网络虽然功能强大，但其训练过程却不容易，由于网络搜索空间太大、生成模型和判别模型不能差距太大，因此会出现收敛困难、不稳定等问题。

7.2　视频处理关键技术

在视频物联网中，AI 技术主要应用于视频处理和音频处理两大领域。

视频存在于手机、电视、平板电脑等大、小屏设备及摄像头等终端，是物联网中最重要的信息载体之一。由于视频具有数据量大、冗余度高的特点，因此视频的传输和处理成本较高，通常使用端侧计算进行处理或通过稀疏抽帧的策略降低视频的冗余度，最终转化为图像处理任务。其中，常用的关键技术有超分辨率、目标检测、目标跟踪、目标分割、人脸识别、手势识别等。

7.2.1 超分辨率

超分辨率是指将低分辨率的图像或视频重建为高分辨率的图像或视频的技术。根据对象和技术的不同，超分辨率可分为单张图像超分辨率（Single Image Super-Resolution，SISR）及视频超分辨率（Video Super-Resolution，VSR）。

SISR 技术是从低信息量数据生成高信息量数据的过程，属于病态问题，不存在稳定和唯一解。其解决方案大致可分为两种，一种是基于传统卷积神经网络的超分辨率网络，通过堆叠下采样和上采样模块获取高分辨率的输出，如图 7.13 所示，其中比较著名的算法有 SRCNN 等；另一种是基于生成对抗网络的超分辨率网络，如图 7.14 所示，由于生成对抗网络比较适合处理无中生有的病态问题，因此大量 SISR 技术的方案都是基于生成对抗网络实现的，如 SRGAN 及 ESRGAN 等。

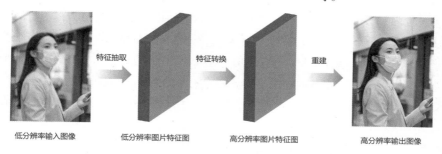

图 7.13 基于卷积神经网络的超分辨率网络示意图

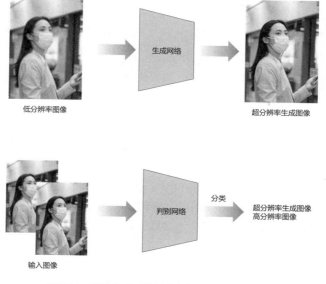

图 7.14 基于生成对抗网络的超分辨率网络示意图

SRCNN 是深度学习在超分辨率技术上的开山之作，其网络结构非常简单，仅用了 3 层网络。SRCNN 首先通过双三次插值将图像放大至目标分辨率尺寸，得到模糊的高分辨率图像；然后通过特征提取与表示层、非线性映射层及重建层还原细节，生成清晰的高分辨率图像。此方法需要在高分辨率图像上做卷积运算，效率相对较低。之后的工作针对这一问题提出了改进，使用原图分辨率作为输入，并使用了大量下采样和上采样模块，当上采样倍数大于下采样倍数时，便能够提高输出分辨率。

早期的超分辨率方法对细节的重建相对较差，当图像放大到 4 倍以上时就会出现明显模糊的现象，而生成对抗网络对于细节的生成更有优势。SRGAN 生成器的输入是低分辨率图像（LR），一般生成对抗网络会计算通过超分辨率生成的图像（SR）与高分辨率图像（HR）之间的 MSE 损失，但由于过于追求像素的一致性会导致严重的图像平滑，因此 SRGAN 采用了内容损失代替像素级的重建损失，即在特征图上计算 MSE 损失，而不是在原图分辨率上计算 MSE 损失。ESRGAN 在 SRGAN 基础之上做了改进工作，增加了残差密集块（RRDB）作为网络的基本单元，并采用相对判别器代替绝对判别器，仅预测真实图像比生成图像更真的概率，需要成对图像输入。

VSR 的基本思想与 SISR 是一致的，但需要考虑视频的特点：在处理视频时需要考虑帧间对齐，并利用时域信息获取帧间相关性。帧间对齐常用的方法有运动估计和补偿方法（MEMC）、光流法，随着深度学习的发展，逐渐被可变形卷积方法代替；帧间相关性一般采用 3D 卷积及 RNN 等循环网络抽取时域特征。

超分辨率技术的评价指标可分为客观指标和主观指标，客观指标主要指峰值信噪比（PSNR）和结构相似性（SSIM），但由于与人眼的感受存在一定偏差，因此需要主观指标平均意见分（MOS）来衡量算法的好坏。

超分辨率技术的应用跨越卫星图像、监控影像、医学影像、老电影重制等多个领域，有着广阔的前景，但同时也面临模型较大、实时性差的问题。

7.2.2 目标检测

目标检测是计算机视觉中较为重要的研究分支之一，在人们生活中有着广泛的应用，如安全监控、自动驾驶、交通监控、无人机场景分析和机器人视觉等。其目的是定位与识别视频中某类语义对象（如人、动物或交通工具等）的实例。随着深度学习网络的迅速发展，目标检测算法的性能得到了极大的提高。

目标检测可以拆分为特征提取和分类器两个部分。特征提取根据是否人工设计可分为手工特征，如方向梯度直方图（Histogram of Oriented Gradients，HOG），以及可学习特征，如卷积神经网络。分类器可以是支持向量机、逻辑回归以及多层感知机。

其中，较为经典的算法可变形组件模型（Deformable Part Model，DPM）采用了改进后的 HOG 特征、SVM 分类器和滑动窗口思想进行人体目标检测。这类方法的显著特点是直观简单、计算量小，但是也存在一些不足，如人为设计特征，工作量大；无法适应大幅度的旋转；稳健性差等。现有基于深度学习的目标检测算法通过神经网络将特征提取与分类器集中在一个模型中，同时基于可学习的特征提取方式不再依赖于人工特征设计，极大地简化了目标检测的模型设计。

现有的目标检测器通常可分为两类，一类是两阶段检测器，较具代表性的是区域卷积神经网络（Region Convolution Neural Network，R-CNN）；另一类是单阶段探测器，如 YOLO（You Only Look Once）和 SSD（Single Shot MultiBox Detector）。一般两阶段检测器具有较高的定位和目标识别精度，而单阶段检测器具有较快的推理速度。两阶段检测器的两个阶段可以通过感兴趣区域池化层（Region of Interest Pooling，RoIPool）进行划分。例如，在 Faster R-CNN 中，第一阶段称为区域推荐网络（Region Proposal Network，RPN），生成初步的对象候选框；第二阶段通过 RoIPool 操作从每个对象候选框中提取特征，用于之后的分类和边界框回归任务。图 7.15（a）所示为两阶段检测器的基本结构，图 7.15（b）所示为单阶段检测器的基本结构。单阶段检测器直接从输入图像中获取预测框，无需区域推荐步骤，因此效率更高，可用于实时任务。

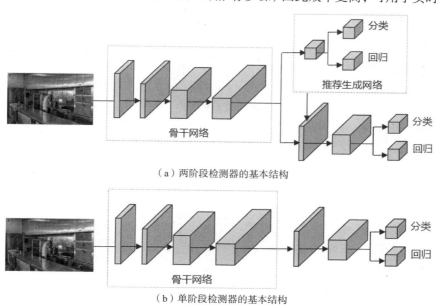

（a）两阶段检测器的基本结构

（b）单阶段检测器的基本结构

图 7.15　两种目标检测器的基本结构

虽然基于深度学习的目标检测算法已经取得了优异的成果，但是其仍有很大的改进空间。目标检测领域的研究人员提出了一系列新的研究方向：①构建新的体系结构，利用良好的特征表示提取丰富的特征；②通过大规模无监督预训练进行迁移学习，提高模型的表征能力；③无锚框（Anchor-Free）方法、改进后处理非极大值抑制（NMS）方法等。

7.2.3　目标跟踪

目标跟踪是在目标检测基础上进行的一项具有挑战性的任务，特别是在复杂的时空背景下时，其目的是在定位到具体实例后对目标实例进行跟踪，获取其在视频画面中的运动信息。目标跟踪根据其任务目标的不同有许多相关的方向，如单目标跟踪、多目标跟踪、三维目标跟踪和视频目标分割等，这里主要讨论单目标跟踪。大多数现有的单目标跟踪器有 4 个流程。

（1）输入图像并提取特征。特征对跟踪器的性能有很大的影响，常用的特征有手工特征和基于学习的特征。由于深度学习具有强大的特征提取能力，因此基于学习的特征现已成为研究热点。

（2）生成候选区域。常用的方法是粒子滤波和滑动窗口，前者使用推理预测候选区域，后者使用穷举方法遍历所有可能的区域。

（3）建立跟踪模型。建立目标跟踪模型和准确选择候选区域是目标跟踪任务的核心。现有的目标跟踪模型包括生成模型和判别模型。

（4）在线模型更新。由于环境和对象本身的变化，因此需要进行在线模型更新。合适的模型更新策略能够提高跟踪器的稳健性。

根据跟踪模型的特点可将目标跟踪分为两类，即基于相关滤波器的目标跟踪和基于孪生网络的目标跟踪。通过分析不同的改进方向，还可以对目标跟踪进行详细划分。

基于相关滤波器的目标跟踪引领了高效目标跟踪算法的研究方向，其超高的运行速度为嵌入式设备运行目标跟踪算法提供了可能。相关滤波器在简化算法的同时提高了跟踪精度，改进了基于相关滤波器的目标跟踪理论。边界效果的改善、包围盒交并比的提高及丰富的手工特征和卷积特征从不同角度提高了跟踪器的精度。然而，手工特征中的缺陷会影响跟踪器的准确性，人工特征难以适应多变的环境，各种特征的叠加极大地影响了算法的速度。鉴于特征提取的重要性，深度学习受到了广泛的关注，如基于卷积网络的跟踪器，因具有合理的结构和优异的性能，成为一种新的研究方向，极大地改进了跟踪器的性能。

基于孪生网络的目标跟踪因其良好的综合性能而受到广泛关注，孪生网络拥有两条网络结构和参数完全相同的分支，同时分别提取模板帧和检测帧的图像特征。基于孪生网络的目标跟踪方法在速度上具有明显优势，可以和相关滤波并驾齐驱；基于离线训练在线跟踪的方法的跟踪质量也优于传统相关滤波算法；基于相关滤波器的目标跟踪方法在经过大规模数据集的训练后比传统的跟踪方法具有更强的稳健性。为了更好地对跟踪目标的尺寸进行估计，SiamRPN 通过引入区域候选网络来对跟踪目标的包围盒进行回归，提高跟踪定位的精度。

目标跟踪在以下几个方面还可得到进一步发展：①更加高效的特征提取方法，以实现更精确的目标跟踪；②模型压缩算法帮助目标跟踪算法进行落地部署；③基于监督学习的深度学习模型训练需要大量的标记数据集，带来了巨大的工作量，为了降低跟踪器的训练成本，先进的无监督学习方法和跟踪模型也是未来研究的一个热点方向。

7.2.4　目标分割

目标分割（Object Segmentation）也被称为图像分割，是针对图像进行的像素级分类任务，其目的是对图像中不同目标所对应的像素进行类别标记。对于经过目标分割处理后的图像，属于同一目标的像素被赋予相同的标签。从可视化的结果来看，图像被分割成不同的子区域，各个子区域分别代表一个确定的目标，在图像中被勾勒出明显的轮廓。

目标分割任务主要包含语义分割（Semantic Segmentation）及实例分割（Instance Segmentation）两类。其中，语义分割是对图像中所有像素进行分类，而不对目标进行具体区分，属于相同类型的不同目标有着完全一致的标记；实例分割则仅针对感兴趣的目标（实例）进行分割，无须针对所有像素进行分类，可以区分属于相同类型的不同目标。在 7.2.2 节所介绍的目标检测任务中，将感兴趣的目标进行框选以确定其位置，并赋予一个类别标签。实例分割是目标检测任务的升级版，不仅需要确定目标的位置与类别，还需要确定该目标所包含的具体像素。因此，实例分割也可以视为目标检测与语义分割的结合。

语义分割与实例分割的区别和联系如图 7.16 所示。图 7.16（a）所示为语义分割的示例，可以看到图中主要包含 4 种类别的像素，即背景、瓶子、方块及杯子，且不具体区分属于不同类别的像素；图 7.16（b）所示为实例分割的示例，可以看到图中对同一类物体的不同个体进行区分，如方块。

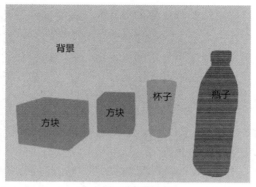

（a）语义分割的示例

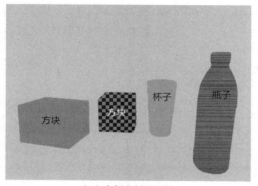

（b）实例分割的示例

图 7.16　语义分割与实例分割的区别和联系

　　传统的目标分割方法主要基于边缘检测、小波变换、遗传算法及主动轮廓等。自深度学习兴起之后，传统方法逐渐被深度网络模型所取代，这主要是因为深度模型强大的特征提取能力。全卷积网络（Fully Convolutional Networks，FCN）的提出可以视为深度学习在目标分割领域的第一次成功应用，其网络结构如图 7.17 所示。FCN 主要在原有的深度分类网络基础上，使用卷积层替代全连接层，并使用反卷积（Deconvolution）层对特征图进行上采样。使用卷积层替代全连接层可以使模型接受任意尺寸的输入。使用反卷积层对特征图进行上采样是为了使在卷积过程中分辨率变得过小的特征图最终能够恢复成原有输入图像的大小。这两种处理使 FCN 能够在目标分割任务中得以成功应用，除此之外，跳层（Skip Layers）结构及混合预测（Fusion Prediction）的使用也是 FCN 能够进行精细化分割的重要保证。尽管现在看，于 2015 年提出的 FCN 包含明显的缺点，如得到的分割结果粗糙、未充分考虑像素间的关系等，但不可否认的是，FCN 作为深度学习在目标分割领域的开山之作，为后续的研究提供了一个全新的方向。

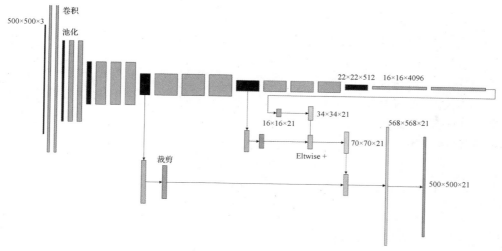

图 7.17　FCN 网络结构

在 FCN 之后，有更多的深度模型被提出并成功应用于目标分割，如 SegNet、DeepLab 及 Mask-RCNN 等。其中，SegNet 及 DeepLab 都可视为对 FCN 的改进，而 Mask-RCNN 则可视为对目标检测领域中的 Faster-RCNN 的改进。Mask-RCNN 主要在 Faster-RCNN 的基础上增加了一个分支结构，使得整个网络能够同时学习两项任务，并且互相促进。Mask-RCNN 还提出了用 RoIAlign 来替代 Faster-RCNN 中的 RoIPooling，使得网络能够更精细化地对目标所含像素进行分类。

目标分割的应用范围十分广泛。相对于目标检测而言，由于目标分割的主要特点是位置精细化，因此其在许多需要进行细节定位的领域应用更广。人像抠图是目标分割较基础的应用之一，其应用场景为抠图相机、美颜相机、虚拟化妆及虚拟试衣等。在后面 7.4.2.2 节的背景替换中，主要运用的也正是这项技术。此外，在自动驾驶领域，目标分割也常被用于车道线识别、行人识别及其他交通信息的识别等。出于实时性及轻量化部署的考虑，目标分割算法的一大挑战是在保证精度的前提下尽可能提升模型的运算效率，这也是深度学习任务的共同挑战之一。

7.2.5　人脸识别

人脸识别是基于人脸特征信息进行身份识别的一种生物识别技术。相比于指纹识别、掌纹识别等其他生物识别技术，人脸识别具有非接触性的优势，非配合式人脸识别甚至能做到无感识别，方便快捷。

根据应用方式的不同，人脸识别可分为人脸验证和人脸辨识。

人脸验证指的是 1∶1 的人脸比对，其通过采集到的人脸特征与证件对应的人脸底库特征进行比对，完成身份核验，通常用于机场、铁路安检、银行认证等场景，安全性要求较高。

人脸辨识指的是 1：N 的人脸比对，其通过采集到的人脸特征与数据库中所有的人脸特征进行一一比对，找出最相似的人脸，通常用于打卡考勤、会场签到、客户识别等场景，安全性要求相对较低。

人脸识别系统示意图如图 7.18 所示，一个完整的人脸识别系统通常包含人脸检测、人脸对齐、人脸表征、人脸匹配 4 个基础模块，对安全性要求较高的应用还需要包含活体识别模块。

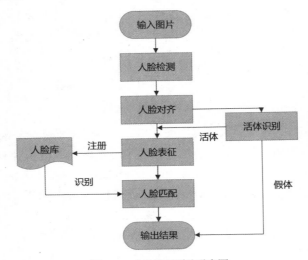

图 7.18　人脸识别系统示意图

人脸检测用于从图像中获取所有人脸的具体位置，是目标检测的一种具体应用。早期的人脸检测大多基于手工提取的特征及模板匹配，后迅速被深度学习取代。人脸检测对实时性要求较高，一般采用单阶段的目标检测网络作为基础，其中著名的人脸检测模型有于 2016 年发表的 MTCNN 和于 2019 年发表的 RetinaFace。

MTCNN 由 3 个网络组成（P-Net、R-Net、O-Net），采用由粗到细的检测方式，能达到不错的效果且具有较低的耗时，支持当时流行的 Caffe 框架，是大多数早期工业落地场景的不二选择。RetinaFace 采用特征金字塔（FPN）结构代替传统图像金字塔结构实现多尺度检测，其骨干网络相对灵活，根据部署平台的不同可以选择如 ResNet101 的大模型，也可以选择 MobileNet 系列的小模型，其颈部 FPN 能融合多尺度特征图，其检测头用来处理特征图并输出人脸框和 5 个关键点且加入了上下文模块以进一步提高精度。人脸检测的输出常常包含大量冗余，需要经过 NMS 系列处理方法去除冗余后才可获取最终的结果。

　　人脸对齐是提高人脸表征精度的预处理步骤，在分类表征任务中，经过对齐的图像往往具有更高的辨识度，而直接检测出来的人脸则姿态各异，直接用于人脸表征会大大提高难度。人脸对齐依赖关键点作为输入，一般为 5 个，根据检测到的 5 个人脸关键点与模板人脸的 5 个关键点位置，可以计算其空间变换的仿射矩阵，通过这个仿射矩阵就能将人脸图像映射到模板人脸上，从而完成人脸对齐。

　　人脸表征是整个人脸识别系统中最关键的部分，它提取对齐后的人脸特征，并用一个向量表征，通常向量长度为 128～512 维，通过度量向量之间的余弦距离可判断特征是否属于同一人。当人脸库数量较大时，存在更多相似的人脸，人脸表征的难度也随之上升。人脸表征相关的研究早在深度学习之前就已存在，早期的人脸表征方法一般基于 LBP、SIFT 等局部描述，但由于这些方法存在稳健性较差、计算开销大等问题，因此很难进行大面积应用。在深度学习时代，人脸表征取得了极大的进步，识别准确率飙升并超过了人眼。人脸表征的研究主要集中在损失函数的建模上，部分研究聚焦于多元损失进行度量学习，随着数据集的增大，多元损失函数的训练效率过于低下，一般只用于微调。在 2016 年以后，基于 Softmax 分类及其变种的损失函数研究开始兴起，L-Softmax、A-Softmax、AM-Softmax、Arcface 等变种如雨后春笋般涌现，其中最常用的算法为 2018 年发表的 ArcFace，其公式为

$$\text{Loss} = -\frac{1}{N}\sum_{i=1}^{N}\ln\frac{e^{s\cos(\theta_{yi}+m)}}{e^{s\cos(\theta_{yi}+m)} + \sum_{j=1,j\neq yi}^{n}e^{\cos\theta_j}} \tag{7-17}$$

　　ArcFace 融合了先前研究的技术，如特征向量和权重向量归一化及加性的角度间隔，提高了类间可区分性的同时，加强了类内紧实度，其公式整体是以 softmax 公式作为基础的，s 代表超球体的尺度，稍大的尺度更利于收敛，一般取 32 或者 64；$\cos\theta$ 是权重向量和特征向量的余弦夹角值；m 代表角度间隔，用于增加类间差异提高类内紧实度。ArcFace 因其性能高、易于编程实现、收敛快等优势迅速成为学术刷榜和工业落地的基线。

　　人脸匹配用于度量人脸特征向量之间的相似度，从而判断特征是否属于同一人。人脸匹配的方法是由人脸识别系统的具体应用场景决定的。其中，人脸验证通过直接计算查询人脸的特征和人脸库中对应人脸特征的余弦相似度，若该相似度大于阈值，则两人视为同一人，验证通过。人脸辨识通过计算查询人脸的特征和人脸库中所有人脸特征的余弦相似度，选择其中最大的相似度，若该相似度大于阈值，则此人视为库中对应的身份；若该相似度小于阈值，则认为此人不在人脸库中。当人脸库中特征数量较多时，向量暴力匹配的耗时巨大，通常采用加速的最近邻搜索算法。

　　如今，人脸识别技术已经渗透到人们生活的方方面面，刷脸开门、刷脸打卡、刷脸支付等应用遍布全国。在享受技术带来的便利的同时，也要警惕技术野蛮生长中的

信息安全风险，盗取人脸信息、滥用人脸信息的行为越来越多，行业的规范化将成为接下来几年的主要研究方向。

7.2.6　手势识别

在计算机科学领域，手势识别指的是依靠数据科学等算法，识别人类手势并转化为人类可理解的语义解释。手势识别可用于依靠手势控制的人机交互领域，识别输入手势并将其转化为输出的命令。手势识别系统根据采集的信息种类不同可分为基于接触式传感器和非接触式传感器两类，这里主要介绍非接触式传感器中基于视觉的手势识别技术。

基于视觉的手势识别技术即基于图像或视频，利用机器学习手段，识别人类静态或动态手势的技术。基于视觉的手势识别技术概述如图 7.19 所示，大多数完整的手势识别包括三个基本流程：手部检测、手部跟踪、手势识别。

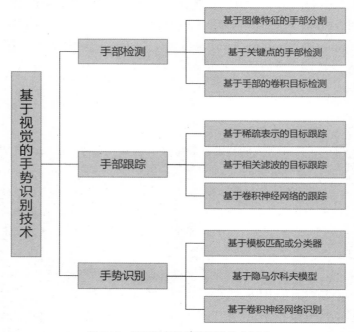

图 7.19　基于视觉的手势识别技术概述

手部检测是指在视频图像数据中检测出手部的位置和区域，是手势识别的首要任务。手部检测主要有以下几种实现方法。

（1）基于图像特征的手部分割，如传统的肤色分割、纹理分割、手形分割和轮廓分割、基于深度学习卷积神经网络的手部分割。该方法需根据图像特征将手部区域分割出来，以实现手部检测的目的。

（2）基于关键点的手部检测。该方法采用标注手部多个关键点的数据集，目前关键点一般采用对单只手骨架的 21 个关键点进行标注，搭建卷积神经网络，训练拟合 21 个关键点的位置信息，从而实现手部位置及区域检测，以应用于手势识别。

（3）基于手部的卷积目标检测。该方法基于目前的目标检测理念及技术，采用目标检测卷积神经网络模型，如 Faster-RCNN 模型等，可检测输出手势的目标区域。

手部跟踪是动态手势识别中的任务，静态手势识别仅包括手部检测和手势识别两个步骤，但动态手势识别需要提取手部运动轨迹等信息，跟踪手部运动，实现动态手势的识别。若检测方法速度足够快，则也可用于追踪，但是由于手部移动速度可能非常快，因此需要进行视觉运动目标跟踪。其中，在基于模板匹配的生成式跟踪模型中，较有代表性的是基于稀疏表示的目标跟踪模型；目前基于区分目标背景的判别式跟踪模型已成为目标跟踪中的主流方法，其典型代表有逻辑回归、支持向量机、基于相关滤波的目标跟踪等机器学习理论方法；基于深度学习的目标跟踪方法也取得了较好的跟踪结果，如 Nam 设计的一个专门在跟踪视频序列上训练的多域（Multi-Domain）卷积神经网络（MDNet），该卷积神经网络取得了 VOT2015 比赛的第一名。

手势识别是对手势传达语义的解释，如检测"祈祷""OK""胜利"等手势，可以基于模板匹配或分类器的方法进行判断。传统机器学习及深度学习的卷积神经网络分类器能够取得较好的效果，如支持向量机、Softmax 等分类器。对于动态手势识别，即含有手部运动轨迹的情况，则需要具有时间处理能力的技术，如隐马尔科夫模型（HMM）、动态时间规整等。其中，在基于深度学习的手势识别中，为了加快手势识别的速度，可以将手部检测和手势识别整合成一个步骤，即 one-stage 的目标机器检测，如 SSD 和 YOLO 等算法，模型同时输出手部的目标检测和手势类别，实现端到端的手势识别。

另外，利用关键点检测的手势识别和利用检测到的手部关键点之间的角度计算也可以实现简单的手势识别。

手势识别本质上是为人机交互服务的，其应用场景主要包括家庭娱乐（电视和游戏机等手势交互）、智能驾驶、智能穿戴（如全息眼镜中手势识别的应用）等。手势识别的准确性影响了人机交互的自然性和灵活性。目前，手势识别研究大多会简化成在单一背景下进行识别，但实际场景的背景环境会比较复杂，如光线过亮过暗、背景与手部皮肤相似、采集设备距离手部远近不同等，这些难题需要在将来的研究中进一步解决。

7.3 音频处理关键技术

音频是与视频相辅相成的信息载体，两者通常一同出现，但在无屏设备中也会单独存在。音频处理大多用于人机交互等场景，对实时性要求相对较高。其中，常用的关键技术有语音合成、声纹识别、语音识别等。

7.3.1 语音合成

语音合成（Text to Speech，TTS）是指将文本转化为语音的一种技术，在 AI、自然语言处理和语音处理等方向中具有重要的研究地位。语音合成是一门交叉学科技术，主要涉及语言学、声学、数字信号处理及 AI 等多门学科。语音合成方法主要可以分成五类，即发音语音合成方法、共振峰语音合成方法、拼接语音合成方法、参数语音合成方法和神经语音方法合成。

发音语音合成方法通过模拟人类发声器官，如嘴唇、舌头、声门和声道等，合成声音。在理想情况下，发音语音合成方法是最有效的语音合成方法，因为该方法在物理过程上完全模拟人类发音过程。然而，在实际应用中，完全模拟人类发声是非常困难的，因为模拟发声过程往往需要收集大量语音数据，成本巨大，在这个因素制约下，发音语音合成的效果通常不如其他语音合成方法。

共振峰语音合成方法通过建立一定的规则，控制源筛选器模型。为了保证合成的语音更贴近人类的语音，往往由语言学家模拟共振峰结构和语音的其他频谱性质建立这些规则。语音通过合成模块和声学模块产生，需要调整基准频率、声调和噪声等影响因素。共振峰语音合成方法不占用资源，非常适用于嵌入式系统。然而，共振峰语音合成方法生成的语音听起来十分生硬、不自然，与人类真实的语音相差较大。

拼接语音合成方法是由一系列语音片段拼接而成。这些语音片段大到整个语句，小到单个音节。处理人员通过录音设备录制的语音可以用于该方法，将小的语音单元与输入的文本相对应，随后通过级联这些语音单元生成较长的语音内容。一般来说，此类方法能够生成与原始发音者非常相近的音色，并且能够保证较高的清晰度。然而，为了保证语音能够覆盖尽可能多的语音单元，需要非常多的录音数据，数据成本十分大，而且该方法生成的语音信号也不自然，语音听起来不包含任何情绪。

参数语音合成方法能够较好地克服拼接语音合成方法的缺点。参数语音合成方法的基本思想是生成语音过程模型，生成的模型中包含一些声学参数，通过真实语音与生成语音的关系来恢复这些语音模型的声学参数。参数语音合成方法通常由三个模块组成，即文本分析模块、参数预测模块和声码器分析/合成模块（声码器）。文本分析模块首先处理文本，包括文本规范化、字音转换、分词等处理，从不同粒度中提取语音、持续时间和词性标记等语言特征，然后通过语言学语法和声学特征训练声学模型，其中声学特征由声码器分析语音生成，主要包括基准频率、频谱或倒谱。参数语音合成方法主要有以下优点：通过参数的调整可以控制声码器生成的语音，更加灵活；数据成本低，和拼接语音合成方法相比，参数语音合成方法不需要大量的语音录音。然而这种方法生成的语音仍然很机械，与真实人类的声音区别明显。

神经语音合成方法主要基于深度学习，采用深度神经网络模型作为主干网用于语音合成。早期的神经语音合成方法是与传统方法进行结合的，而当前的神经语音合成方法已经能够端到端地完成从文本到语音的转化。与传统方法相比，神经语音合成方法拥有高质量的音色，听上去更自然，并且不需要引入大量的人工处理，是未来语音合成的主要研究方向。

7.3.2　声纹识别

声纹识别是一种生物识别方案，用于从说话人的语言中提取指定的特征，以验证说话人的身份。声纹识别通过声电转换模块将声波信号转换为二维的波谱图形，与注册在底库的声纹对比，从而实现认证功能。

典型的声纹识别系统如图 7.20 所示，其包括三个基本组成模块：特征提取、语音模型和模型库。在特征处理过程中，首先对语音信号进行预处理，用于消除输入语音信号的干扰，使语音信号尽可能地少受外部噪声的影响，同时将语音信号中没有语音的部分从信号中剔除，只保留纯语音片段；然后提取语音声纹的特征，目前主流方法是使用深度神经网络提取声纹深度特征，这些特征以向量的形式保存。在测试过程中，采用特征匹配的手段，匹配测试语音与模型库中的语音，通过打分/判决模块寻找与测试语音相匹配的语音，从而判断说话人与该条语音的 ID 是否为同一人，达到认证的目的。

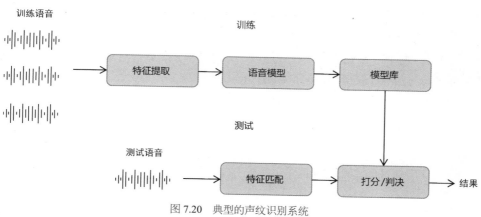

图 7.20　典型的声纹识别系统

根据实际应用，声纹识别可分为声纹确认、声纹验证和声纹辨认。声纹确认通过分析说话人的语音特征，从底库中选择与说话人语音特征最为相似的那一条语音，从而识别说话人的身份，该应用常常用于身份确认。声纹验证则比较输入语音与目标语音是否为同一个人发出的，与声纹确认不同，声纹验证只需要做一次声纹比对即可。声纹辨认是一种聚类的应用，可以从较为嘈杂的环境中，提取出与目标语音特征相似的所有音频，并归为一类，从而将所有音频归为 N 类，此类应用包括视频索引、对话理解等。

声纹识别根据方法还可分为依赖于文本的声纹识别和不依赖于文本的声纹识别。依赖于文本的声纹识别需要被测试人员说出简短的一句话或词汇，结合声纹识别系统的先验信息，若该先验信息与语言内容相匹配，则在语义和声音两个层面上完成声纹识别任务。不依赖于文本的声纹识别只根据说话人的语音信号进行处理。声纹识别系统完全根据声纹信息识别说话人。

声纹识别在应用上存在一些限制：人在不同的生理状态与外界条件下，发出的声音存在差异，从而影响声纹识别的准确率；不同设备之间存在跨音道情况，如果注册声纹和验证声纹的设备存在跨音道情况，也会影响声纹识别的结果。

7.3.3 语音识别

语音识别技术是指机器通过识别和理解把语音信号转变为相应的文本或命令的技术，也称为自动语音识别（Automatic Speech Recognition，ASR）。随着 AI 技术的不断进步，语音识别技术现在已经接近人类水平。

机器与人类的语音识别处理过程基本上是一致的。语音识别示意图如图 7.21 所示，一个完整的语音识别系统可大致分为以下四部分。

（1）语音特征提取：从语音波形中提取语音特征，获得语音特征向量。

（2）声学模型：计算每个语音特征向量在声学特征上的得分。

（3）语言模型：根据语言学相关的理论，计算未知语音的特征向量序列和每个发音模板之间的距离，获得特征向量对应的语言内容。

（4）解码、字典：对识别结果进行解码，从而获取文本表示的结果。

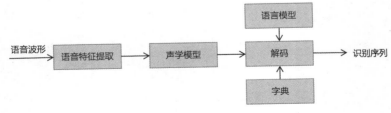

图 7.21　语音识别示意图

人们已经成功将一些语音识别技术应用到实际生活中，主要包括以下四类应用。

（1）电话：呼叫跟踪、云电话解决方案和联络中心需要准确的转录功能及对话智能、呼叫分析、说话者日记等创新分析功能。

（2）视频平台：采用语音识别实现同步和异步的视频字幕，并且平台本身也需要进行内容分类和视频审核，通过语音识别技术可以改善可访问性并便于文字搜索。

（3）媒体监控：语音识别应用程序可以帮助广播电视、博客、广播等媒体形式更快、更准确地检测播放内容，从而达到信息审核的目的。

（4）虚拟会议：虚拟会议平台需要准确地转录及分析会议内容，语音识别技术可以将会议内容按照需求整理分类。

7.4 技术应用实例

依托 7.2 节和 7.3 节中介绍的音视频处理技术，可以搭建许多物联网应用，覆盖智能安防、通信娱乐、智慧交通等多个领域。下面以智能安防应用、通信娱乐应用、智慧交通应用为例，介绍 AI 技术在视频物联网中的常见应用。

7.4.1 智能安防应用

智能安防应用的适用场景多种多样，覆盖个人、社区、学校、商铺等场景，为人们的平安生活保驾护航。

7.4.1.1 视频摘要

随着网络基础设施的优化升级，智能手机、嵌入式设备的普及和物联网、云计算及 AI 等技术的发展，民用安防市场迎来了空前的发展，这也带来了用户认知的不断升级，智能安防产品形态和服务内容日益丰富。在功能及智能化应用上，目前民用网络摄像头大多具备 Wi-Fi、双向语音对讲、云存储等基础视频监控功能，同时支持画面变化告警、人形检测等智能化应用。然而，对于个人和家庭用户而言，一天内摄像头记录的事情太多，查看原始的安防视频需要花费大量的时间和精力。

为了更好地满足用户需求，中国移动依托家庭安防视频云平台，基于 AI、视频编辑等技术为泛安防设备赋能新型 AI 功能"时光轨迹"。时光轨迹的目标场景如图 7.22 所示，时光轨迹主要聚焦于 C 端用户的老人看护、儿童看护、宠物看护及 B 端用户的商铺记录四大目标场景，主要解决用户告警视频较多且信息密度较低带来的逐一浏览需要花费过多时间且枯燥的问题，满足用户仅使用较短的时间看完一天中重要时刻的真实需求。

老人看护　　　　　　　　　　　　　宠物看护

儿童看护　　　　　　　　　　　　　商铺记录

图 7.22　时光轨迹的目标场景

时光轨迹基于摄像头拍摄到的画面，利用人形检测、宠物识别等 AI 技术，结合策略性摘要及特效剪辑技术，提取视频中的人物、宠物等用户感兴趣的内容，浓缩成一小段（时长为 3min 以内）精彩视频提供给用户。该视频记录了一天中各个时段的人物或宠物活动画面，用户只需要进入时光轨迹，就可以轻松掌握监控视频里一天的情况。

7.4.1.2　平安看护

随着人们安全意识的逐渐增强，老人看护、小孩看护等家庭看护市场空间越来越大，专业安防逐步消费化催生了新的场景，预计到 2025 年，安防产值将破万亿元，其中家庭安防占比将突破 30%，同时老龄化社会趋势加剧（独居老人数量约为 2.5 亿人），平安看护已成"刚需"。平安看护场景如图 7.23 所示。

图 7.23　平安看护场景

平安看护提供的 AI 算法包括人形检测、人脸检测、人脸识别、车辆识别、摔倒检测、指纹识别等，通过对画面的内容进行分析，采用端云协同方案，大幅降低网络带宽，同时提升精度，及时将安防事件视频发送给使用者，实现看护防御、娱乐互动、事件取证、智能家庭等场景应用。

中国移动的移动看家产品通过提供场景化家庭安防产品包来保障家庭安全，以便捷的方式满足用户的安防需求，其业务形态主要包括家庭安防硬件（摄像头、智能门锁、智能猫眼等）及相应服务（视频云存储、异常告警通知、上门装维等）。移动看家将平安看护场景细分为农村家庭、城市家庭和泛家庭三个子场景，不同子场景配置不同终端和业务。面向农村家庭子场景，提供看院、看鱼塘果园和看鸡场猪圈等业务，面向城市家庭子场景，提供看门、看家、看娃和看车等业务，面向泛家庭子场景，提供看店等业务。

7.4.1.3　明厨亮灶

近年来，国家出台多种政策，加快落实明厨亮灶工程。2018 年 4 月，国家市场监督管理总局发布《餐饮服务明厨亮灶工作指导意见》，鼓励餐饮服务提供者实施明厨亮灶工程，鼓励餐饮服务提供者将视频信息上传至网络平台，规定传至网络的视频信息保存不少于 7 天，并对实施明厨亮灶工程相关视频设备提出要求。2021 年 7 月，浙江省人民代表大会常务委员会修改了《浙江省食品小作坊小餐饮店小食杂店和食品摊贩管理规定》，修改后的第十二条第二款规定："从事网络餐饮的小餐饮店，应当逐步实现以视频形式在网络订餐第三方平台实时公开食品加工制作过程，具体办法由省市场监督管理部门规定。"2021 年 8 月，浙江省搭建了"浙江外卖在线"数字化平台，联盟外卖餐饮店的加入实现了从后厨到餐桌、从加工到配送、从线上到线下等全链条闭环管理，让市民"点得安心，吃得放心"。明厨亮灶场景如图 7.24 所示。

图 7.24　明厨亮灶场景

为增强食品安全监管统一性和专业性，提高食品安全监管水平和能力，满足政府严防、严管、严控食品安全风险的要求，中国移动依托家庭安防视频云平台，打造食品安全信息化产品"阳光厨房"，既满足餐厅商户的监控需求，又符合政府监管的要求。"阳光厨房"产品面向餐厅商户侧，可以远程监控餐厅情况，视频云回放可溯，震慑违法行为；面向市场监督局等政府单位侧，可以集中监管食品安全，丰富线上监督形式；面向公众侧，可以查看点餐厨房直播画面，放心点餐，监督食品安全。

　　明厨亮灶是一系列 AI 能力的组合，可实现厨房场景异常事件智能识别，主要包括口罩、工服、工帽检测，以及违规行为识别、有害生物检测等，既能实时提醒餐厅商户，又能提升政府监管能力。明厨亮灶主要用到的技术包括多标签的图像分类及目标检测，先通过目标检测获取感兴趣的对象，如人脸、人体、病媒生物；再通过多标签的图像分类与属性识别获取细粒度的对象特征，如戴口罩、戴帽子、抽烟、打电话等；最后判断是否存在异常违规的属性并告警。

7.4.2　通信娱乐应用

　　通信娱乐应用主要面向个人、企业用户，使人们享受科技带来的便捷与乐趣。

7.4.2.1　手势交互

　　手势交互可分为接触式手势交互和非接触式手势交互，前者如手机的手势触屏指令等，这里主要讨论的是非接触式手势交互中的视觉手势交互方式，即通过计算机视觉技术识别手势动作，隔空进行手势操作。举个通俗易懂的例子，当人们在吃小龙虾的时候，若想使用手机则必须脱下手套再进行操作，而若有了非接触式手势交互，就可以在不摘手套的情况下，隔空做手势命令手机进行相应的操作，更加简单、快捷。

　　要实现手势交互，需要基于手势识别技术识别出相应的手势，然后基于手势类别与机器实现联动。图 7.25 所示为手势示意图，手势可分为几种类型，第一种为指示类，即指明方向或指向某物体的手势；第二种为信息类，该类手势代表一些特殊意义，如点赞、OK 等；第三种为情景演示类，该类手势比较复杂，由一连串的手势组成了某种特定的任务演示，如穿针引线动作等；第四种为标志类，该类手势表示特定的标志，如圆形、心形等手势；第五种为操纵类，该类手势在较短的反馈中完成引导运动，如引导机器人跟随手部左右摇摆等。以上手势均由计算机视觉技术识别，然后实现下一步的手势交互。

图 7.25　手势示意图

手势交互如此方便，那具体有哪些应用场景呢？很多人觉得手势交互还只会出现在科幻电影里，但其实有些手势交互应用已经落地了。

1）智能家居场景的手势交互

进入 5G 时代后，全屋智能已经成为 AI 技术的发展趋势，相应的智能家居落地也越来越常见，如智能家电、家用机器人等。在操控这些设备时，仅靠语音或遥控器显然是不够的，加入手势交互会使人机交互更加智能化、自然化。百度 AI 与微码动力等企业合作，实现了智能家电、家用机器人、可穿戴设备、儿童教具等硬件设备的手势控制功能，已实现落地应用。

2）直播、拍照等娱乐类场景的手势交互

随着抖音、火山小视频等直播短视频 App 的兴起，直播成为一种文化现象，如直播带货、直播唱歌、直播学习等，每天观看直播的网民也越来越多。在直播过程中，为增加娱乐性，通过识别用户的特定手势，可在屏幕中生成相应的特效。另外，许多自拍软件也有同样的功能，通过手势交互增加自拍的乐趣和美观度，在控制软件时使用不同的手势可以产生不同的特效。

3）智能驾驶领域的手势交互

随着 AI 技术的发展，智能驾驶领域也有很多手势交互的应用，如语音控制、手势交互控制等。使用特定手势可控制车辆的某些简单功能、参数等，配合语音反馈等直接辅助驾驶过程，在一定程度上能解放驾驶员的双眼，避免需要用眼睛观察的触控式操作，使驾驶员将更多注意力放到路况上，提升驾驶的安全性、可操作性和效率。手势交互应用代表产品有宝马 7 系、君马 SEEK 5 等。

由于目前手势识别不能百分之百保证准确性，完全依赖手势操作还是会有一定的风险的，因此目前的技术只能采用手势操作辅助传统驾驶的方式。

4）VR 及 AR 领域的手势交互

在 VR 技术中，手势交互可以提升 VR 的沉浸感。例如，leapmotion 可利用手势玩切水果游戏、浏览网页、弹奏空气吉他等实现多种手势交互功能，VR 得到普及后，可大大改变人类的娱乐方式。

另外，在 AR 技术中叠加手势交互，能更方便地进行操控，不过目前该技术还处于早期发展阶段，需要更多的技术积累及市场包容。

在 AI 时代，手势交互使人们与机器的互动更加便捷化、智能化，目前有一些商业应用的例子，也有一些其他需要拓展的领域，手势交互已经成为人机交互的重要组成部分，发展潜力巨大。但由于手势识别的可靠性暂时不能完全保证，因此目前只停留在简单的应用上，辅助控制、娱乐性应用较多，未来随着 AI 技术的不断沉淀发展，手势交互的应用范围将会越来越成熟和广泛。

7.4.2.2　背景替换

背景替换旨在将图像中的目标前景与背景进行分割，并将分割得到的前景嵌入其他图像的背景中。现有的背景替换任务主要是将人像作为目标前景，主要运用到的技术为 7.2.4 节中所描述的目标分割。利用目标分割技术，可以将目标人像所对应的像素点与背景像素点进行区分，便于后续进行背景虚化、背景替换等操作。因此，目标分割的准确程度决定了背景替换时的效果。

在深度学习技术尚未成功应用于目标分割之前，自动化的背景替换需要通过搭建绿幕背景来实现。这实际上相当于进行人为的目标分割，通过为背景设置同一像素值来与人像前景进行区分。目标分割技术的发展则极大地降低了这一过程的成本，并且使得背景替换可以随时随地得到应用。背景替换的应用场景主要包括视频会议、网络直播及趣味相机等。目前主流的视频会议软件都支持背景虚化及背景替换等操作，这一功能的诉求主要来源于人们对自我隐私的保护，也包含了对趣味性的追求。网络直播中的背景虚化及替换与视频会议中的类似，都要求在实时传输视频画面时对背景进行处理，这类应用中的算法实时性极为重要。而趣味相机一般则要求算法能够在手机端部署，同时能够实时地进行背景的替换，轻量化和快速推理是目标分割技术在这类应用中所需要重点考量的。

虚拟背景技术是大部分视频会议软件的标准配置，如 Google Meet、腾讯会议等。图 7.26 所示为腾讯会议虚拟背景功能截图，当用户选择了一款虚拟背景（或选择背景虚化）之后，原有的实际背景会被替换（或虚化），既可以保证用户的隐私，也可增加一定的趣味性。

图 7.26　腾讯会议虚拟背景功能截图

实际上，在所有涉及实时背景替换的应用中，需要关注的技术要点都是共通的：分割算法的高精度、前景与背景的有效融合、整个算法的实时性要求和轻量化要求等。此外，目前的一些背景替换技术仍会利用绿幕背景，相对于此类技术，基于目标分割的背景替换主要具有的优势在于场景的高度适用性，而劣势则是分割精度稍有不足。目前背景替换技术的发展要点仍是探索轻量且优质的目标分割算法。

7.4.2.3 虚拟数字人

虚拟数字人是具有数字化外形的虚拟人物，可以复制人类的行为，包括身体运动、面部表情、来回对话等。在 AI 的支持下，虚拟数字人可以解释客户的输入，并且做出动作及语言上的反馈。

如图 7.27 所示，虚拟数字人通用系统框架一般由人物形象、语音生成、动画生成、音视频合成显示、交互五大模块构成，其依赖于复杂的技术组合，其中包括：

（1）先进的 3D 建模技术，不仅保证虚拟数字人在静态的人物形象上与真人相近，还要保证虚拟数字人能够精确地表达出同人类一样丰富的面部表情。

（2）自然语言处理技术，当虚拟数字人受到外界的影响时，需要通过语音生成模块表达虚拟数字人此时的情感与思想。

（3）数字图像处理技术，虚拟数字人同样可以将信息通过动画的形式表达出来。

（4）当输入文本信息时，通过音视频合成模块显示文本信息。

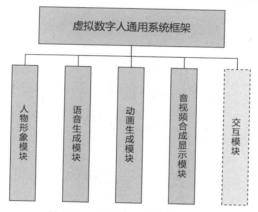

图 7.27　虚拟数字人通用系统框架

交互模块不是所有的虚拟数字人都具备的，具备交互功能的虚拟数字人可通过语音或显示模块，将信息以语音、动画及文本等多模态形式与外界交互，非交互的虚拟数字人则不完全具备以上能力。

在交互型虚拟数字人中，真人驱动型虚拟数字人需要真人根据视频监控系统展示的用户视频，与用户实时语音，同时通过动作捕捉采集系统将真人的表情、动作呈现在虚拟数字人形象上，从而与用户进行交互，其技术框架如图 7.28 所示。而非真人驱动型虚拟数字人则依赖 AI 分析音视频内容，从而做出相应的决策，技术实现的要求更高一些。

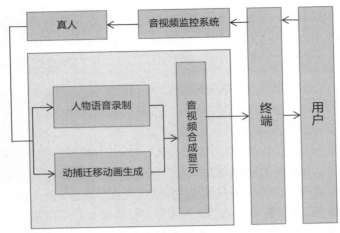

图 7.28　真人驱动型虚拟数字人技术框架

随着元宇宙概念的兴起，市场上已经涌现了大量虚拟数字人，在各行各业中有着广泛的应用，覆盖影视、传媒、游戏、金融、文旅等多个领域，为用户提供多样化的行业解决方案。

7.4.2.4　语音翻译

语音翻译是指将一种语言的语音转换成另一种语言的语音，如将西班牙语语音转换成英语语音。近年来，随着 AI 技术的不断发展，语音翻译技术已广泛应用于同声传译、文本阅读、电影配音等多个领域。传统的语音翻译技术主要包含语音识别、文本翻译、语音合成三个步骤，以将西班牙语语音转换成英语语音为例，语音翻译示意图如图 7.29 所示。

图 7.29　语音翻译示意图

这种传统的语音翻译技术需要先将西班牙语语音通过语音识别技术识别成西班牙语文本，再使用文本翻译技术将西班牙语文本翻译成英语文本，最后利用语音合成技术将英语文本转换成英语语音。这种方法虽然可以对语音进行翻译，但存在一些问题，如翻译过程中完全丢失了语音的情绪、音色信息，并且实时性较差，无法适用于对实时性要求较高的语音翻译场景。

同声传译是一项对实时性要求极高、难度较大的语音翻译场景。以西班牙语翻译成英语为例，它要求译者在听到西班牙语语音的同时，借助已有的学科知识，在很短的时间内完成对源语信息的预测、理解、记忆和转换，并说出对应内容的英语。由于同声传译从业门槛较高，人才较为稀缺，因此如何利用 AI 技术完成同声传译工作成为专家学者们的重点研究内容。传统的语音翻译技术由于实时性较差，因此难以适用于同声传译场景。与传统语音翻译技术不同，当前用于同声传译的语音翻译技术多为端到端模型，即输入西班牙语语音，通过模型后直接输出英语语音，其流程如图 7.30 所示。

图 7.30　端到端语音翻译流程

目前已有不少应用支持同声传译，包括百度 AI 同传、讯飞听见、网易有道等，在各种国际会议上有着重要的作用。百度 AI 同传界面如图 7.31 所示，大多同传工具既支持投屏显示又支持语音外放，使语言不再成为人们沟通的障碍。

图 7.31　百度 AI 同传界面

7.4.2.5　会议摘要

会议是人们交流想法、制订计划和共享信息的一种常见的交流方式。随着自动语音识别系统的普及，出现了大量的会议记录。然而，由于人工查阅会议记录存在工作量巨大、效率低下等问题，因此人们需要自动会议摘要生成技术实现简洁地生成会议摘要内容。在自然语言处理中，会议摘要生成是一项具有挑战性的任务，该任务提供过去会议重要内容的快速访问，这对人们和企业都有很大的价值。传统的会议摘要系统是抽取式的，遵循一些专门设计的规则模式来抽取话语。这些系统无法生成简明一致的摘要，主要原因是会议记录文本的语法和非结构化文本。近年来，基于深度学习的会议摘要生成系统通过学习潜在的语义表示，生成涵盖会议会话要点的简明摘要，如图 7.32 所示。

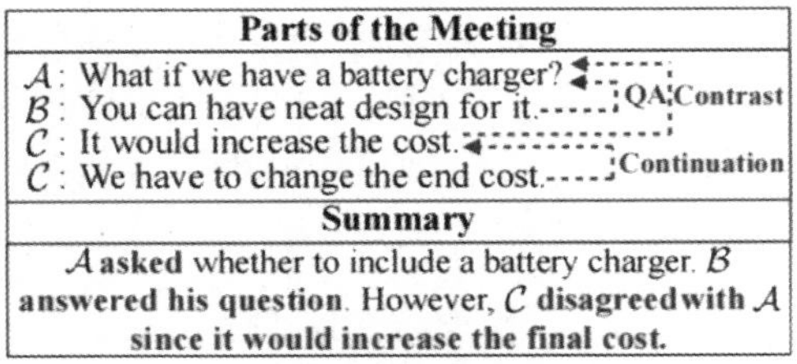

图 7.32　会议摘要生成示意图

现有的会议摘要问题研究方法主要分为基于抽取的方法和基于抽象的方法。其中，基于抽取的方法是指从会议记录中抽取预先设置好的抽取单元，抽取单元一般为句子、短语或词，但这种方法的可读性往往较差。基于抽象的方法从输入的会议文档中自动生成自然语言摘要，同时保留会议要点。但基于抽象的方法大多需要复杂的多阶段的处理流程，如模板生成、句子聚类、多句压缩、候选句子生成和排序。由于这些方法很难进行端到端的优化，因此很难共同改进处理流程中的各个部分以增强整体性能。此外，某些流程如模板生成，需要大量的人力参与，使得解决方案不易大规模扩展、迁移。2021 年，阿里巴巴达摩院语音实验室打造了"听悟"产品，能对至多十位参会人员进行角色分离；融入新一代端到端语音识别模型，支持多种方言及中英文"自由说"；针对线上音视频会议，能够实时输出字幕，并在会议后自动整理会议摘要。

7.4.3　智慧交通应用

智慧交通应用与人们的生活息息相关，人们无论上班、出游还是在家等快递，都能享受到由智慧交通带来的便利。

7.4.3.1　辅助驾驶系统

车辆的自动驾驶有多个分级，自动驾驶分级表如表 7.1 所示。

表 7.1　自动驾驶分级表

分　　级	名　　称	定　　义	应用场景
L1	辅助驾驶	系统仅对方向盘、油门、刹车中的一项操作提供自动驾驶，其余操作仍需要人工进行	限定场景
L2	部分自动驾驶	系统对方向盘、油门、刹车中的多项操作提供自动驾驶，其余操作仍需要人工进行	限定场景
L3	条件自动驾驶	系统完成绝大部分驾驶操作，驾驶员需要保持注意力集中以备不时之需	限定场景
L4	高度自动驾驶	系统完成所有驾驶操作，驾驶员不需要保持注意力，但有限定道路和环境条件	限定场景
L5	完全自动驾驶	系统完成所有驾驶操作，驾驶员不需要保持注意力	所有场景

辅助驾驶系统主要指先进驾驶辅助系统（Advanced Driver Assistance System, ADAS）。ADAS 是自动驾驶的一部分，由于自动驾驶技术仍处在比较初级的阶段，大多数搭载 ADAS 的私家车仍处于 L1～L2 分级。部分汽车品牌宣传的自动驾驶实际上还是以 ADAS 为主，距离真正的自动驾驶仍十分遥远。

ADAS 依赖摄像头、激光雷达、毫米波雷达等多种传感器，实时收集车内外的环境数据，对数据进行分析处理之后，根据数据做出报警，提醒驾驶员或主动干预决策。ADAS 的功能繁多，在《道路车辆　先进驾驶辅助系统（ADAS）术语及定义》（GB/T 39263—2020）中就定义了 30 余种辅助驾驶功能，主要包括信息辅助类功能和控制辅助类功能。

信息辅助类功能的主要作用是通过传感器感知环境信息并为驾驶员提供报警信息。常见的信息辅助类功能包括驾驶员疲劳检测、智能限速提示、全景影像监测、交通标识识别、倒车辅助等。这类功能大多直接将传感器的数据发送给驾驶员，或者仅做一些简单的数据加工处理。其中，交通标识识别主要应用目标检测算法和目标识别算法，对行车过程中拍摄到的图片进行交通标识的检测和识别，并提醒驾驶员以防违规。由于交通标识种类较多，不同国家地区的标识各异，因此一般采用检测和识别分离的两段式解决方案，以提高分类的准确率。驾驶员疲劳检测依赖于人脸检测及分析，针对驾驶员的表情变化及睁眼和闭眼频率的变化计算驾驶员的疲劳指数，当疲劳指数超过阈值时，就会用声光报警的方式提醒驾驶员，以防疲劳驾驶带来危险。信息辅助类功能已经在很多车型上配备多年，由于其中大多数功能只提供报警，不参与决策，因此发挥的作用和承担的责任并不大，也没有明显的智能感。

控制辅助类功能的主要作用是在感知和处理数据的基础上做出决策，并控制车辆的运行和其他辅助功能。常见的控制辅助类功能主要包括自适应巡航控制、车道居中控制、自动紧急制动、自动紧急转向、智能泊车辅助等功能。由于这类功能深度参与驾驶员的决策，甚至代替驾驶员进行决策，因此对安全性、稳定性的要求更高。自适应巡航控制（ACC）结合巡航控制系统及前向防撞击系统，通过雷达等传感器进行前车测距，并估计其运动速度，根据距离和速度数据调整自身的车速和车距。ACC 将驾驶员从油门和刹车中解放了出来，尤其是在高速公路这种相对封闭的道路上，大大降低了驾驶员长距离行驶的负担。然而，ACC 也不是万能的，在复杂的城市道路中，其很难做出合理的决策，在面对大量横穿的行人和电动车，以及加塞的车辆时，ACC 错误决策的概率提高，导致行驶风险增加。智能泊车辅助通过 360° 全景摄像头及雷达获取车位和周边障碍物的信息，计算最佳转向角。它解决了很多新司机停车难的问题，并且使用环境较为稳定，很少出差错，即使出了差错一般也不涉及人身安全问题，因其实用性较强、受限较少，常常被应用于中高端车型。

特斯拉的 Autopilot 就是一个非常典型的 ADAS，其配备了大量传感器，包括各种雷达及摄像头。Autopilot 可以提供自动巡航、自动转向、自动辅助变道、自动泊车、召唤、交通信号灯提示、检测限速标志等辅助驾驶功能。使用 ADAS 的汽车厂家很多，有国内造车新势力小鹏、蔚来等，也有传统汽车厂家比亚迪、吉利等，其功能相似性较高。特斯拉作为最早入场辅助驾驶的公司之一，依靠大量的用户基数，低成本地获取了大量的驾驶数据，对于深度学习算法效果的提升有直接的推动作用。此外，由于特斯拉坚持系统和芯片的自研，整个平台和硬件的成本都相对可控，因此在市场上占据了较大的优势。

在技术给生活带来便利的同时，人们也应当时刻保持安全意识，没有百分之百准确的算法，尤其是在新功能刚出现时，其稳定性和安全性没有得到足够的数据证明，在实际使用时还是需要慎重对待的，毕竟生命只有一次。

7.4.3.2　智能配送机器人

智能配送机器人（Intelligent Distribution Robot，IDR）的出现有望彻底改变最后 1km 配送系统，提供更低廉、高效的配送方式。智能配送机器人的主要优势有以下 3 个：①相比传统的人工配送，智能配送机器人可以进行连续作业，没有工作时间限制；②随着传感器、雷达、电池等设备的普及与优化，智能配送机器人的导航能力、续航能力及载重量得以提升，能实现更加复杂、广泛场景的配送；③智能配送机器人能够满足末端配送中消费者对更快、更频繁的配送的高期望。在未来，智能配送机器人可取代快递员、外卖配送员从事的末端配送工作，提高物流企业配送效率。某公司的智能配送机器人如图 7.33 所示。

图 7.33　某公司的智能配送机器人

智能配送机器人主要涉及环境感知、运动控制及决策系统三方面的技术融合。环境感知技术能帮助智能配送机器人定位自己在空间中的位置，以实现与周围环境的交互，进行目标寻找和避障。运动控制技术主要解决智能配送机器人自身的运动模块执行三维（四足智能配送机器人）或二维（轮式智能配送机器人）位移运动。决策系统根据环境感知获取环境情况和自身情况，控制执行机构产生相应的运动控制。环境感知技术与 AI 技术相关性较大，主要涉及目标检测与跟踪、目标分割及同步定位与地图构建（Simultaneous Localization and Mapping，SLAM）技术。

环境感知系统是机器人实现智能化的关键部分，其现有的技术方案可以分为基于 RGB 视觉实现的环境感知系统和基于激光雷达的环境感知系统。

基于 RGB 视觉实现的环境感知系统装配 RGB 摄像头，从 RGB 图像中提取信息，进行处理并加以理解，最终用于实际检测、同步定位与地图构建。其最大的特点是速度快、信息量大、功能多。但是这种技术方案受光线的影响很大，在晚上，基于 RGB 视觉实现的环境感知系统由于成像问题有可能无法实现检测与定位，而且这种技术方案提供的信息不直接，需要通过特征提取等稀疏化手段才能获取所需的信息，带来了大量的计算和存储负担。

基于激光雷达的环境感知系统采用雷达系统获取环境数据。雷达系统是一种主动传感器，常见的激光雷达工作原理是飞行时间法或三角测距法，输出的数据是点云形式。激光雷达的优点是可以获得极高的角度、距离和速度分辨率。激光雷达抗有源干扰的能力很强，同时也能在夜间工作。但激光雷达也有弊端，它在工作时很容易受异常天气，如雨雪天气的影响；大气环流还会使激光光束发生畸变、抖动，直接影响激光雷达的测量精度；对于智能配送机器人而言，一些过于复杂的场所，如人流密集场所，靠激光雷达方案不能很好地解决问题。当下智能配送机器人应用中的激光雷达导航成熟度和普及率更高。现在的商用智能配送机器人的任务并不复杂，激光雷达导航能满足大部分的场景需要。但从长远来看，基于 RGB 视觉实现的环境感知系统有着很大的发展空间，相较于激光雷达定位，它可以可视化，配合 AI 可获得更好的计算数据，使其决策系统可以面对更复杂的环境。

目前智能配送机器人的普及率还比较低，主要原因包括以下 5 个方面：①从技术方面来看，尽管智能配送机器人配备了激光雷达、深度摄像机等传感器来感知环境，但自动驾驶技术仍处于发展阶段，配送环节的应用需要长期的道路测试；②从交通安全方面来看，公众担忧智能配送机器人是否会与机动车辆和行人发生碰撞及发生碰撞后的处理方式和责任划分问题；③从货物安全方面来看，智能配送机器人在无人看管的情况下，一旦偏离路线或遭受人为破坏，货物配送的及时性与安全性就无法得到保障；④从相关法律法规方面来看，智能配送机器人上路运营涉及路权问题，我国政府部门还未出台相关的管理办法，相关法律法规仍待完善；⑤从智能配送机器人的生成制造方面来看，市场从疫情大流行中恢复时间的不确定性及其对世界若干地区的经济影响，预计将进一步对半导体市场的增长提出重大挑战，直接影响全球制造自主交付机器人所需的关键原材料的可得性。

7.5　技术发展趋势

AI 技术的发展在很大程度上受网络、芯片等基础设施的影响。

文本、音频、视频都是常见的信息载体，传统的信息处理方式经常分开处理各种模态的信息，会丢失各种信息间的关联信息，部分任务准确率并不理想。在未来，多模态信息的融合将会给人们带来更智能的生活体验。

随着 5G 时代的到来，网络传输的速率提高、价格下降，视频逐渐成为人机交互的主要模态。传统视频处理大多基于图像处理，而在未来，包含时空信息的视频理解将成为主流，带来更丰富的信息处理能力。

AI 算法的核心之一是数据，大多数据是厂家私有的，这会构筑技术壁垒，数据的交易和共享都困难重重。通过联邦学习，厂家之间可以更轻松地共享数据，共同促进产业更好的发展。

终端芯片国产化蓬勃发展，IoT 芯片成本逐渐走低，更多的终端设备正走进千家万户。由于海量的终端设备对 AI 算法的效率提出了更高的要求，因此算法模型的轻量化将会成为未来算法落地的主要研究方向，它会帮助各种边缘设备搭载智能大脑。

7.5.1　多模态学习，融合多元信息

在科学技术快速发展的今天，多模态数据已成为数据资源的主要形式。按感知方式划分，多模态数据可分为视觉、听觉、触觉、嗅觉等；按数据形态划分，多模态数据可分为图像、文本、语音等。多模态学习就是对多源异构数据进行挖掘和分析。

随着通信技术的进步，高带宽、低时延的 5G 网络引领人们的生活进入了视频时代，视频内容已经成为当前较流行的信息传播载体，如何对视频内容进行处理成为当前研究重点。常规视频内容学习方式一般只包含视频的视觉内容特征，这种视频处理方式较为简单。以视频分类识别任务为例，若只利用视频视觉特征对视频进行识别，则会忽略视频中的文本特征和音频特征，算法精度较低，只适用于简单场景中视频的分类识别。多模态学习方法则可以利用视频的图像、语音、文本等多模态特征综合对视频内容进行分类识别，其中基于多模态学习的视频分类方法利用视频的音频特征、音频文本特征、关键帧的图像特征、关键帧的图像文本特征等多模态特征对视频进行识别，适用于各种内容形式的视频识别场景，其模型结构如图 7.34 所示。

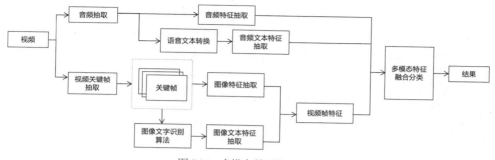

图 7.34　多模态学习模型结构

除了视频，5G 技术的发展还带动了物联网设备的发展，常规的物联网设备大多是单模态的，如当前流行的智能音箱设备，是只具备听觉模态的物联网设备，而智能摄像头则是只具备视觉模态的物联网设备。物联网中的多模态学习是指将物联网设备中的听觉特征、视觉特征或其他多模态特征融合在一起，进行综合判断。物联网设备的一个典型应用是智能扫地机器人。智能扫地机器人当前主要的避障方式有 3D 结构光避障、3DToF 避障和双目避障三种，其中双目避障不但可以识别障碍物轮廓，而且可以识别障碍物种类，智能选择避让和清扫策略，如当识别到宠物粪便时，就要综合传感器信息，与其保持一定的距离。常见的双目避障智能扫地机器人（见图 7.35）可以精准避让宠物、拖鞋、人体、地毯、宠物粪便等十几种障碍物。当智能扫地机器人收到语音命令后，分析语音命令并启动，在运行过程中，实时抽取摄像头视觉特征、红外传感器特征、下视传感器特征及其他多个传感器特征等多模态特征，综合分析当前场景，做出相应决策。

图 7.35　双目避障智能扫地机器人

7.5.2　视频理解，解析时空语义

近年来，伴随着互联网技术、AI 的蓬勃发展，短视频用户在网民整体中逐渐占有很大的比重。目前人们处于视频和直播时代，视频的需求量更大、传播速度更快，导致信息大量累积，需要有效的管理方法、识别分析技术。仅靠人工是远远不足以高效

处理十万百万甚至上亿条视频的，而视频理解则可以通过 AI 技术，自动检测分析视频内容，解放人力，可用于满足高速发展的视频内容时代的视频智能识别分析需求。

视频理解，顾名思义，即通过 AI 技术，智能理解视频的内容，可用于基于视频内容的兴趣分析推荐、视频标题生成等。目前有一些常用的数据集可用于视频理解的研究，如 HMDB-51、UCF-101、Sports-1M、Charades、ActivityNet、Kinetics、YouTube-8M 等，其中包括多种类型的人的动作，如家庭生活和体育运动中的动作等。相比图像数据集，视频数据集中相应动作数量少、存在较多歧义、标签不充分，还需要做进一步的拓展整理。

视频理解是指机器自动理解视频，而要完成这个目的，它需要解决哪些技术问题呢？总体来说，由于视频与图像最大的差别是视频中多了时序信息，因此利用好时序信息是关键。

视频理解基本任务如图 7.36 所示，其最基础也最简单的任务是视频分类（Video Classification），即识别视频中动作的类别，此类任务主要针对短视频。该任务涉及的技术相对比较成熟，如基于 2D 卷积叠加各帧图像特征融合的方法，C3D、I3D、Res3D 等基于 3D 卷积的方法，以及依赖于 LSTM 挖掘各帧时序关系的方法等。其中，由于第一种和第三种方法的计算量较大，网络训练比较难，因此主流方法是基于 3D 卷积的方法，3D 卷积比 2D 卷积更适用于时空特征的学习。视频分类可应用于视频智能标签，进而用于个性化的推荐，也可应用于优质内容挖掘、视频内容审核等。

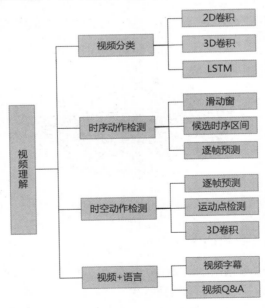

图 7.36　视频理解基本任务

视频理解的第二个基本任务是时序动作检测（Temporal Action Detection）。在较长的视频中，该任务定位动作开始和结束的时间段，并识别动作的类型，即处理 When 和 What 的问题。该任务难点在于从没有被剪辑过的视频中，提取出所需要的动作片段。相比于单纯的动作识别，此任务更适用于日常的场景。时序动作检测为定位动作开始结束的时间点提出了多种方法，如滑动窗、基于候选时序区间、逐帧预测等，其可应用于精彩片段检测、视频智能剪辑、智能 GIF 图片、时光轨迹生成等。

第三个基本任务在时序动作检测的基础上加了一个 Where，即定位视频中出现的人和动作的时空动作检测（Temporal-Spatio Action Detection）。该任务旨在同时定位动作出现的时间、空间位置及识别动作类别，目前有逐帧检测、3D 卷积检测及运动点检测等多种方法。

最后一个任务是视频理解中最深的层次，也是更加智能的任务。该任务将视频和语言结合在一起，如视频字幕（Video Captioning），为指定的视频输出一段描述性的文字，该任务是图像字幕的升级版，需要将视频在时间序列上合理分割，并对每一段视频的内容配字幕，最终整合为通顺合理的字幕描述，非常具有挑战性。另外，该任务的应用还有视频问答（Video Q&A），用于视频检索，输入 Question，基于其关键词，检索相对应的视频给出 Answer，对视频分析有很高的要求。

总的来说，视频理解包括很广泛的领域和技术，但最基础的是视频分类检测（Video Classification Detection），其为视频理解分析的基础设施。目前对于视频分类检测的研究最多也最成熟，但由于其准确性不足，因此还无法应用于比较严谨的领域。除了针对视频中图像特征的提取，还可利用其他模态的信息辅助视频内容理解，如音频、文本等，由于多模态信息感知更符合人类感知环境的方式，因此利用多模态信息进行视频内容理解分析是未来的一个发展趋势。

7.5.3　联邦学习，打破信息孤岛

近年来，以深度学习为核心的 AI 技术蓬勃发展，在计算机视觉、自然语言处理、搜索推荐等领域百花齐放。由于工业中优秀的深度学习模型依赖于海量高质量数据，因此数据资源成为 AI 企业的核心竞争力之一。拥有数据的企业出于竞争及数据泄露风险考虑，一般不会将数据出售或共享。

国际上对数据的监管日益严格，2018 年 5 月 25 日，欧盟出台《通用数据保护条例》（General Data Protection Regulation，GDPR），强调了用户数据隐私和安全管理。2021 年 8 月 20 日，第十三届全国人民代表大会常务委员会第三十次会议通过《中华人民共和国个人信息保护法》，旨在保护个人信息权益，规范个人信息处理活动，促进个人信息合理利用。从法律的角度来说，企业之间无权自由买卖、泄露用户信息。

　　然而，AI 的发展离不开数据，企业之间的数据合作越来越重要。如何在保障用户数据隐私、安全的前提下进行跨组织数据合作的问题亟待解决。联邦学习（Federated Learning）正在成为解决这一难题的核心技术。

　　联邦学习最早于 2016 年由谷歌提出，它的本质是一种分布式的机器学习框架。它的目标是解决数据孤岛及相应的数据隐私和安全风险问题，即在多参与者数据共享、模型共建的同时保障用户数据隐私安全。

　　联邦学习按照不同数据集用户和特征的特点，可以分成三类：纵向联邦学习、横向联邦学习、联邦迁移学习。

　　纵向联邦学习如图 7.37 所示，适用于数据集之间用户 ID 重叠较多，而用户特征重叠较少的情况，其本质是数据特征的融合扩展。例如，数据集 A 拥有某个人部分属性的描述（如黑色上衣、短发）及标签（如女性），单凭这些信息比较难训练出一个好的模型，而数据集 B 含有另一部分属性的描述（如黑色裙子）。

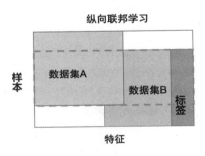

图 7.37　纵向联邦学习

　　横向联邦学习如图 7.38 所示，适用于数据集之间用户 ID 重叠较少，而用户特征重叠较多的情况，其本质是数据总量的叠加。

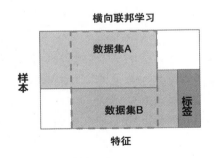

图 7.38　横向联邦学习

　　联邦迁移学习如图 7.39 所示，是联邦学习的一种扩展，在数据集和用户 ID 重叠都比较少时，也能够进行模型的协同训练，适用于跨业务的模型训练。

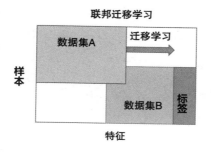

图 7.39　联邦迁移学习

由于金融风控等行业拥有大量用户隐私相关的敏感信息，且信息孤岛现象比较严重，因此目前联邦学习的落地主要集中在这些行业。随着 AI 行业逐渐成熟，联邦学习也有可能逐渐渗透到每一个子领域，减少长尾应用的成本，促进产业共同发展。

7.5.4　模型轻量化，助力边缘计算

近年来，深度神经网络已被证明是开发智能解决方案的基本要素。深度神经网络以更深的层次和数百万参数为基础实现了卓越的性能，但这也带来了大量的计算和存储负担。因此，在资源有限的平台上为用户使用这些深度神经网络是一项具有挑战性的任务。为了获得更小、更快、更精确的模型，很多学者和工程人员已经做了大量的工作。本节概述深度神经网络的轻量化方法。这些方法大致可分为知识蒸馏、剪枝算法及网络量化。本节会对每一种技术先进行描述、介绍，再对它们进行分析，最后对这些方法进行讨论。

知识蒸馏是指将从一个复杂模型学到的知识转移到另一个轻量化的模型中。其训练步骤为：首先，训练深层网络（教师网络），通过该网络发送未标记的数据来自动生成标记数据；其次，将合成数据集用于训练一个较小的浅层模型（学生网络），该模型吸收了由较大模型学习的函数，预计模拟模型应产生与深度网络相同的预测和错误。因此，在一组神经网络和它的模拟模型之间可以实现相似的精度，但参数量能够减少 100 倍。在部分工作中，有学者在 CIFAR-10 数据集上证明了这一推断。最近，一些学者针对知识蒸馏做了进一步的优化。例如，Aguilar 等人建议将教师模型的内部表示提取的特征进一步简化，以此降低学生模型的训练难度，进而改进学生模型的学习和性能；Lee 等人通过自监督学习算法，在不使用数据标签的情况下改进了轻量级模型迁移学习后的精度。上述方法在对应的场景下是有效的，但是它们的性能可能会因应用的不同而产生很大差异。对于学生模型，分类任务很容易学习，但是像分割或跟踪这样的任务，即使对于教师模型也很难理解。此外，Muller 等人最近通过标签平滑实验

表明，教师和学生网络对数据格式很敏感，在不同格式输入数据下会表现出不同的稳健性。因此，知识蒸馏方法的改进与优化也是一项艰巨的任务。知识蒸馏训练示意图如图 7.40 所示。

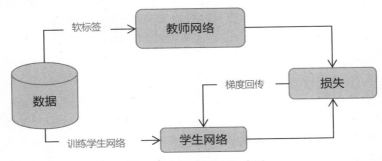

图 7.40　知识蒸馏训练示意图

利用剪枝算法对神经网络进行压缩已经得到了广泛的研究。这些算法可以去除网络中冗余的参数，旨在降低网络的复杂性和过度拟合。有学者使用了基于海塞矩阵损失函数的剪枝算法来减少网络中的连接数，该算法通过测量一组参数的显著性，来找到一组可删除的参数，删除这些参数的权重能够让损失函数的增量最小。还有许多学者使用近似方法来寻找这些参数，如目标函数用泰勒级数近似减少海塞矩阵带来的巨大计算量。为了进一步减少计算量，Signorini 等学者采用了更为直观有效的算法去除冗余参数，第一个阶段是通过网络的常规训练来了解网络的连通性，即了解哪些参数（或连接）比其他参数（或连接）更重要；第二个阶段是修剪权重低于阈值的连接，即将密集网络转换为稀疏网络。此外，该方法的重要步骤是在剪枝以后重新训练（微调）网络以学习剩余稀疏连接的权重。如果修剪后的网络没有重新训练，那么得到的准确度会低很多。Anwar 等学者使用了类似的剪枝算法，同时他们也指出：剪枝算法的一个显著缺点是构建了一个具有不规则连接的网络结构，这样的结构对于现存的 GPU 并行计算来说是较为低效的。为了避免这个问题，他们为卷积神经网络引入了不同尺度的结构化稀疏，在特征映射、内核及内核内级分别执行剪枝，强制某些权重为零，在部分具有显著特征的区域使用了稀疏性，带来了一定的精度损失。

上述剪枝算法都有各自的优缺点，这些算法的主要缺点是复杂度高，表现在选择修剪网络中冗余参数时的复杂度高，需要很长时间；它们需要不断地再训练，以保持模型的精度。最近，有些技术试图绕过一些步骤，如在训练过程中使用递归神经网络修剪神经网络，进而大幅度地减少模型的参数，允许消除 10%～30%的网络权重。然而，在目前的推理平台，如 GPU 或边缘侧 NPU 上，模型实际推断速度还取决于剪枝后网络的结构，若仅考虑剪枝的权重，产生非结构化的稀疏网络，则剪枝算法仅能带来模型内存占用的减少，对于推断速度的优化作用微乎其微。剪枝算法示意图如图 7.41 所示。

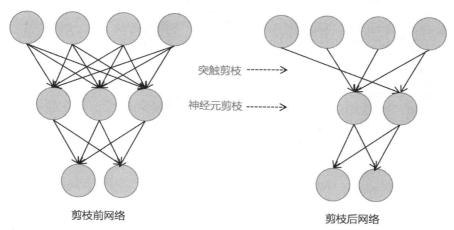

图 7.41　剪枝算法示意图

尽管使用剪枝算法可以显著减少权重的数量，但参数的总体数量仍是巨大的。解决方案是通过限制数据的数值精度来降低计算复杂度，即网络量化，这种方法类似于剪枝，旨在减少表示每个权重所需的比特数。简而言之，它通过使用低比特数表示来减少精度的冗余。网络量化以最小的性能损失减少了权重的存储量大小并提升了推断的速度。深度神经网络通常使用 32bit 浮点精度进行参数的训练。网络量化的目的是减少模型推断过程中使用的比特数，并将浮点表示形式改为定点表示形式。对于嵌入式系统来说，选择数据的精度一直是一个基本的选择。当致力于特定系统时，模型和算法可以针对设备的特定计算和内存架构进行优化。

然而，将量化应用于深度神经网络是一项具有挑战性的任务。由于网络量化误差可能在整个模型的前向推理过程中传播和放大，因此对整体性能有较大影响。为了限制神经网络中数据的精度，大量学者已经进行了相关验证实验。Iwata 等学者提出了一种 24bit 浮点处理单元的反向传播算法，并验证了其可行性。此外，Holt 和 Hwang 根据实验证明，仅通过 8～16bit 的参数精度就足以进行反向传播学习。然而，模型量化方法还需要与特定硬件进行配对和优化才能产生更理想的效果。Gupta 等学者比较了定点格式量化与动态定点量化在基于 FPGA 的硬件上的效果，结果发现定点格式量化在 FPGA 上的配对取得了很好的效果，但动态定点表示的硬件优化效果却不尽人意。

总而言之，有限的数值精度足以训练教师模型，它有助于节省内存和计算时间，若使用专用硬件，则更是如此。然而，在神经网络中，并非每一个步骤都能以低精度完成。例如，有些模型在训练期间必须使用高精度来更新参数，而在推断阶段才能进行量化，进而优化模型推断的内存占用与推理速度。网络量化示意图如图 7.42 所示。

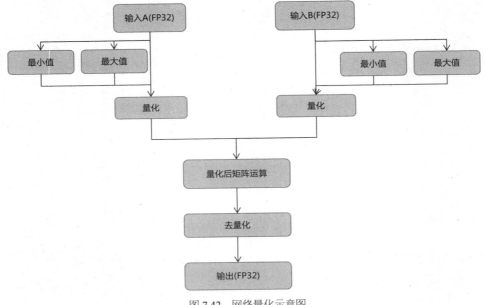

图 7.42　网络量化示意图

第 **8** 章

应用展望

8.1 元宇宙

不妨设想，人们在生活中全天候携带一个强大的计算工具，它可能带来一个虚拟与现实完全交融的全新世界：人们可以按照更加自然的交互方式来下达指令，挥挥手、打一个响指、转动脑袋，即会出现想要的信息并完成决策；或者只需要想一想，它就能领会意图，并完成操作。到 2026 年，可能有 25%的人会沉浸在这个全新的世界里，这种全新的生活方式将具备更自然的交互、更沉浸的体验、更繁荣的生态，人们称这种预期为元宇宙。

元宇宙是人以数字身份参与的数字世界，人们在不同的环境、物品和货币之间，通过社交互动产生新的社会关系。元宇宙不仅是一个信息系统，还承载了现实生活中的信息流动，是人们现实生活中感官的虚拟延伸。

数字身份是元宇宙世界中的起点。数字身份不同于数字账号，数字账号可能代表了用户在互联网的足迹，它们不拥有权利和义务，依然依附于线下用户的真实身份，而数字身份是具有长期生命力和商业价值的内容载体。

电影《头号玩家》描述了人们对元宇宙的设想：一套 VR 设备、一套超纤维传感器可穿戴设备，就能进入足够真实的"绿洲世界"。元宇宙是一个与现实世界平行的虚拟世界，它可以映射现实世界，同时又独立于现实世界。元宇宙吸纳了 AI 革命、信息革命、互联网革命，以及 VR、AR、MR 和游戏引擎在内的虚拟现实技术革命的成果，为创建与物理世界平行的数字世界提供了可能性。然而，关于元宇宙，令人兴奋的不只有技术层面上的构建，还有改变彼此现有社交方式的巨大潜力。在元宇宙里，每个人都可以参与规则的制定，创造属于自己的世界。

元宇宙是一个聚合的虚拟共享空间，由虚拟增强的物理现实和物理持久的虚拟空间聚合而成，包括虚拟世界、增强现实和互联网的总和。它基于扩展现实技术和数字孪生技术实现时空拓展性，基于 AI 和物联网实现虚拟人、自然人和机器人的人机融合性，基于区块链、Web3.0、数字藏品、NFT 等实现经济增值性。

从技术储备程度来看，XR 设备相关技术的发展程度有望实现元宇宙现阶段的发展需求。XR 设备以其三维化、自然交互、空间计算等完全不同于移动互联网的特性，被认为是元宇宙生态的关键连接设备，它将创造一个虚拟和现实完全交融的世界。

AR 和 VR 一起构成了一个广阔的平台，两者结合，通过 XR 的形式影响人们生活的方方面面。虽然现在对于 XR 最终的用户界面还没有形成一个统一的判断，但对于未来与 XR 的交互方式已有多种讨论。在 VR 场景中，用户交互服务于用户的沉浸感与体验感，而在 AR 场景中，能在解放用户双手的情况下在任意场景与现实进行交互。目前尚在研究的手势操控、眼动追踪、沉浸声场等技术各具优势，均有其相应的应用场景，但无法通过一种方式来满足所有的需求，创造一个可以在各场景间无缝切换、多模融合并能够由用户自由决定切换的方式，是一个重要的挑战。此外，互联网平台将与虚拟现实行业不断融合，在内容分发、优质生态资源虚拟化，以及 VR 场景方面深入合作，让真实世界更丰富，虚拟世界更真实。

8.2　泛在通信

2021 年 12 月 9 日，神舟十三号飞行乘组航天员翟志刚、王亚平和叶光富在中国空间站为青少年上了一节太空科普课。3 位航天员与地面课堂通过视频通话的形式，完成了实时互动和交流。在约 60 分钟的课堂中，有 1420 名中小学生代表观看了微重力环境下细胞学实验、人体运动、液体表面张力等神奇现象，结合实际场景，了解了实验背后的科学原理。这是中国空间站首次太空授课活动，也是中国空间站首次将太空授课活动面向全球进行直播。

2021 年 7 月 6 日，中国成功发射天链一号 05 星，标志着第一代数据中继卫星发射计划圆满结束。天链一号一共由 5 颗卫星组网，主要任务就是解决测控网对地轨道载人飞船通信覆盖率低的问题。天链二号卫星在天链一号的各项技术基础上得到进一步发展，中国航天员在空间站的下载网速已经达到 1.2Gbit/s，这表明中国在天地通信能力上有质的提升。正是因为有这项更加成熟的通信保障技术，神舟十三号上的 3 位航天员才能在太空中进行授课，并与地面的课堂进行实时交流，给学生带来与在地面上授课一样的体验。天链卫星精准的数据传输稳定保障了通信过程，为天地间的信息交换搭起了一座"天桥"，使得"天涯若比邻"从古人的吟唱中照进现实。

目前，全球移动通信覆盖的陆地范围大约为 30%，暂时无法覆盖如沙漠、戈壁、偏远山区和两极等区域。海洋、天空等特殊场景及地广人稀的边疆、深山、海岛等区域，通信服务成本较高，存在通信局限性。地面网络和非地面网络在 6G 技术的支持下进行整合，形成空天地一体通信网络，这是 6G 的核心方向之一。空天地一体通信网络以地面蜂窝移动网络为基础，结合宽带卫星通信的广覆盖、灵活部署、高效广播的特点，通过多种异构网络的深度融合来实现空天地全覆盖，实现全球全域立体覆盖和随时随地的超广域宽带接入能力，将为海洋、机载、天地融合等市场带来新的机遇。

随着卫星制造和发射成本的降低，众多低轨或超低轨卫星将应用于非地面网络，大型超低轨卫星星座将成为空天地一体通信网络的重要组成部分。超低轨卫星系统的定位也更精确，在 AI 等技术的辅助下，还可以应用于农业、社会治理等众多领域。在舰船检测领域，通过智能处理卫星遥感数据可以对敏感目标进行监测，保障航运安全；在水体识别领域，通过在轨分析处理，能够将水体的边界快速提取并下传，可应用于洪水的预警监测；在农业领域，通过卫星数据深度挖掘并结合 AI 算法，可以协助农民进行产量预测等。空天地一体通信网络还将开启大众服务窗口，太空旅行、空间站商业化、太空电影拍摄逐步向大众市场普及。根据瑞士投资银行 UBS 估测，未来十年太空旅行市场将达到 30 亿美元的规模。国内外空间站商业化布局正逐步开展，为技术创新与太空服务大众化提供新的平台。

目前，非地面网络的设计和运营与地面网络是分开的。而在 6G 时代，非地面网络的功能、运营、资源和移动性管理有望与地面网络合为一体。鉴于卫星的部署、维护和能量来源与地面网络完全不同，未来也可能出现新的运营和商业模式。

8.3　远程医疗

远程医疗是通过各种通信技术远程接受医疗服务的一种方式。除了传统的视频问诊，远程医疗还涵盖了多种虚拟医疗交付方法，如实时流媒体，远程患者的问题、照片、测试结果等的异步存储转发消息，以及通过安全应用程序提供更多信息等。

疫情的爆发给医疗资源的利用和成本方面造成了相当大的困扰，同时也为远程医疗的发展按下了加速键。远程医疗对于医疗资源的平衡分配、提升医疗工作效率和诊断水平、加强医学生的理解与实操能力等方面是有显著的意义。

通过 XR 技术，可以获得模拟、增强的视觉、触觉及听觉等感知，实现沉浸式或增强性的情景体验；同时，随着 XR 技术云化等发展，可以显著降低 XR 终端设备的计算负荷和能耗，使 XR 终端设备变得更轻便、沉浸、智能、利于商业化。2030 年及未来，网络及 XR 终端能力的提升将推动 XR 技术进入全面沉浸化时代，XR 正在发展成提高医疗健康服务能力的关键技术之一，发展潜力巨大。

XR 辅助下的远程医疗主要有两大类的应用尝试：一类是通过 XR 技术提供沉浸式的医疗环境，使医护人员或患者进入虚拟环境；另一类是将现实世界的实体映射到虚拟世界中，通过孪生体来辅助医疗诊断和决策。基于这两类应用尝试，医疗健康领域衍生出多个应用场景。

1）远程治疗

借助 XR 技术，治疗现场的情形能够在千里之外进行逼真的重现，融合全息等技术，即使是身在异地的医生也能够"亲临"手术现场，进行会诊和指导。未来结合触觉手套、力反馈、远程医疗机器人等，医生还能直接进行远程手术操作，这会使得优质医疗资源实现共享，能缓解医疗资源不平衡的问题。

2）医护人员教育培训

医学解剖教学存在着人体标本数量有限、医护人员解剖操作机会少、器官观察不够仔细等问题。XR 技术的应用使医护人员的操作摆脱实体标本的约束，可以反复进行解剖操作，并可以深入观察各个器官构造。

此外，XR 技术结合显示、触感、力反馈等设备，为接受培训的医护人员构建了一个虚拟场景，医护人员可以通过触感设备和沉浸式 VR 设备体验真实的临床手术过程。XR 技术在进行辅助医疗的同时，可以大幅降低传统培训中的器材、标本等成本。

3）诊疗技术提升

将器官、个人或患者群体在虚拟世界中进行映射，可以为临床医生提供强大的医学影像处理和分析能力。例如，可以对患者的心脏状况进行模拟，预测心脏对药物、手术或导管干预的反应，提前测试各种方案；可以构建骨骼和肌肉群的虚拟映射，以对植入物进行更好的设计；还可以模拟植入物随着时间的推移在患者体内降解的过程。这些技术促进了疾病诊断的准确度，也提高了医生的工作效率。

XR 技术在医疗领域中的应用或将持续增长，这类技术的市场规模预计将从 2020 年的 16 亿美元增至 2027 年的 162 亿美元，即增至十倍。在已经部署 XR 系统的科室中，约有 30%的医生逐渐养成了使用 XR 的习惯，其日常病例中使用 XR 的频率接近 50%，且使用频率仍在上升。目前，医院中使用 XR 技术的科室主要有外科、骨科、放射科、精神科等。

结合 XR 技术的视频物联网通信设施将会融合云、AI、物联网、下一代网络等技术，完善现有医疗服务系统，建立起以患者为中心的医疗健康服务体系，促进全连接医疗，提高民众健康水平，帮助实现"健康中国"的战略目标。

8.4 智慧交通

通过视频物联网，可以全面感知人、车、路的状态，利用所获取的数据的孪生构建，实现对交通态势的实时监测和最优决策，并通过多端、多网和多平台实现该交通生命体的泛在触达。将视频物联网所获取的信息数据集成运用，通过物联网、AI、云计算、移动互联网等技术的融合应用，协调各个交通部门，混合虚拟与现实，提供综合运输服务的智慧型交通运输系统，为人们构建具有安全感和幸福感的交通体验，为政府提供高效的交通治理工具。

数字孪生是一种虚拟模型，它反映了整个生命周期中的物理对象或过程。该技术在数字世界和物理世界之间提供了桥梁，实现了二者之间的互联互通，且具备可操作性。数字孪生依赖感知和控制、视频物联网和 6G 等技术的发展和成熟，是建立完善有效数字孪生体的关键，为智慧交通的构建提供了新路径。

交通数字孪生体的构建基于对交通参与者、载运工具、基础设施和运行环境等全方位的感知和测算。近年来，物联网技术大规模应用，感知设备接入数量呈爆发式增长，使得交通参与者及载运工具的数据信息可以被实时获取和感知。

基于全要素全时空的精准感知数据，通过实时计算和自主学习，整个交通体系将被实景还原，并给出动态精确分析，不仅可对已感知信息进行分析处理，还可通过数字孪生体进行预测推演，实现预测式主动管理。

数字孪生的开发应用依赖于行业知识沉淀、不同工具的融合协同、计算和网络支撑等多类技术条件，其对高精度、多尺度、低时延等场景的支持能力仍处于初级阶段，未来需要多项技术能力的突破和整合，如借助高性能计算、并行计算等提升数字孪生系统的运行效率，结合 XR、多模态交互技术提升人机交互便捷性，以大幅提升数字孪生的性能和功能等。数字孪生技术在智慧交通领域的应用将助力交通智能产业的实际落地，辅助管理者对城市内的设施与事件进行全域掌握与管理，是实现城市绿色发展的重要工具。在智慧交通场景中，除可实现安全驾驶，还可融合移动办公、娱乐生活等功能，由于需要实时传输大量高清视频、高保真音频数据，因此其对下一代移动通信网络的数据传输可靠性要求也更高。

根据 IDC（International Data Corporation）预测，到 2024 年，中国将有 70% 的城市采用数字孪生技术，以实现城市的可持续发展。预计到 2030 年，中国智慧交通市场规模将达到 10.6 万亿元。

未来的智慧交通涵盖所有交通参与者、运载工具、基础设施和运行环境，是全面感知、智慧决策、泛在可及的决策体系，将由单个智能场景拓展为交通生态。此外，由于智慧交通涉及大规模数据收集，包括个人信息、技术信息、环境信息、道路测绘等敏感信息，因此保障数据安全与合规使用也是智慧交通发展中的重要关注点。

附录 A　术语表

术　　语	解　　释
AAC	Advanced Audio Coding，高级音频编码
ADAS	Advanced Driver Assistance System，先进驾驶辅助系统
AEC	Acoustic Echo Cancellation，回声消除
AES	Advanced Encrypted Standard，高级加密标准
AGC	Automatic Gain Control，自动增益控制
AI	Artificial Intelligence，人工智能
AIoT	AI+IoT，人工智能物联网
AIoTel	AI+IoT+Telephony，智能物联网多媒体通信
ANC	Active Noise Control，主动降噪
API	Application Programming Interface，应用程序编程接口
App	Application，手机软件
AQS	Adaptive Quick Streaming，自适应流媒体
AR	Augmented Reality，增强现实技术
AS	Application Server，应用服务器
ASR	Automatic Speech Recognition，自动语音识别技术
ATC	Adaptive Transform Coding，自适应变换编码
B2BUA	Back-to-Back User Agent，背对背用户代理
BLE	Bluetooth Low Energy，低功耗蓝牙
BP	Back Propagation，反向传播
C2C	Clint to Client，客户端到客户端
C2S	Client to Server，客户端到服务端
CA	Certificate Authority，认证中心
CAGR	Compound Annual Growth Rate，复合年均增长率
CCD	Charge-Coupled Device，电荷耦合元件
CMOS	Complementary Metal Oxide Semiconductor，互补金属氧化物半导体
CNN	Convolutional Neural Networks，卷积神经网络
CPU	Central Processing Unit，中央处理器
CSN	Circuit Switch Network，电路交换网络

术　　语	解　　释
DASH	Dynamic Adaptive Streaming over HTTP，基于 HTTP 的动态自适应流
DES	Data Encryption Standard，数据加密标准
DSP	Digital Signal Process，数字信号处理
DTLS	Datagram Transport Layer Security，数据包传输层安全性协议
FCN	Fully Connected Network，全卷积网络
FEC	Forward Error Correction，前向纠错
FIR	Full Intra Request，关键帧请求
FlinkCEP	Complex Event Processing of Flink，Flink 的复杂事件处理
FPGA	Field Programmable Gate Array，现场可编程逻辑门阵列
FTP	File Transfer Protocol，文件传输协议
GA/T	中华人民共和国公共安全行业标准/推荐
GAN	Generative Adversarial Networks，生成对抗网络
GoP	Group of Picture，图像组
GPS	Global Positioning System，全球定位系统
GPU	Graphics Processing Unit，图像处理器
GSM	Global System for Mobile Communications，全球移动通信系统
HEVC	High Efficiency Video Coding，高效视频编码
HLS	HTTP Live Streaming，基于 HTTP 的实时流协议
HMAC	Hash-Based Message Authentication Code，哈希消息认证码
HSS	Home Subscriber Server，归属用户服务器
HTML	HyperText Markup Language，超文本标记语言
HTTP	Hyper Text Transfer Protocol，超文本传输协议
HTTPS	Hypertext Transfer Protocol Secure，超文本传输安全协议
IDR	Intelligent Distribution Robot，智能配送机器人
IEC	International Electrotechnical Commission，国际电工委员会
IMS	IP Multimedia Subsystem，IP 多媒体子系统
IoT	Internet of Things，物联网
IoU	Intersection over Union，重叠度
IP	Internet Protocol，网际互联协议
IPC	IP Camera，网络摄像机
ISO	International Organization for Standardization，国际标准化组织
ISP	Image Signal Processing，图像信号处理

术　语	解　释
ITU	International Telecommunication Union，国际电信联盟
ITU-T	ITU Telecommunication Standardization Sector，国际电信联盟电信标准分局
JID	Jabber Identifier，标识符
JSON	JavaScript Object Notation，JS 对象表示法
LAN	Local Area Network，局域网
LL-HLS	Low-Latency HLS，基于 HTTP 的低时延实时流协议
LPWAN	Low-Power Wide-Area Network，低功率广域网
LTE	Long Term Evolution，通用移动通信技术的长期演进
MAD	Mean Absolute Differences，平均绝对差算法
MB	Marco Block，宏块
MCU	Multi Control Unit，多点控制单元
ME	Motion Estimation，运动估计
MEMS	Micro-Electro-Mechanical System，微电子机械系统
MLP	Multilayer Perceptron，多层感知机
MPC	Matching-Pixel Count，最大匹配像素数
MQTT	Message Queuing Telemetry Transport，消息队列遥测传输
MR	Mixed Reality，混合现实技术
MSE	Mean Square Error，最小均方误差
MV	Motion Vector，运动向量
NACK	Negative ACKnowledgement，否定认可
NAT	Network Address Translation，网络地址转换
NB-IoT	Narrow Band Internet of Things，物联网窄带技术
NFC	Near Field Communication，近场通信
NFV	Network Functions Virtualization，网络功能虚拟化
NLG	Natural Language Generation，自然语音生成
NLU	Natural Language Understanding，自然语音理解
NPU	Neural Network Processing Unit，神经网络处理器
NSA	Non-Standalone Access，非独立组网
NVR	Network Video Recorder，网络视频录像机
OEM	Original Equipment Manufacturer，原始设备制造商
OSI	Open System Interconnection，开放式系统互联通信参考模型
OSS	Object Storage Service，对象存储

术　　语	解　　释
OTT	Over the Top，互联网公司越过运营商
P2P	Peer to Peer，对等网络
PCM	Pulse Code Modulation，脉冲调制编码
PIR	Passive Infrared Detector，被动式红外探测器
PKI	Public Key Infrastructure，公钥基础设置
PLI	Picture Loss Indication，图像提示指示
POSIX	Portable Operating System Interface，可移植操作系统接口
PS	Program Stream，程序流
PSNR	Peak Signal to Noise Ratio，峰值信噪比
QoE	Quality of Experience，用户体验质量
QoS	Quality of Service，服务质量
QUIC	Quick UDP Internet Connections，基于 UDP 的低时延互联网传输层协议
RD	Rate Distortion，率失真
ReLU	Rectified Linear Unit，修正线性单元
RFID	Radio Frequency Identification，射频识别装置
RoI	Region of Interest，感兴趣区域
RPC	Remote Procedure Call，远程过程调用
RTCP	Real-Time Transport Control Protocol，实时传输控制协议
RTMP	Real-Time Messaging Protocol，实时消息传送协议
RTP	Real-Time Transport Protocol，实时传输协议
RTPS	Real-Time Publish-Subscribe，实时订阅发布协议
RTSP	Real-Time Streaming Protocol，实时流协议
S2S	Server to Server，服务端到服务端
SA	Standalone Access，独立组网
SAD	Sum of Absolute Differences，绝对误差和算法
SBC	Sub-Band Coding，子带编码
SD-ARC	Software Defined-Advanced Real-Time Cloud，实时传输网络和可编程平台
SD-GRN	Software Defined Global Real-Time Network，全球软件定义实时网络
SDK	Software Development Kit，软件开发工具包
SDN	Software Defined Network，软件定义网络
SDP	Session Description Protocol，会话描述协议
SD-RTN	Software Defined Real-Time Network，软件定义实时网络

术　语	解　释
SiP	System in Package，系统集成封装
SIP	Session Initialization Protocol，会话初始协议
SLAM	Simultaneous Localization and Mapping，同步定位与地图构建
SoC	System on Chip，系统级芯片
SRT	Secure Reliable Transport，安全可靠传输协议
SRTP	Secure Real-Time Transport Protocol，安全实时传输协议
SSIM	Structural Similarity，结构相似性
SSL	Secure Sockets Layer，安全套接字协议
SVM	Support Vector Machine，支持向量机
TCP	Transmission Control Protocol，传输控制协议
TLS	Transport Layer Security，安全传输层协议
ToF	Time of Flight，飞行时间法
TTS	Text to Speech，文字转语音
TV	Television，电视
UAC	User Agent Client，用户代理客户端
UAS	User Agent Server，用户代理服务器
UDP	User Datagram Protocol，用户数据报协议
UMTS	Universal Mobile Telecommunications System，通用移动通信系统
VCL	Video Coding Layer，视频编码层
VLAN	Virtual Local Area Network，虚拟局域网
VoIP	Voice over Internet Protocol，基于 IP 的语音传输
VoLTE	Voice over Long-Term Evolution，长期演进语音承载
VP9	WebM Open-Source V9，VP9 视频编码
VQM	Video Quality Metric，视频质量度量
VR	Virtual Reality，虚拟现实技术
WebRTC	Web Real-Time Communication，网页即时通信
XML	Extensible Markup Language ，可扩展标记语言
XMPP	Extensible Messaging and Presence Protocol，可扩展通信和表示协议
XR	Extended Reality，扩展现实技术
ZigBee	一种低速短距离传输的无线网上协议
ZRTP	Composed of Z and Real-Time Transport Protocol，基于 SRTP 的加密协议